轨道交通装备无损检测人员资格培训及认证系列教材

超声波检测技术及应用
第2版

万升云　郑小康　章文显　段怡雄　鲁传高　周庆祥
贾　敏　李来顺　孙元德　高金生　石胜平　祁三军　编著
葛佳棋　李广立　朱德地　饶　帆

机械工业出版社

本书是超声波检测人员资格鉴定考核的培训教材，在本书第1版基础上按照现行 ISO/TR 25107：2019《无损检测　人员培训大纲》和 EN 473：2020 ISO 9712：2021 及 GB/T 9445—2015《无损检测　人员资格鉴定与认证》标准要求编写。

本书共9章，主要内容包括超声波检测概述，超声波检测设备及器材，超声波检测方法和通用检测技术，铸锻件超声波检测，板材、棒材超声波检测，焊接接头超声波检测，轨道交通装备典型零部件超声波检测应用，超声波检测工艺及质量控制，超声波检测实验。为了更好地掌握超声波检测相关知识，本书还收录了现行的国内外常用超声波检测标准目录。

本书既符合欧盟及国际标准要求，又与国内及行业实际需求相适应；既注重理论与实践应用的结合，又紧跟现代科学技术的发展，并介绍了国内外超声波检测的新观点和新技术。本书可作为超声波检测人员资格鉴定考核培训教材，也可供各企业生产一线人员、质量管理人员、安全监督人员、工艺技术人员、研究机构及大专院校相关专业师生学习参考。

图书在版编目（CIP）数据

超声波检测技术及应用 / 万升云等编著. -- 2版. -- 北京：机械工业出版社，2024.12. --（轨道交通装备无损检测人员资格培训及认证系列教材）. -- ISBN 978–7–111–76758–9

I. TG115.285

中国国家版本馆CIP数据核字第2024NX2450号

机械工业出版社（北京市百万庄大街22号　邮政编码100037）
策划编辑：张维官　　　　　责任编辑：张维官　王　颖
责任校对：梁　园　张亚楠　责任印制：常天培
固安县铭成印刷有限公司印刷
2025年4月第2版第1次印刷
184mm×260mm・23印张・483千字
标准书号：ISBN 978-7-111-76758-9
定价：88.00元

电话服务　　　　　　　　　网络服务
客服电话：010-88361066　　机　工　官　网：www.cmpbook.com
　　　　　010-88379833　　机　工　官　博：weibo.com/cmp1952
　　　　　010-68326294　　金　　书　　网：www.golden-book.com
封底无防伪标均为盗版　　　机工教育服务网：www.cmpedu.com

前　言

超声波检测是无损检测常规方法之一，也是应用最广泛、最成熟的方法，广泛应用于轨道交通、航空、军工、造船、冶金、机械等行业，在轨道交通装备制造、检修、运行、产品质量的保证、提高生产率、降低成本等领域正发挥着越来越大的作用，已成为保证轨道交通装备质量的有力手段。

超声波检测技术应用的正确性、规范性、有效性及可靠性，一方面取决于所采用的技术和装备水平，另一方面更重要的是取决于检测人员的知识水平和判断能力。无损检测人员所承担的职责要求他们具备相应的无损检测理论知识和综合技术素质。因此，必须制订一定的规则和程序，对超声波检测相关人员进行培训与考核，鉴定、认证其是否具备这种资格。

为进一步提高轨道交通装备行业无损检测技术保障水平和能力，研究并建立与国际惯例接轨，适应新时期发展需要的轨道交通装备行业合格评定制度势在必行。鉴于有关超声波检测方面的著作，无论品种还是数量，国内外已经有很多。但适用于轨道交通装备行业无损检测人员资格鉴定与认证最新要求的教材，尤其是供培训使用及参考的资料几乎没有。为此，在本书第1版的基础上对本教材进行了修订。

本书共分超声波检测概述，超声波检测设备及器材，超声波检测方法和通用检测技术，铸锻件超声波检测，板材、棒材超声波检测，焊接接头超声波检测，轨道交通装备典型零部件超声波检测应用、超声波检测工艺及质量控制，超声波检测实验9章。本书通俗易懂，简明扼要，图文并茂，是广大超声波检测人员培训、日常检验必备工具书，也可作为设计、工艺、管理及检验人员了解超声波检测的参考资料。

本书结合技能操作人员的特点，力求实用，并尽量与欧盟及国际上通行的各国无损检测等级技术要求相适应。

由于编著者水平有限，书中难免存在不妥之处，恳请培训教师和学员以及读者不吝指正。愿本书的修订能够为轨道交通装备行业无损检测人员水平的提高和促进无损检测专业的发展起到积极的推动作用。

在本书编著过程中，参考了国内同类教材和培训资料，得到了中国中车各级领导及国内、外同行专家的指导和支持，谨此致谢！

编著者
2024年1月1日

目　　录

前言

第1章　超声波检测概述 ··· 1

1.1　机械振动与机械波 ··· 1
1.1.1　振动 ··· 1
1.1.2　机械波 ··· 3
1.1.3　次声波、声波和超声波 ··· 5

1.2　波的类型 ··· 6
1.2.1　按质点的振动方向分类 ··· 6
1.2.2　按波阵面的形状分类 ··· 8
1.2.3　按振动的持续时间分类 ··· 10

1.3　超声波的传播速度 ··· 11
1.3.1　固体介质中的纵波、横波与表面波声速 ··· 11
1.3.2　液体、气体介质中的声速 ··· 13

1.4　波的叠加、干涉、衍射和惠更斯原理 ··· 14
1.4.1　波的叠加与干涉 ··· 14
1.4.2　驻波 ··· 15
1.4.3　惠更斯原理 ··· 15

1.5　超声场的特征值 ··· 17
1.5.1　声压P ··· 17
1.5.2　声阻抗Z ··· 18
1.5.3　声强I ··· 18
1.5.4　贝尔与分贝 ··· 19

1.6　超声平面波在大平界面上垂直入射的行为 ··· 22
1.6.1　超声波在单一的平面界面的反射和透射 ··· 22
1.6.2　多层平面界面垂直入射 ··· 26

1.7　超声波倾斜入射到界面时的反射和折射 ··· 29
1.7.1　斜入射时界面上的反射、折射和波形转换 ··· 29

目录

- 1.7.2 临界角 ······ 31
- 1.7.3 斜入射时反射系数、折射系数和往复透射率 ······ 33
- 1.7.4 超声波在规则界面上的反射、折射和波形转换规律 ······ 36
- 1.8 超声波的聚焦与发散 ······ 39
  - 1.8.1 声压距离公式 ······ 39
  - 1.8.2 球面波在平界面上的反射与折射 ······ 40
  - 1.8.3 平面波在曲界面上的反射与折射 ······ 41
  - 1.8.4 球面波在曲界面上的反射和折射 ······ 44
- 1.9 超声波发射声场及规则反射体的回波声压 ······ 47
  - 1.9.1 纵波发射声场 ······ 47
  - 1.9.2 横波发射声场 ······ 57
  - 1.9.3 聚焦声源发射声场 ······ 62
  - 1.9.4 规则反射体的回波声压 ······ 64
- 1.10 超声波的衰减 ······ 70
  - 1.10.1 衰减的原因 ······ 70
  - 1.10.2 衰减方程与衰减系数 ······ 71
  - 1.10.3 衰减系数的测定 ······ 73

第2章 超声波检测设备及器材 75

- 2.1 超声波检测仪 ······ 75
  - 2.1.1 超声波检测仪概述 ······ 75
  - 2.1.2 A型脉冲反射式超声波检测仪的一般工作原理 ······ 76
  - 2.1.3 仪器主要开关旋钮的作用及其调整 ······ 80
  - 2.1.4 数字式检测仪 ······ 80
  - 2.1.5 超声波检测仪的维护保养 ······ 84
- 2.2 相控阵超声波检测仪 ······ 85
  - 2.2.1 相控阵超声波检测技术原理 ······ 85
  - 2.2.2 相控阵探头的发射与接收 ······ 86
  - 2.2.3 相控阵超声波的扫描方式 ······ 86
  - 2.2.4 相控阵检测仪关键技术参数 ······ 88
- 2.3 超声波TOFD检测仪 ······ 90
  - 2.3.1 超声波TOFD检测基本原理 ······ 90
  - 2.3.2 超声波TOFD检测系统构成 ······ 91
  - 2.3.3 超声波TOFD扫描方式 ······ 91

2.4 铁路专用超声波检测设备 ································· 92
2.4.1 A型显示超声波自动检测机 ···················· 92
2.4.2 铁路车辆轮轴B扫描或C扫描超声波自动检测机 ···················· 93
2.4.3 轮轴相控阵超声波自动检测机介绍 ···················· 94
2.4.4 车轮轮辋超声波数字成像检测系统 ···················· 96
2.4.5 制动盘超声波自动检测机 ···················· 98

2.5 超声波探头 ································· 99
2.5.1 压电效应 ···················· 99
2.5.2 压电材料的主要性能参数 ···················· 100
2.5.3 探头的种类和结构 ···················· 102
2.5.4 探头型号 ···················· 111

2.6 耦合剂 ································· 113
2.6.1 耦合剂的作用 ···················· 113
2.6.2 耦合剂要求 ···················· 113
2.6.3 耦合剂及其声阻抗 ···················· 113

2.7 试块 ································· 114
2.7.1 试块的作用 ···················· 114
2.7.2 试块的分类 ···················· 114
2.7.3 国内外常用试块简介 ···················· 115

2.8 仪器和探头的性能 ································· 130
2.8.1 超声波检测仪器的主要性能 ···················· 130
2.8.2 探头的主要性能 ···················· 131
2.8.3 超声波检测仪器和探头的组合性能 ···················· 132
2.8.4 超声波检测仪、探头及其组合性能的测试方法 ···················· 133
2.8.5 周期性能校验 ···················· 138

第3章 超声波检测方法和通用检测技术 ································· 139

3.1 超声波检测方法概述 ································· 139
3.1.1 按原理分类 ···················· 139
3.1.2 按波形分类 ···················· 142
3.1.3 按探头数目分类 ···················· 144
3.1.4 按探头接触方式分类 ···················· 146

3.2 仪器与探头的选择 ································· 147
3.2.1 检测仪的选择 ···················· 147

3.2.2 探头的选择 …………………………………………………… 147
3.3 表面耦合损耗的测定和补偿 …………………………………………… 149
3.3.1 耦合损耗的测定 ………………………………………………… 149
3.3.2 补偿方法 ………………………………………………………… 150
3.4 检测仪扫描速度（范围）的调节及缺陷的定位 ……………………… 150
3.4.1 基于模拟式检测仪扫描速度的调节 …………………………… 150
3.4.2 基于数字式检测仪的调校 ……………………………………… 152
3.4.3 缺陷位置的测定 ………………………………………………… 153
3.5 检测灵敏度的调节及缺陷的定量 ……………………………………… 158
3.5.1 检测灵敏度的调节 ……………………………………………… 158
3.5.2 缺陷大小的测定 ………………………………………………… 171
3.6 缺陷自身高度的测定 …………………………………………………… 175
3.6.1 表面波波高法 …………………………………………………… 176
3.6.2 表面波时延法 …………………………………………………… 176
3.6.3 横波串列式双探头法 …………………………………………… 177
3.6.4 相对灵敏度20dB法 ……………………………………………… 178
3.6.5 衍射波法 ………………………………………………………… 179
3.6.6 端部最大回波法 ………………………………………………… 179
3.6.7 TOFD检测法 ……………………………………………………… 180
3.6.8 相控阵检测法 …………………………………………………… 181
3.7 影响缺陷定位、定量的主要因素 ……………………………………… 181
3.7.1 影响缺陷定位的主要因素 ……………………………………… 182
3.7.2 影响缺陷定量的因素 …………………………………………… 184
3.8 缺陷性质分析 …………………………………………………………… 189
3.8.1 根据加工工艺分析缺陷性质 …………………………………… 189
3.8.2 根据缺陷特征分析缺陷性质 …………………………………… 189
3.8.3 根据缺陷波形分析缺陷性质 …………………………………… 189
3.8.4 根据底波分析缺陷的性质 ……………………………………… 193
3.8.5 缺陷类型识别和性质估判 ……………………………………… 194
3.9 非缺陷回波的判别 ……………………………………………………… 196
3.9.1 迟到波 …………………………………………………………… 196
3.9.2 61°反射 ………………………………………………………… 197
3.9.3 三角反射 ………………………………………………………… 199

  3.9.4 其他非缺陷回波 ·········· 199
3.10 侧壁干涉 ················· 201
  3.10.1 侧壁干涉对检测的影响 ······ 201
  3.10.2 避免侧壁干涉的条件 ········ 202
3.11 表面波检测 ··············· 203
  3.11.1 表面波的性质 ············ 203
  3.11.2 表面波的产生 ············ 204
  3.11.3 人工缺陷对表面波的反射 ···· 205
  3.11.4 棱边的反射 ·············· 205
  3.11.5 影响表面波传播的其他因素 ·· 206
3.12 板波检测 ················· 207
  3.12.1 板波的种类 ·············· 207
  3.12.2 板波的产生 ·············· 208
  3.12.3 兰姆波的传播特点 ·········· 209
  3.12.4 板波检测的一般程序 ········ 209
3.13 超声波检测目的与时机 ········ 210

第4章 铸锻件超声波检测 ············ 211
4.1 铸件超声波检测 ············· 211
  4.1.1 铸件的基础知识 ··········· 211
  4.1.2 常见缺陷 ················ 211
  4.1.3 铸件分类 ················ 212
  4.1.4 铸件的特点 ·············· 212
  4.1.5 铸件超声波检测的特点 ······ 212
  4.1.6 检测技术要点 ············ 213
4.2 锻件超声波检测 ············· 216
  4.2.1 锻件的基础知识 ··········· 216
  4.2.2 常见缺陷 ················ 217
  4.2.3 锻件分类 ················ 218
  4.2.4 锻件检测方法概述 ·········· 219
  4.2.5 轴类锻件的检测 ··········· 220
  4.2.6 盘类锻件的检测 ··········· 221
  4.2.7 筒类锻件的检测 ··········· 221
  4.2.8 检测技术要点 ············ 222

4.2.9 扫查 ·· 224
4.2.10 缺陷位置和大小的确定 ·· 224
4.2.11 质量评定 ·· 226
4.2.12 轨道交通装备用车轴相关知识 ·· 226

第5章 板材、棒材超声波检测 ·· 229

5.1 板材超声波检测 ·· 229
5.1.1 钢板加工及常见缺陷 ·· 229
5.1.2 检测方法 ·· 229
5.1.3 探头与扫查方式的选择 ·· 232
5.1.4 探测范围和灵敏度的调整 ·· 234
5.1.5 缺陷的判别与测量 ·· 234
5.1.6 钢板质量分级 ·· 235

5.2 棒材超声波检测 ·· 235
5.2.1 棒材及棒材中的主要缺陷 ·· 235
5.2.2 棒材超声波检测的特点 ·· 236
5.2.3 棒材超声波检测技术 ·· 238

5.3 管材超声波检测 ·· 239
5.3.1 管材中的主要缺陷 ·· 239
5.3.2 管材横波检测技术基础 ·· 240
5.3.3 小直径薄壁管检测 ·· 243
5.3.4 大直径薄壁管检测 ·· 249

第6章 焊接接头超声波检测 ·· 251

6.1 焊接基础知识 ·· 251
6.1.1 焊接方法 ·· 251
6.1.2 焊接接头形式 ·· 252
6.1.3 焊接坡口形式 ·· 253
6.1.4 常见焊接缺陷 ·· 254

6.2 焊接接头超声波检测通用技术及要求 ································ 256
6.2.1 检测方法和检测等级 ·· 256
6.2.2 检测区域和检测移动区域 ·· 257
6.2.3 探头 ·· 257
6.2.4 耦合剂 ·· 260
6.2.5 超声波检测仪扫描速度的调节 ·· 260

- 6.2.6 参考灵敏度的设定方法和距离-波幅曲线（DAC） ·················· 260
- 6.2.7 扫查方向要求 ·················· 261
- 6.2.8 常用的扫查方式 ·················· 262
- 6.2.9 传输修正 ·················· 263
- 6.2.10 缺陷回波性质判断 ·················· 264
- 6.2.11 非缺陷回波的分析 ·················· 267
- 6.2.12 缺陷的定量 ·················· 268

6.3 对接接头检测 ·················· 269
- 6.3.1 检测条件的选择 ·················· 269
- 6.3.2 扫查 ·················· 270
- 6.3.3 质量评定 ·················· 271

6.4 其他形式接头的超声波检测 ·················· 273
- 6.4.1 T形接头、角接接头超声波检测 ·················· 273
- 6.4.2 管座接头超声波检测 ·················· 274

6.5 其他材料焊接接头超声波检测 ·················· 275
- 6.5.1 铝合金焊接接头超声波检测 ·················· 275
- 6.5.2 奥氏体型不锈钢焊接接头超声波检测 ·················· 275

第7章 轨道交通装备典型零部件超声波检测应用 ·················· 278

7.1 车轴超声波检测 ·················· 278
- 7.1.1 车轴缺陷的种类及其产生的原因 ·················· 278
- 7.1.2 车轴超声波检测技术要求 ·················· 280
- 7.1.3 检测工艺方法 ·················· 281
- 7.1.4 缺陷波形特征及分析 ·················· 285
- 7.1.5 质量控制 ·················· 289

7.2 轮对压装部位疲劳裂纹超声波检测 ·················· 290
- 7.2.1 疲劳裂纹的产生和危害 ·················· 290
- 7.2.2 检测方法 ·················· 291
- 7.2.3 检测工艺技术 ·················· 291
- 7.2.4 常见波形分析 ·················· 294
- 7.2.5 质量判定 ·················· 301

7.3 空心轴超声波检测 ·················· 302
- 7.3.1 空心车轴超声波检测方法 ·················· 302
- 7.3.2 检测技术要求 ·················· 302

目录

- 7.3.3 质量标准 ····· 305
- 7.4 车轴轮座接触不良的超声波检测 ····· 305
  - 7.4.1 接触不良的危害 ····· 305
  - 7.4.2 接触不良的超声波检测 ····· 305
  - 7.4.3 接触不良反射波形分析 ····· 308
- 7.5 车轮超声波检测 ····· 308
  - 7.5.1 车轮的生产流程 ····· 308
  - 7.5.2 车轮加工和主要缺陷 ····· 308
  - 7.5.3 检测方法概述 ····· 309
  - 7.5.4 检测装置 ····· 309
  - 7.5.5 检测系统组成 ····· 310
  - 7.5.6 试块 ····· 310
  - 7.5.7 质量标准 ····· 310
- 7.6 球墨铸铁曲轴超声波检测 ····· 311
  - 7.6.1 球墨铸铁曲轴缺陷的种类及其产生的原因 ····· 311
  - 7.6.2 球铁曲轴的超声波检测 ····· 313
  - 7.6.3 波形特征 ····· 314
- 7.7 制动盘超声波检测 ····· 315
  - 7.7.1 制动盘制造工艺及常见缺陷 ····· 315
  - 7.7.2 制动盘失效机理 ····· 315
  - 7.7.3 制动盘超声波检测要点 ····· 315
- 7.8 螺栓的超声波检测 ····· 317
  - 7.8.1 螺栓的基本知识 ····· 317
  - 7.8.2 检测方法概述 ····· 317

第8章 超声波检测工艺及质量控制 ····· 320

- 8.1 工艺文件的管理 ····· 320
  - 8.1.1 标准和规范 ····· 320
  - 8.1.2 工艺规程、工艺卡（单） ····· 321
  - 8.1.3 无损检测工艺文件 ····· 321
  - 8.1.4 记录与报告 ····· 325
  - 8.1.5 工艺试验 ····· 326
  - 8.1.6 工艺验证 ····· 326
- 8.2 质量控制 ····· 329

8.2.1　人员的控制 ·· 329
　　8.2.2　无损检测设备与器材的管理 ··· 329
　　8.2.3　工艺文件的管理 ·· 330
　　8.2.4　检测环境的控制 ·· 330
　　8.2.5　检测参数的控制 ·· 330
第9章　超声波检测实验 ··· 331
　9.1　仪器与直探头的综合性能测定 ·· 331
　9.2　仪器与斜探头的综合性能测定 ·· 333
　9.3　直探头（SPK）的应用（一） ·· 337
　9.4　传输修正的测定 ··· 338
　9.5　直探头DAC曲线的制作 ··· 340
　9.6　直探头（SPK）的应用（二） ·· 341
　9.7　双晶探头（SEPK）的应用 ··· 342
　9.8　焊接接头的超声波检测 ··· 343
　9.9　实验用试块示意图 ·· 344
附录　国内外常用超声波检测标准目录 ·· 347
参考文献 ·· 356

第1章 超声波检测概述

当具有压电效应的材料加载特定的电压后，压电材料将以一定的频率振动，从而产生超声波；反之，当超声波传播到具有压电效应的材料上时，压电材料会以一定的频率振动，从而在压电材料上产生一定的电压，这就是逆压电效应和正压电效应的应用。超声波检测中用到的探头由各种类型的压电晶片组成，通过超声波仪器激发特定的电压加载到探头上，探头中的压电晶片在电压的作用下将以特定的频率振动，从而产生超声波。当超声波探头接收到超声波后，探头中的压电晶片在压电效应的作用下，将会产生一定的电压，该电压通过超声波检测仪放大后进行处理并显示。

超声波是一种机械波，机械振动与波动是超声波检测的物理基础。在超声波检测中，主要涉及几何声学和物理声学中的一些基本定律和概念，如几何声学中的反射、折射定律及波形转换，物理声学中波的叠加、干涉、绕射及惠更斯原理等。深入理解几何声学和物理声学中的有关概念，掌握其中的基本定律，对于灵活运用超声波理论去解决实际检测中的各种问题无疑是十分有益的。

1.1 机械振动与机械波

宇宙间的一切物质，大至宏观天体，小至微观粒子都处于一定的运动状态，振动和波动是物质运动的基本形式。

1.1.1 振动

物体（或质点）受到一定力的作用，将离开平衡位置，产生一个位移，该力消失后，它将回到其平衡位置；并且还要越过平衡位置移到相反方向的最大位移位置，然后返回平衡位置。这样一个完整运动过程称为一个"循环"或称为一次"全振动"。

振动是往复、周期性的运动，振动的快慢常用振动周期和振动频率两个物理量来描述，振动的强弱则用振幅来描述。

周期——振动物体完成一次全振动所需要的时间，称为振动周期，用T表示。常用单位为秒（s）。

频率——振动物体在单位时间内完成全振动的次数，称为振动频率，用f表示。常用单位为赫兹（Hz）。

振幅——振动物体离开平衡位置的最大距离，称为振动的振幅，用A表示。

由周期和频率的定义可知，二者互为倒数，即

$$T = \frac{1}{f} \tag{1-1}$$

1. 谐振动

最简单最基本的直线振动称为谐振动，任何复杂的振动都可视为多个谐振动的合成。如图1-1所示，质点 M 作匀速圆周运动时，其水平投影就是一种水平方向的谐振动。质点 M 的水平位移 y 和时间 t 的关系可用谐振方程来描述

$$y = A\cos(\omega t + \varphi) \tag{1-2}$$

式中　　A——振幅，即最大水平位移；

　　　　ω——圆频率，即1s内变化的弧度数；

　　　　φ——初相位，即 $t=0$ 时质点 M 的相位；

　　　　$\omega t + \varphi$——质点 M 在 t 时刻的相位。

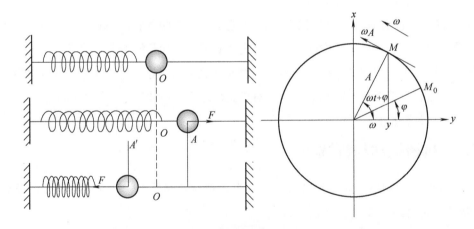

图1-1　质点谐振动参考图

谐振动方程描述了谐振动物体在任一时刻的位移情况，其特点如下：

1）物体受到的回复力大小与位移成正比，其方向总是指向平衡位置，如弹簧振子的振动，单摆与音叉的振动等。

2）谐振物体的振幅不变，为自由振动，其频率为固有频率。

3）由于物体做谐振动时，只有弹性力或重力做功，其他力不做功，符合机械能守恒的条件，因此谐振物体的能量遵守机械能守恒。

4）在平衡位置时动能最大，势能为零；在位移最大位置时势能最大，动能为零；其总能量保持不变。

2. 阻尼振动

谐振动是理想条件下的振动,即不考虑摩擦和其他阻力的影响。但任何实际物体的振动,总要受到阻力的作用。由于克服阻力做功,振动物体的能量不断减少。同时,由于在振动传播过程中,伴随着能量的传播,也使振动物体的能量不断地减少。这种随时间变化振幅不断减小或能量不断减少的振动称为阻尼振动。

阻尼振动的位移与时间的关系曲线如图1-2所示。

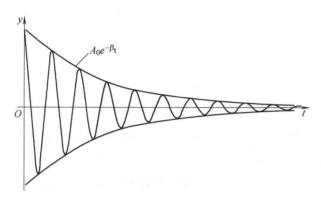

图1-2 阻尼振动的位移与时间的关系曲线

阻尼振动的振幅不断减小,而周期却不断延长。阻尼振动受到阻力作用,不符合机械能守恒。

3. 受迫振动

受迫振动是物体受到周期性变化的外力作用时所产生的振动,如气缸中活塞的振动。

受迫振动的振幅与外力的频率有关,当外力频率与受迫振动物体固有频率相同时,受迫振动的振幅达最大值,这种现象称为共振。

受迫振动物体受到外力作用,不符合机械能守恒。

超声波探头中的压电晶片在发射超声波时,一方面在高频电脉冲激励下产生受迫振动,另一方面在起振后受到晶片背面吸收块的阻尼作用,因此又是阻尼振动。压电晶片在接收超声波时同样产生受迫振动和阻尼振动。在设计探头中的压电晶片时,应使高频电脉冲的频率等于压电晶片的固有频率,从而产生共振,这时压电晶片的电声能量转换效率最高。

1.1.2 机械波

1. 机械波的产生与传播

振动在物体或空间中的传播过程称为波动,简称波。波可分为机械波和电磁波两大类。

机械波是机械振动在弹性介质中的传播过程,如水波、声波、超声波等。

电磁波是交变电磁场在空间的传播过程,如无线电波、红外线、可见光、紫外线、X射线、γ射线等。

产生机械波必须具备以下两个条件：

1）要有作机械振动的波源。

2）要有能传播机械振动的弹性介质。

振动与波动是互相关联的，振动是产生波动的根源，波动是振动状态的传播。波动中介质各质点并不随波前进，只是在各自的平衡位置附近做往复运动。

波动是振动状态的传播过程，也是振动能量的传播过程。但这种能量的传播，不是靠物质的迁移来实现的，也不是靠相邻质点的弹性碰撞来完成的，而是由各质点的位移连续变化来逐渐传递出去的。

2. 波长、频率和波速

（1）波长 同一波线上相邻两振动相位相同的质点间的距离，称为波长，用λ表示，单位为米（m）。波源或介质中任意一质点完成一次全振动，波正好前进一个波长的距离。

（2）频率 波动过程中，任一给定点在1s内所通过的完整波的个数，称为波动频率，用f表示，单位为赫兹（Hz）。波动频率在数值上同振动频率。

（3）波速 介质中，波在单位时间内所传播的距离称为波速，用c表示，单位为米/秒（m/s）。

由波速、波长和频率的定义可得

$$\lambda = \frac{c}{f} \text{ 或 } \lambda = cT \quad (1\text{-}3)$$

由式（1-3）可知，波长与波速成正比，与频率成反比。当频率一定时，波速越大，波长就越长；当波速一定时，频率越低，波长就越长。

3. 波动方程

设一平面余弦波在理想无吸收的均匀介质中沿x轴正向传播，如图1-3所示。波速为c，在波线上取O点为计算距离x的原点，设O点的振动方程为

$$y = A\cos(\omega t) \quad (1\text{-}4)$$

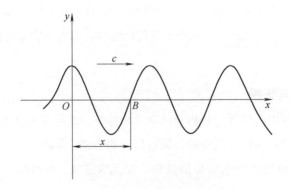

图1-3 波函数推导图

当振动从O点传播到B点时，B点开始振动。由于振动从O点传播到B点需要时间为x/c秒，因此B点的振动滞后于O点x/c秒，即B点在t时刻的位移等于O点在$(t-x/c)$时刻的位移

$$y = A\cos\omega\left(t - \frac{x}{c}\right) = A\cos(\omega t - Kx) \tag{1-5}$$

式中 K——波数，$K = \dfrac{\omega}{c} = \dfrac{2\pi}{\lambda}$；

   x——B至O点的距离。

式（1-5）就是波动方程，它描述了波动过程中波线上任意一点在任意时刻的位移情况。

1.1.3 次声波、声波和超声波

次声波、声波和超声波都是在弹性介质中传播的机械波，在同一介质中的传播速度相同，它们的区别主要在于频率不同。

人们日常所听到的各种声音，是由于各种声源的振动通过空气等弹性介质传播到耳膜，引起耳膜振动，并牵动听觉神经，产生听觉，但并不是任何频率的机械振动都能引起听觉，只有当频率在一定范围内的振动才能引起听觉。人们把能引起听觉的机械波称为声波，频率为20～20000Hz。频率低于20Hz的机械波称为次声波，频率高于20000Hz的机械波称为超声波。

超声波检测所用的频率一般为0.5～15MHz，对钢等金属材料的检测，常用的频率为1～5MHz。

超声波具有以下特性：

（1）方向性好 超声波是频率很高、波长很短的机械波，在无损检测中使用的波长为毫米数量级。超声波像光波一样具有良好的方向性，可以定向发射，就好比一束手电筒灯光可以在黑暗中寻找到所需物品一样在被检材料中发现缺陷。

（2）能量高 超声波频率远高于声波，而能量（声强）与频率平方成正比，因此超声波的能量远大于声波的能量，如1MHz的超声波的能量相当于1kHz的声波的100万倍。

（3）能在界面上产生反射、折射和波形转换 在超声波检测中，特别是在超声波脉冲反射法检测中，利用了超声波具有几何声学的一些特点，例如，超声波在介质中直线传播，遇界面产生反射、折射和波形转换等。

（4）穿透能力强 超声波在大多数介质中传播时，传播能量损失小，传播距离大，穿透能力强。在一些金属材料中其穿透能力可达数米，这是其他检测手段所无法比拟的。

超声波除用于无损检测外，还可以用于机械加工，如加工红宝石、金刚石、陶瓷石英和玻璃等硬度特别高的材料；可以用于焊接，如焊接钛、钽、锡等难焊金属。此外，在化学工业上可利用超声波作催化剂，在农业上可利用超声波促进种子发芽，在医学上可利用超声

波进行诊断、消毒等。

1.2 波的类型

波的分类方法很多，下面简单介绍几种常见的分类方法。

1.2.1 按质点的振动方向分类

根据波动传播时介质质点的振动方向相对于波的传播方向的不同，可将波动分为纵波、横波、表面波和板波等。

1. 纵波

当弹性介质受到交替变化的拉伸、压缩应力作用时，受力质点间距就会相应产生交替的疏密变形，此时，质点振动方向与波动传播方向平行，这种波形称为纵波，也称为"压缩波"或"疏密波"，用符号"L"表示，纵波波形如图1-4所示。

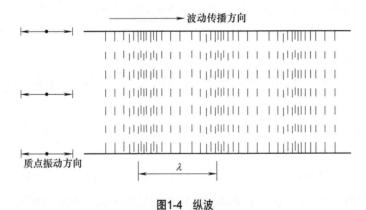

图1-4 纵波

凡是能发生拉伸或压缩变形的介质都能够传播纵波。由于固体能够产生拉伸和压缩变形，所以纵波能够在固体中传播。液体和气体在压力作用下能产生相应的体积变化，因此纵波也能在液体和气体中传播。

2. 横波

当固体弹性介质受到交变的剪切应力作用时，介质质点就会产生相应的横向振动，介质发生剪切变形，此时质点的振动方向与波动的传播方向垂直，这种波形称为横波，也可叫作剪切波，用符号"S"表示，横波波形如图1-5所示。

横波根据振动方向可分为垂直偏振横波（SV波）和水平偏振横波（SH波）。在本书中不作说明时，所谓的横波均是指SV波。

SH波可用于薄板的超声波检测。薄板中各质点的振动方向平行于板面而垂直于波的传播方向，如图1-6所示。

在横波传播过程中，介质的层与层之间发生相应的位移，即剪切变形，因此，能传播横波的介质应是能产生剪切弹性变形的介质。自然界中，只有固体弹性介质具有剪切弹性力，而液体和气体介质各相邻层间可以自由滑动，由于不具有剪切弹性（即剪切弹性模量 $G=0$），所以横波只能在固体中传播，气体和液体中不能传播横波和具有横向振动分量的其他波形。

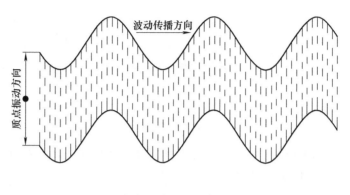

图1-5　横波（SV波）

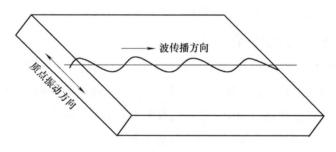

图1-6　SH波

3. 表面波

当固体介质表面受到交替变化的表面张力作用时，质点作相应的纵横向复合振动，此时，质点振动所引起的波动传播只在固体介质表面进行，不能在液体或气体介质中传播，故称表面波，又称为瑞利波。

瑞利波是当传播介质的厚度大于波长时，在一定条件下，在半无限大固体介质上与气体介质的交界面上产生的表面波，用符号"R"表示。瑞利波使固体表面质点产生的复合振动轨迹是绕其平衡位置的椭圆，椭圆的长轴垂直于波的传播方向，短轴平行于传播方向（见图1-7）。

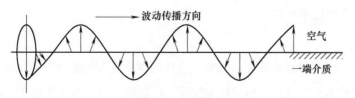

图1-7　瑞利波（表面波）

4. 板波

板厚与波长相当的弹性薄板状固体中传播的声波，称为板波，又称为兰姆波。

按板中振动波节的形式，兰姆波又分为对称型（S型）和非对称型（A型），如图1-8所示。兰姆波传播时，质点的振动轨迹也是椭圆，其长轴与短轴的比例取决于材料性质。

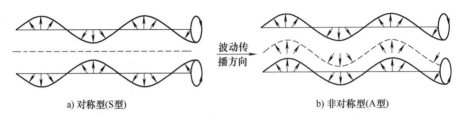

a) 对称型(S型)　　　　　b) 非对称型(A型)

图1-8　兰姆波

对称型（S型）兰姆波的特点是薄板中心质点作纵向振动，上下表面质点做椭圆运动、振动相位相反并对称于中心（见图1-8a）。

非对称型（A型）兰姆波特点是薄板中心质点作横向振动，上下表面质点作椭圆运动、振动相位相同并不对称于中心（见图1-8b）。

1.2.2　按波阵面的形状分类

超声波为机械波，超声波在介质中的传播是机械振动状态的传播。在超声波传播过程中介质中的质点会在平衡位置附近振动，在同一时刻，介质中振动相位相同的所有质点连成的面称为波阵面。在波的传播过程中，波阵面有无穷多个，将传播在最前面的波阵面称为波前。在某一时刻，波阵面虽然有无穷多个，但是波前只有一个。将与波阵面垂直，且指向波的传播方向的线称为波线，即波线代表超声波的传播方向。由以上定义可知，波前是最前面的波阵面，是波阵面的特例。任意时刻，波前只有一个，而波阵面却有很多。在各向同性的介质中，波线恒垂直于波阵面或波前。

根据波阵面形状的不同，可将不同波源发出的波分为平面波、柱面波和球面波。此外，当声源形状为圆盘时则可发出活塞波。

1. 平面波

一个无限大的平面声源产生的波，在各向同性的弹性介质中传播时所形成的波阵面称为平面波。平面波各波阵面互相平行，并且与波源平面平行，如图1-9所示。理想的平面波是不存在的，但如果声源平面尺寸比它所产生的波长大得多时，该声源发射的声波可近似地看作是指向一个方向的平面波。

2. 柱面波

近似无限长的细长柱体声源产生的波在各向同性介质中传播时所形成的波阵面为同轴圆柱状，该波阵面称为柱面波。理想的柱面波是不存在的，当声源长度远大于波长，且其径向尺寸又与波长相当时，此柱形声源所产生的波阵面可近似地看成是柱面波，如图1-10所示。

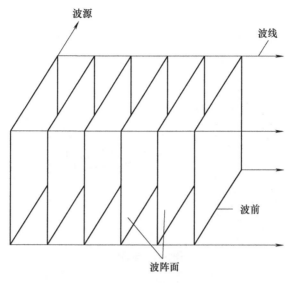

图1-9 平面波

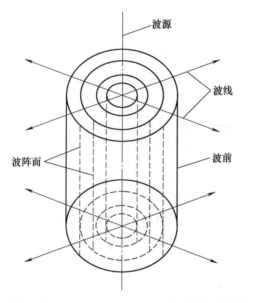 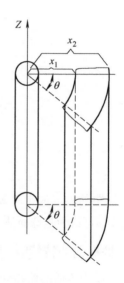

图1-10 柱面波

3. 球面波

点状球体源在各向同性的弹性介质中以相同的速度向四面传播声波时形成的波振面为球面波,它的波阵面为一球面,如图1-11所示。

当探头尺寸小,与波长相当时,在各向同性的弹性介质中辐射的波可视为球面波。球面波波束向四面八方扩散,各质点的振幅与距离成反比。

4. 活塞波

当平面声源尺寸与其在介质中产生的声波波长和传播距离可比时,若该平面片状声源在一个大的刚性壁上沿轴向作简谐振动,且声源表面质点具有相同相位和振幅,则在无限大各向同性的弹性介质中所激发的波动,称为活塞波,如图1-12所示。

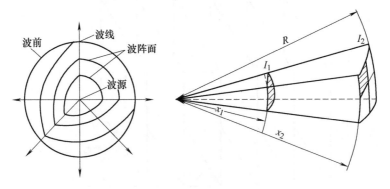

图1-11 球面波

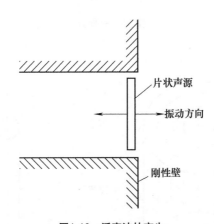

图1-12 活塞波的产生

当其传播距离远远大于声源尺寸,则可将一定几何尺寸的片状声源视为点声源,传至相当远处的波形可认为是球面波。

1.2.3 按振动的持续时间分类

声波在介质中传播的振幅变化一般符合正弦波(或余弦波)的波动规律。根据波源振动的持续时间长短,将波动分为连续波和脉冲波。

1. 连续波

波源持续不断地振动所辐射的波称为连续波,如图1-13a所示。超声波穿透法检测常采用连续波。

2. 脉冲波

波源振动持续时间很短,间歇辐射的波称为脉冲波,如图1-13b所示。超声波检测中广泛采用的就是脉冲波。

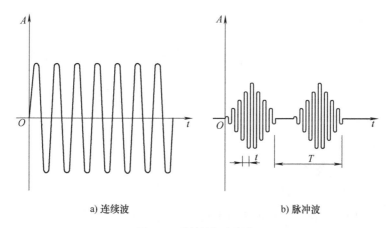

a) 连续波　　　　　　　　　　b) 脉冲波

图1-13　连续波与脉冲波

连续波和脉冲波传播机理不同，连续波规律较为简单，实际超声波检测中，用连续波的规律处理脉冲波应用中遇到的问题，可以得到几乎一致的结果，这样，给脉冲波反射法检测的实际应用带来了方便。

1.3　超声波的传播速度

超声波在介质中的传播速度与介质的弹性模量和密度有关。对特定的介质，弹性模量和密度为常数，故声速也是常数。不同的介质，有不同的声速。超声波波形不同时，介质弹性变形的形式不同，声速也不一样。超声波在介质中的传播速度是表征介质声学特性的重要参数。

1.3.1　固体介质中的纵波、横波与表面波声速

固体介质不仅能传播纵波，而且可以传播横波和表面波等，但它们的声速是不相同的。此外，介质尺寸的大小对声速也有一定的影响，无限大固体介质与细长棒中的声速也不一样。

1. 无限大固体介质中的声速

无限大固体介质是相对于波长而言的，当介质的尺寸远大于波长时，就可以视为无限大介质。

在无限大的固体介质中，纵波声速为

$$c_\mathrm{L} = \sqrt{\frac{E}{\rho}} \sqrt{\frac{1-\sigma}{(1+\sigma)(1-2\sigma)}} \qquad (1\text{-}6)$$

在无限大的固体介质中，横波声速为

$$c_\mathrm{S} = \sqrt{\frac{G}{\rho}} = \sqrt{\frac{E}{\rho}} \sqrt{\frac{1}{2(1+\sigma)}} \qquad (1\text{-}7)$$

在无限大的固体介质中，表面波声速为

$$c_R = \frac{0.87+1.12\sigma}{1+\sigma}\sqrt{\frac{G}{\rho}} \quad (1\text{-}8)$$

式中　E——介质的弹性模量；

　　　G——介质的切变模量；

　　　ρ——介质的密度；

　　　σ——介质的泊松比。

由式（1-6）～式（1-8）可知：

1）固体介质中的声速与介质的密度和弹性模量等有关，不同的介质，声速不同；介质的弹性模量越大，密度越小，则声速越大。

2）声速还与波的类型有关，在同一固体介质中，纵波、横波和表面波的声速各不相同，并且相互之间有以下关系，即

$$\frac{c_L}{c_S} = \sqrt{\frac{2(1-\sigma)}{1-2\sigma}} > 1 \quad 即\ c_L > c_S$$

$$\frac{c_R}{c_S} = \frac{0.87+1.12\sigma}{1+\sigma} < 1 \quad 即\ c_S > c_R$$

所以 $c_L > c_S > c_R$，这表明，在同一种固体材料中，纵波声速大于横波声速，横波声速又大于表面波声速。

对于钢材，$\sigma \approx 0.28$，$c_L \approx 1.8 c_S$，$c_R \approx 0.9 c_S$，即 $c_L : c_S : c_R \approx 1.8 : 1 : 0.9$。

2. 细长棒中的纵波声速

在细长棒中（棒径 $d \leqslant \lambda$）轴向传播的纵波声速与无限大固体介质中纵波声速不同，细长棒中的纵波声速为

$$c_{Lb} = \sqrt{\frac{E}{\rho}} \quad (1\text{-}9)$$

常见液体、固体介质的密度、声速和声特性阻抗（声阻抗的概念见1.5.2）见表1-1。

表1-1　常见液体、固体介质的密度、声速和声特性阻抗

材料	纵波声速/（m/s）	横波声速/（m/s）	声阻抗/[10^6g/（cm²·s）]
铝	6260	3080	16.9
钢	5880～5950	3230	45.3
铸铁	3500～5600	2200～3200	25～42
铁	5850～5900	3230	45
有机玻璃	2730	1460	3.2
环氧树脂	2400～2900	1100	2.7～3.6
水	1500	—	1.5

3. 声速与温度、应力、均匀性的关系

超声波在某一具体介质中传播的速度，对某一种固定波形来说基本上是个不变的定值。当超声波传播介质尺寸远大于超声波波长时，影响超声波声速的主要因素有基波形、传播介质的弹性性能和温度等。对于各向异性的材料，其各个方向的弹性模量存在一定的差异，因此各个方向的声速也存在一定的差异，这对缺陷的定位会产生一定的影响。常见的各向异性材料有双向奥氏体型不锈钢、纯铜、黄铜等。固体材料的声速也会随着温度的变化而变化，通常温度升高，声速会有一定的下降，然而声速的变化基本上是随着温度呈线性变化，在200℃范围内，温度每升高1℃，纵波在钢中的声速下降约1m/s，不同温度下纵波和横波在钢中的声速变化如图1-14所示。

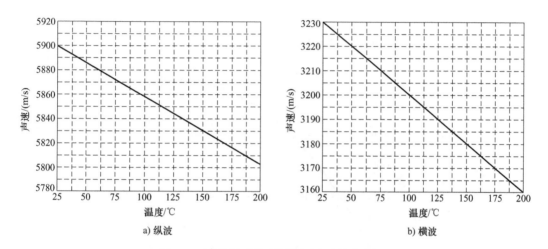

图1-14 不同温度下纵波和横波在钢中的声速变化

声速不受频率的影响，不同频率的超声波在同一介质中的声速一致。

固体介质的应力状况对声速有一定的影响，一般应力增大，声速增大，但增加缓慢。例如，对于26℃下的纯铁，应力$P=1$kPa时，$c_s=3219$m/s；$P=9$kPa时，$c_s=3252$m/s。

固体材料组织均匀性对声速的影响在铸铁中表现较为突出。铸铁表面与中心，由于冷却速度不同而具有不同的组织，表面冷却快，晶粒细，声速大；中心冷却慢，晶粒粗，声速小。此外，铸铁中石墨含量和尺寸对声速也有影响，如石墨含量增加和尺寸增大，则声速减小。

1.3.2 液体、气体介质中的声速

1. 液体、气体中声速公式

由于液体和气体只能承受压应力，不能承受剪切应力，因此液体和气体介质中只能传播纵波，不能传播横波和表面波。液体和气体中的纵波波速为

$$c=\sqrt{\frac{B}{\rho}} \tag{1-10}$$

式中　B——液体、气体介质的体积弹性模量，表示产生单位容积相对变化量所需压强（MPa）；
　　　ρ——液体、气体介质的密度（kg/m^3）。

由式（1-10）可知，液体、气体介质中的纵波声速与其容变弹性模量和密度有关，介质的体积弹性模量越大、密度越小，声速就越大。

2. 液体介质中的声速与温度的关系

几乎除水以外的所有液体，当温度升高时，体积弹性模量减小，声速降低。唯有水例外，温度在74℃左右时声速达最大值，当温度低于74℃时，声速随温度升高而增加；当温度高于74℃时，声速随温度升高而降低。水中声速与温度的关系为

$$c_L = 1557 - 0.0245 \times (74 - T_K)^2 \tag{1-11}$$

式中　T_K——水的温度（℃）。

不同温度下的水中声速如图1-15所示。

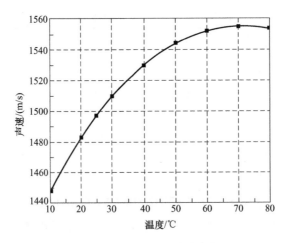

图1-15　不同温度下的水中声速

1.4　波的叠加、干涉、衍射和惠更斯原理

1.4.1　波的叠加与干涉

1. 波的叠加原理

当几列波在同一介质中传播时，如果在空间某处相遇，则相遇处质点的振动是各列波引起振动的合成，在任意时刻该质点的位移是各列波引起位移的矢量和。几列波相遇后仍保持自己原有的频率、波长、振动方向等特性，并按原来的传播方向继续前进，好像在各自的途中没有遇到其他波一样，这就是波的叠加原理，又称为波的独立性原理。

2. 波的干涉

两列频率相同，振动方向相同，相位相同或相位相差恒定值的波在介质中相遇时，介

质中某些地方的振动互相加强,而另一些地方的振动互相减弱或完全抵消的现象称为波的干涉现象。产生干涉现象的波叫相干波,其波源称为相干波源。

波的叠加原理是波的干涉现象的基础,干涉现象是超声波的重要特征。在超声波检测中,超声波探头晶片可以看成是由无数个点状声源组成的,每个点状声源产生各自的球面波,而各个球面波的频率相同,振动方向相同,在某些区域相位相同或相位相差值恒定,这样就会在这些区域产生干涉,由于波的干涉,所以使超声波源附近出现声压极大值或极小值。

1.4.2 驻波

驻波是波的干涉现象的特例。两个振幅相同的相干波在同一直线上沿相反方向传播叠加而成的波,称为驻波。当波的传播方向上的介质厚度恰为二分之一波长整数倍时,就能产生图1-16所示的驻波现象。驻波中振幅最大的点称为波腹,振幅为零处称为波节,波腹和波节出现的位置取决于介质的声阻抗。

驻波现象是共振式超声波测厚原理的基础。当工件厚度为超声波波长的1/2或整数倍时,入射波与底面反射波同相,工件内产生驻波,引起共振。若工件厚度$t = \lambda/2$时,产生共振的工件材料的基本共振频率为f_0(不同材料有不同f_0),则$f_0 = c/(2t)$,或者$t = c/(2f_0)$,共振式测厚仪就是利用所测的f_0来达到检测各种材料厚度的目的。

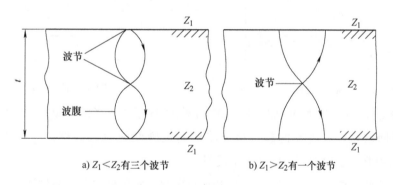

a) $Z_1 < Z_2$ 有三个波节　　　　b) $Z_1 > Z_2$ 有一个波节

图1-16　驻波现象

1.4.3 惠更斯原理

1. 波动

如前所述,波动是振动状态和能量的传播,如果介质是连续的,那么介质中任何质点的振动都将引起邻近质点的振动,而邻近质点的振动又会引起较远质点的振动,因此波动中任何质点都可以看作是新的波源,在其后任意时刻,这些子波的包络就形成了新的波阵面,这就是惠更斯原理。

在超声波检测中,探头的晶片尺寸都是有限的平面,根据惠更斯原理,一个平面波源可以看成是由很多个频率相同的点状波源组成的,每一个点状波源都产生一个球面波,而各个球面波在同一时刻的波振面叠加在一起形成的包络即为该平面的波振面。

在超声波检测中,将探头放置在工件表面时,超声波在介质中传播,介质中的质点在平衡位置附近振动,就像缸体活塞运动一样,因此这种波被称作活塞波。超声波的传播类似于图1-17所示活塞波,超声波的主要能量集中在白色虚线间。超声波检测中常用的超声波主要是以这种活塞波为主。

2. 波的衍射（绕射）

波在传播过程中遇到与波长相当的障碍物时,能绕过障碍物边缘改变方向继续前进的现象,称为波的衍射或波的绕射。

如图1-18所示,超声波在介质中传播时,若遇到缺陷AB,据惠更斯原理,缺陷边缘A、B可以看作是发射子波的波源,使波的传播方向改变,从而使缺陷背后的声影缩小,反射波降低。

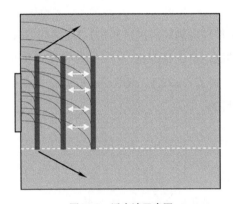
图1-17 活塞波示意图

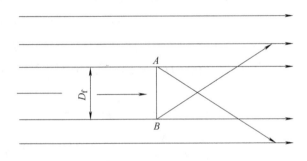
图1-18 波的衍射

波的绕射和障碍物尺寸D_f及波长λ的相对大小有关。当$D_f \gg \lambda$时,波的绕射强,反射弱,缺陷回波很低,容易漏检。超声波检测灵敏度约为$\lambda/2$,这是一个重要原因。当$D_f \gg \lambda$时,反射强,绕射弱,声波几乎全反射。

波的绕射对检测既有利又不利。由于波的绕射,使超声波产生晶粒绕射顺利地在介质中传播,这对检测是有利的,但同时由于波的绕射,使一些小缺陷回波显著下降,以致造成漏检,这对检测不利。

如图1-19所示,点波源S_1、S_2在M点引起的振动为

$$y_1 = A_1\cos\omega(t-x_1/c)$$
$$y_2 = A_2\cos\omega(t-x_2/c)$$

质点M的合振动为

$$y = A\cos(\omega t + \varphi)$$

$$A = \sqrt{A_1^2 + A_2^2 + 2A_1A_2\cos\frac{2\pi}{\lambda}\delta} \qquad (1-12)$$

式中　A_1、A_2——S_1、S_2 在 M 点引起的振幅；

　　　A——M 点的合振幅；

　　　λ——波长；

　　　δ——波程差，$\delta = x_2 - x_1$。

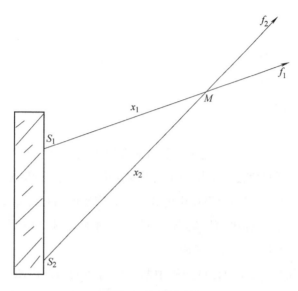

图1-19　波的干涉

由上可知：

1）当 $\delta = n\lambda$（n 为整数）时，$A = A_1 + A_2$。这说明当两相干波的波程差等于波长的整数倍时，二者互相加强，合振幅达最大值。

2）当 $\delta = (2n+1)\lambda/2$（n 为整数）时，$A = |A_1 - A_2|$。这说明当两相干波的波程差等于半波长的奇数倍时，二者互相抵消，合振幅达最小值。若 $A_1 = A_2$，则 $A = 0$，即二者完全抵消。

1.5　超声场的特征值

充满超声波的空间或超声振动所波及的部分介质叫超声场。超声场具有一定的空间大小和形状，只有当缺陷位于超声场内时，才有可能被发现。描述超声场的特征值（即物理量）主要有声压、声强和声阻抗。

1.5.1　声压 P

超声场中某一点在某一时刻所具有的压强 P_1 与没有超声波存在时的静态压强 P_0 之差，称为该点的声压，用 P 表示。

$$P = P_1 - P_0$$

声压单位：帕（Pa），微帕（μPa）

$$1\text{Pa} = 1\text{N/m}^2 \qquad 1\text{Pa} = 10^6 \mu\text{Pa}$$

超声波在介质中传播时，介质每一点的声压随时间和振动位移量的不同而变化，也就是说，瞬时声压$P(t)$是时间、距离的函数，理论证明，它可由下列数学式表达：

$$P(t) = P\cos(\omega t + \varphi) = \rho c u \cos(\omega t + \varphi)$$

式中　P——声压振幅；

　　　ρ——介质密度；

　　　c——介质声速；

　　　ω——圆频率，$\omega = 2\pi f$；

　　　t——质点位移时间；

　　　φ——质点振动相位角；

　　　u——质点振速。

由上式可知，超声场中某一点的声压随时间和该点至波源的距离按余弦函数周期性地变化。声压的幅值与介质的密度、波速和质点振动速度成正比。固体介质由于密度大、声速高和质点振速高，所以置于同一超声场中的介质（离声源距离相同），以固体介质中的声压最高，液体中声压其次，气体中声压最小；当然，就不同固体介质而言，因材料性质、密度、声速的差异，它们的声压也有所区别。

工程上实际应用时，比较和计算介质中两个反射体的回波声压时，并不需要对每个t（每一瞬间），每个X点作比较，只需用它们的声压振幅P加以比较和计算，因此，通常把声压振幅简称为"声压"，并使它与A型脉冲反射式检测仪示波屏上回波高度建立一定的线性关系，从而为确定超声波检测中的定量方法打下了基础。一般认为，超声波检测仪示波屏上的波高与声压成正比。

1.5.2　声阻抗Z

超声场中任一点的声压与该处质点振动速度之比称为声阻抗，常用Z表示。

$$Z = P/u = \rho c u / u = \rho c \tag{1-13}$$

声阻抗的单位为克/厘米^2·秒（g/cm^2·s）或千克/米^2·秒（kg/m^2·s）。

由上式可知，声阻抗的大小等于介质的密度与波速的乘积。由$u = P/Z$不难看出，在同一声压下，Z增加，质点的振动速度下降。因此声阻抗Z可理解为介质对质点振动的阻碍作用。这类似于电学中的欧姆定律$I = U/R$，电压一定，电阻增加，电流减少。

声阻抗是表征介质声学性质的重要物理量。超声波在两种介质组成的界面上的反射和透射情况与两种介质的声阻抗密切相关。

材料的声阻抗与温度有关，一般材料的声阻抗随温度升高而降低。这是因为声阻抗$Z = \rho c$，而大多数材料的密度ρ和声速c随温度增加而减少。

1.5.3　声强I

声强度简称声强，它表示单位时间内在垂直于声波传播方向的介质单位面积上所通过

的声能量,即声波的能流密度。对于简谐波常将一周期中能流密度的平均值作为声强,并用符号I表示

$$I = \frac{1}{2}\frac{P^2}{\rho c} \quad (1\text{-}14)$$

声强也可写作

$$I = \frac{1}{2}\frac{P^2}{cZ} \cdot c = \frac{P^2}{2Z} \quad (1\text{-}15)$$

声强I的单位为瓦每平方米(W/m²)。

从式(1-15)中可知,同一介质中,声强与声压的平方成正比,即$I \propto P^2$。超声波检测时示波屏上显示的反射体回波高度只与其反射声压成正比$\left(即 \frac{P_1}{P_2} = \frac{H_1}{H_2}\right)$。

1.5.4 贝尔与分贝

在生产和科学实验中,声强数量级往往相差悬殊,如引起听觉的声强范围为($10^{-16} \sim 10^{-4}$)W/cm²,最大值与最小值相差12个数量级。显然采用绝对量来度量是不方便的,但如果对其比值(相对量)取对数来比较计算,则可大大简化运算。贝尔就是两个同量纲的量之比取对数后的单位。

定义声强级为两个相比较声强的比值,再取以10为底的常用对数,以符号L_p表示。

$$L_p = \lg \frac{I}{I_0} \text{(Bel)} \quad (1\text{-}16)$$

式中 $I_0 = 10^{-16}$W/cm²,

或者

$$L_p = \lg \frac{I_1}{I_2} \text{(Bel)} \quad (1\text{-}17)$$

式中 I_1,I_2分别为两个相比较的声强值。

声强级的单位为贝尔(Bel),因为贝尔的单位比较大,工程上应用时将其缩小到1/10后以分贝为单位,用符号dB表示,此时式(1-16)和式(1-17)可分别写成

$$L_p = 10\lg \frac{I}{I_0} \text{(dB)} \quad (1\text{-}18)$$

$$L_p = 10\lg \frac{I_1}{I_2} \text{(dB)} \quad (1\text{-}19)$$

在同一介质中,$Z_1 = Z_2$,所以

$$L_p = 10\lg \left(\frac{P_1}{P_2}\right)^2 = 20\lg \frac{P_1}{P_2} \text{(dB)} \quad (1\text{-}20)$$

式中 L_p——声压级。

当超声波检测仪具有较好的放大线性（垂直线性）时，则有

$$L_\mathrm{p} = 20\lg\frac{P_1}{P_2} = 20\lg\frac{H_1}{H_2}(\mathrm{dB}) \qquad (1\text{-}21)$$

式中，H_1，H_2分别为反射声压为P_1和P_2时回波高度，不同回波高度比值（实数比）所对应的数值见表1-2。

这里声压基准P_1或波高基准H_1可以任意选取。

当$H_2/H_1 = 1$时，$\Delta = 0\mathrm{dB}$，说明两波高相等时，二者的分贝差为零。

当$H_2/H_1 = 2$时，$\Delta = 6\mathrm{dB}$，说明H_2为H_1的2倍时，H_2比H_1高6dB。

当$H_2/H_1 = 1/2$时，$\Delta = -6\mathrm{dB}$，说明H_2为H_1的1/2时，H_2比H_1低6dB。

H_2/H_1或P_2/P_1与dB值的换算关系如图1-20所示。

常用声压（波高比）对应的dB值见表1-2所示。

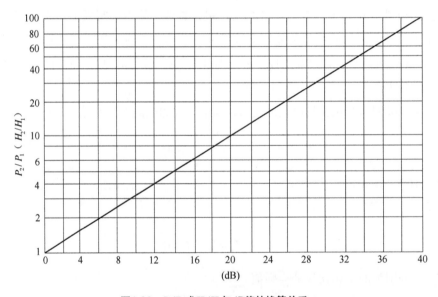

图1-20　P_2/P_1或H_2/H_1与dB值的换算关系

表1-2　实数比与dB的关系

H_1/H_2	10	5	3.2	2	1	1/2	1/3.2	1/5	1/10
dB	20	14	10	6	0	−6	−10	−14	−20

例题1

以一定探测灵敏度探测某工件，仪器示波屏上得到如图1-21所示的检测波形，求F_1/B_1和B_1/B_2分别差多少dB？

解：由于$\dfrac{F_1}{B_1} = \dfrac{40\%}{100\%}$，所以 $\mathrm{dB}(F_1/B_1) = 20\lg\dfrac{F_1}{B_1} = 20\lg\dfrac{40\%}{100\%} = -8\mathrm{dB}$

同理 $\mathrm{dB}(B_1/B_2) = 20\lg\dfrac{B_1}{B_2} = 20\lg\dfrac{100\%}{60\%} \approx 4.4\mathrm{dB}$

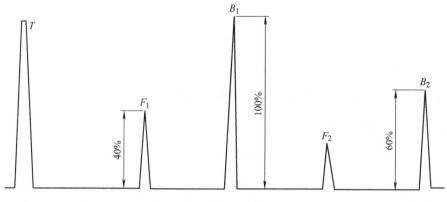

图1-21 检测波形

例题2

以某一探测灵敏度探测工件，测得F_1缺陷后，用衰减器调至基准高度（例如，示波屏的50%高）时，仪器衰减器读数为32dB，此后又测得F_2缺陷，调至基准高度后，衰减器读数为20dB，问F_1/F_2差多少dB？回波高度相差多少倍？

解：$\mathrm{dB}(F_1/F_2) = 32 - 20 = 12\mathrm{dB}$，$\mathrm{dB}(F_1/F_2) = 20\lg\dfrac{F_1}{F_2} = 12\mathrm{dB}$

所以 $F_1/F_2 = 10^{\frac{12}{20}} = 4$

可见，F_1比F_2高12dB，实际波高F_1是F_2的4倍。

例题3

示波屏上一波高为80mm，另一波高为20mm，问前者比后者高多少dB？

解：$\Delta = 20\lg\dfrac{H_1}{H_2} = 20\lg\dfrac{80}{20} = 12\mathrm{dB}$

答：前者比后者高12dB。

例题4

示波上有A、B、C三个波，其中A波比B波高3dB，B波比C波高3dB，已知B波高为50mm，求A、C各为多少mm?

解：由已知得 $\Delta = 20\lg\dfrac{A}{B} = 3\mathrm{dB}$

$\therefore A = 10^{0.15} \times B = 1.4 \times 50 = 70\mathrm{mm}$

又 $\Delta = 20\lg\dfrac{C}{B} = -3\mathrm{dB}$

$\therefore C = 10^{-0.15} \times B = 0.7 \times 50 = 35\mathrm{mm}$

答：A、C分别为70mm和35mm。

1.6 超声平面波在大平界面上垂直入射的行为

超声波在异质界面上的反射、透射和折射规律是超声波检测的重要物理基础。当超声波垂直入射于平面界面时，主要考虑超声波能量经界面反射和透射后的重新分配和声压的变化，此时的分配和变化主要决定于界面两边介质的声阻抗。

1.6.1 超声波在单一的平面界面的反射和透射

1. 反射、透射规律的声压、声强表示法

当超声平面波垂直入射于两种声阻抗不同的介质的大平界面上时，反射波以与入射波方向相反的路径返回，且有部分超声波透过界面射入第二介质，如图1-22所示。平面界面上入射声强为I_0，声压为P_0；反射声强为I_r，声压为P_r；透射声强为I_t，声压为P_t。若声束入射一侧介质的声阻抗为Z_1，透射一侧介质声阻抗为Z_2，根据界面上声压连续和振速连续的原则，并令$m = Z_1/Z_2$（称声阻抗比），就可得到：

声压反射系数

$$\gamma_P = \frac{P_r}{P_0} = \frac{Z_2 - Z_1}{Z_1 + Z_2} = \frac{1-m}{1+m} \tag{1-22}$$

声压透射系数

$$\tau_P = \frac{P_t}{P_0} = \frac{2Z_2}{Z_1 + Z_2} = \frac{2}{1+m} \tag{1-23}$$

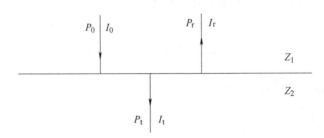

图1-22 超声波在单一平界面上反射和透射

若把声压看作是单位面积上受的力，那么作用于同一平面的力应符合力的平衡原理，因此，声压变化就可写作$P_0 + P_r = P_t$，等式两边除以P_0，得

$$1 + \frac{P_r}{P_0} = \frac{P_t}{P_0}$$

即：
$$1 + \gamma_P = \tau_P \tag{1-24}$$

若把I_r/I_0和I_t/I_0分别定义为声强反射率（R）和声强透射率（D），就可得到：

声强反射率

$$R = \frac{I_r}{I_0} = \frac{P_r^2/2Z_1}{P_0^2/2Z_1} = \frac{P_r^2}{P_0^2} \tag{1-25}$$

声强透射率

$$D = \frac{I_t}{I_0} \tag{1-26}$$

声强是一种单位能量，作用于同一界面的声强，应满足能量守恒定律，所以声强变化可写作 $I_0 = I_r + I_t$，等式两边除以 I_0，得到

$$I = R + D \tag{1-27}$$

从式（1-22）和式（1-25）可知

$$R = \gamma_P^2 = \left(\frac{Z_2 - Z_1}{Z_1 + Z_2}\right)^2 = \left(\frac{1-m}{1+m}\right)^2 \tag{1-28}$$

从式（1-27）和式（1-28）可知

$$D = 1 - \gamma_P^2 = \frac{4Z_1 \cdot Z_2}{(Z_1 + Z_2)^2} = \frac{4m}{(1+m)^2} \tag{1-29}$$

2. 声压往复透过率

实际检测中的探头常兼作发射和接收声波用，并认为透射至工件底面的声压在钢/空气界面上被完全反射后，再次透过界面后被探头所接收（见图1-23），因此，探头接收到的返回声压 P_t' 与入射声压之比，即为声压往复透过率 T_P。

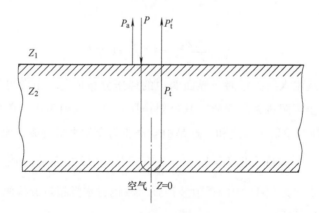

图1-23 声压往复透过率

$$T_P = \frac{P_t'}{P} = \frac{P_t}{P} \cdot \frac{P_t'}{P_t} = \tau_{P1} \cdot \tau_{P2}$$

因为

$$\tau_{P1} = \frac{P_t}{P} = \frac{2Z_2}{Z_1 + Z_2}, \quad \tau_{P2} = \frac{P_t'}{P_t} = \frac{2Z_1}{Z_2 + Z_1}$$

所以

$$T_P = \tau_{P1} \cdot \tau_{P2} = \frac{4Z_1 \cdot Z_2}{(Z_1+Z_2)^2} = \frac{4m}{(1+m)^2} \quad (1-30)$$

比较式（1-29）和式（1-30）可以看出，声压往复透过率和声强透射率在数值上相等。常用物质界面纵波声压往复透射率见表1-3。

表1-3 常用物质界面纵波声压往复透射率 T （单位：%）

种类	变压器油	水（20℃）	甘油	有机玻璃
钢	11	12.5	19	26
铜	12	13	22	29
铝	26	28	43	55
有机玻璃	80	84	98	100

3. 介质对反射、透射的影响

超声波垂直入射于两种不同声阻抗介质的平面界面，可以有以下四种常见的反射和透射情况。

（1）$Z_2 > Z_1$ 若超声波从水入射到钢中，此时：$Z_{1(水)} = 1.5 \times 10^6 \text{kg/m}^2 \cdot \text{s}$，$Z_{2(钢)} = 46 \times 10^6 \text{kg/m}^2 \cdot \text{s}$。水/钢界面上声压反射系数为

$$\gamma_P = \frac{Z_2 - Z_1}{Z_1 + Z_2} = \frac{46 - 1.5}{46 + 1.5} = 0.937$$

声压透射系数为

$$\tau_P = \frac{2Z_2}{Z_1 + Z_2} = 1 + \gamma_P = 1.937$$

图1-24所示为从水入射到钢时，界面两边的声压分布情况。由图可知，入射声波自声阻抗小的介质入射至声阻抗大的介质，其反射声压略低于入射声压；透射声压高于入射声压，并等于入射声压与反射声压之和。这是由于声压与介质声阻抗成正比的缘故，但透射波的声强不可能大于入射声强，即 $D = 1 - \gamma_P^2 = 1 - 0.937^2 = 0.12$，表示100%的入射声强中只有12%的声强变为第二介质（钢）中的透射波声强。故钢材水浸超声波检测应适当提高探测灵敏度以弥补钢中透射声强的减小。

（2）$Z_2 < Z_1$ 若超声波从钢入射到水中（即钢材水浸检测时工件底面的钢/水界面），此时若 $Z_{1(钢)} = 46 \times 10^6 \text{kg/m}^2 \cdot \text{s}$，$Z_{2(水)} = 1.5 \times 10^6 \text{kg/m}^2 \cdot \text{s}$。

钢/水界面上声压反射系数为

$$\gamma_P = \frac{Z_2 - Z_1}{Z_1 + Z_2} = \frac{1.5 - 46}{46 + 1.5} = -0.937$$

式中，负号表示入射声波与反射声波的相位差180°。

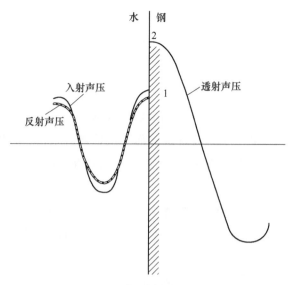

图1-24 从水入射至钢时界面两边声压分布

声压透射系数为：$\tau_P = \dfrac{2Z_2}{Z_1+Z_2} = 1+\gamma_P = 1-0.937 = 0.063$

图1-25表示从钢入射到水时界面双边的声压分布情况。由图可知，入射波自声阻抗大的介质入射至声阻抗小的介质，其反射声压绝对值小于入射声压，而两者相位正好相反（γ_P 得负值），且透射声压也因两者相位相反，互相抵消而数值极小，但透射到第二介质（水）中的声强 $D = 1-\gamma_P^2 = 1-0.937^2 = 0.12$，与上述情况相同。

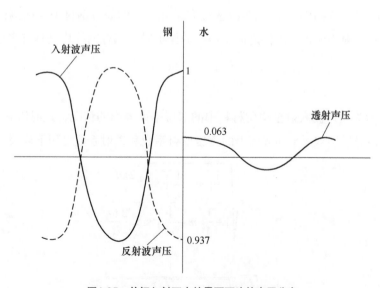

图1-25 从钢入射至水的界面两边的声压分布

（3）$Z_1 \gg Z_2$ 超声波从固体入射到空气中，如钢工件底面，或如探头直接置于空气中均属具有固体/空气界面情况。此时若 $Z_{1(钢)} = 46 \times 10^6 \text{kg/m}^2 \cdot \text{s}$，$Z_{2(空气)} = 0.0004 \times 10^6 \text{kg/m}^2 \cdot \text{s}$，

钢/空气界面上的声压反射系数为

$$\gamma_P = \frac{Z_2 - Z_1}{Z_1 + Z_2} = \frac{0.0004 - 46}{46 + 0.0004} \approx -1$$

声压透射系数为

$$\tau_P = 1 + \gamma_P = 1 + (-1) = 0$$

这也说明超声波探头若与工件硬性接触而无液体耦合剂，若工件表面毛糙，则相当于探头直接置于空气，超声波在晶片/空气界面上将产生100%的反射，而无法透射进入工件。

（4）$Z_1 \approx Z_2$　超声波入射至两种声阻抗接近的介质界面上时就是这种情况，如普通碳钢焊缝金属与母材金属两者声阻抗通常仅差1%（即$Z_2 = (1 + 0.01) Z_1$），此时，界面上的声压反射系数为

$$\gamma_P = \frac{Z_2 - Z_1}{Z_1 + Z_2} = \frac{(1+0.01)Z_1 - Z_1}{Z_1 + (1+0.01)Z_1} = \frac{0.01}{2 + 0.01} \approx 0.5\%$$

声压透射系数为

$$\tau_P = 1 + \gamma_P = 1 + 0.5\% \approx 1$$

这表明在声阻抗接近的异质界面上反射声压极小，基本上可以忽略，而透射声压与入射声压基本相同，透射声强$D = 1 - \gamma_P^2 = 1 - 0.5\% \approx 1$，声能也几乎全部透射到第二介质。

1.6.2　多层平面界面垂直入射

在实际超声波检测中时常遇到声波透过多层介质，例如，钢材中与探测面平行的异质薄层、探头晶片入射声波进入工件之前所经过的保护膜、耦合剂等均是具有多层平面界面的实例。

1. 透声层

图1-26所示为超声波入射至均质材料中的双层平面界面的情况，这时$Z_1 = Z_3$，Z_2为异质层的声阻抗。该异质层双层平面界面上的声压反射系数和透射系数可用下列公式计算

$$\gamma_P = \sqrt{\frac{\frac{1}{4}\left(m - \frac{1}{m}\right)^2 \sin^2 \frac{2\pi d}{\lambda_2}}{1 + \frac{1}{4}\left(m - \frac{1}{m}\right)^2 \sin^2 \frac{2\pi d}{\lambda_2}}} \tag{1-31}$$

$$\tau_P = \frac{1}{\sqrt{1 + \frac{1}{4}\left(m - \frac{1}{m}\right)^2 \sin^2 \frac{2\pi d}{\lambda_2}}} \tag{1-32}$$

式中，$m = Z_1/Z_2$，d为异质层厚度，λ_2为超声波在异质层中的波长。

由式（1-31）和式（1-32）可以看出：

1）若$Z_1 = Z_3$（异质层声阻抗为Z_2），当异质层厚度刚好是该层中传播声波的半波长整数倍时，即$d = \frac{\lambda_2}{2} \cdot n$（$n = 1、2、3\cdots$），则$\sin\frac{2\pi d}{\lambda_2} = \sin\frac{2\pi}{\lambda_2} \cdot \frac{\lambda_2}{2} n = \sin\pi n = 0$，于是式（1-31）的$\gamma_P = 0$，式（1-32）的$\tau_P = 1$。

这种情况如果发生在钢板中，那么，当采用某种探测频率探测钢板中一种均匀的分层，而分层厚度恰为二分之一波长时，$\gamma_P = 0$，就得不到该分层的反射回波（或反射回波很低），从而导致该分层缺陷的漏检。$\tau_P = 1$，超声波通过这一介质时，声压没有变化，这层异质层似乎不存在，这时称其为透声层。为避免这种漏检，可采用改变探测频率的方法，改变后的探测频率不应是原探测频率的整数倍。

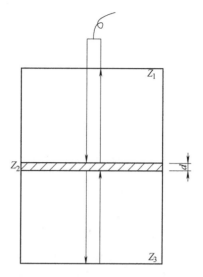

图1-26　均质材料中的双层平面界面

这种情况如果发生在直探头的透声层中，那么，当探头采用钢质保护膜，并用来探测钢工件时，保护膜与工件表面之间的耦合层就是一层异质层。要使探头发射的超声波经过耦合层后达到较高的透射效果（即$\tau_P \to 1$），就须使耦合层厚度为其半波长的整数倍，这种透声层又称为半波透声层。

2）若$Z_1 \neq Z_3$（异质层声阻抗为Z_2），要使超声波能以较高效率透过异质层，就要求异质层变为声波在其中传播波长的四分之一的奇数倍，即$d = \frac{\lambda_2}{4} \cdot (2n-1)$（$n = 1、2、3\cdots$），此时有最大的声强透射率，即

$$D_{\max} = \frac{2Z_1 \cdot Z_2^2 \cdot Z_3}{(Z_1 \cdot Z_3 + Z_2^2)^2} \tag{1-33}$$

当$d = \frac{\lambda_2}{4} \cdot n$时，异质层的声强透射率最低，即

$$D_{\min} = \frac{4Z_1 \cdot Z_3}{(Z_1 + Z_3)^2} \tag{1-34}$$

直探头选用非钢质保护膜，并探测钢工件时就属此种情况，此时耦合层的厚度应该为$\lambda_2/4$的奇数倍时，才有较好的透声效果。

3）若将直探头保护膜看作处于晶片与耦合层之间的异质层，如图1-27所示因晶片声阻抗总是不等于耦合层声阻抗（即$Z_1 \neq Z_3$），因此，要使保护膜有较高的透声效果，其厚度也应是$\lambda_2/4$的奇数倍。探头保护膜除了要求有合适的厚度外，还应有一个适当的声阻抗。当保护膜声阻抗Z_m满足下列关系时，声强的透射率就较高。

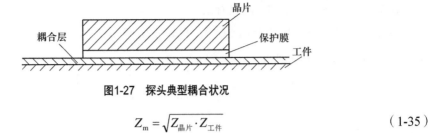

图1-27 探头典型耦合状况

$$Z_m = \sqrt{Z_{晶片} \cdot Z_{工件}} \qquad (1-35)$$

4）实际检测中探头上施以一定压力，探头与工作接触紧密，得到的反射回波也较高，其原因是当耦合厚度$d \to 0$时，式（1-32）中$\sin\frac{2\pi d}{\lambda_2} \to 0$，$\tau_P \to 1$，透过的声能也较多。在仪器和探头性能测试时，或制作距离-波幅曲线时，为了使探头获得均匀的压力，可用一定量的重块压在探头上。当然，对于现场实际检测时就没有这种必要。

2. 异质薄层的检测灵敏度

在超声波检测中，当缺陷反射声压仅为入射声压的1%时，检测仪示波屏上就可得到可分辨的反射回波。被检工件中的缺陷（如裂缝缝隙、层状偏析和夹杂物等）薄层，当它们的反射面与声束垂直或接近垂直时，都可以看成均质材料中的异质薄层。从图1-28中可以看出，钢中气隙厚度为（$10^{-5} \sim 10^{-4}$）mm（如两块高精度块规之间的缝隙）时，用1MHz直探头探测，就能得到几乎100%的反射。实际缺陷由于表面不平整和带有附着物，其间隙厚度还要大得多，因此更容易被检测出来。这就是反射法探测裂缝有较高灵敏度的原因，但当钢中1μm缝隙中充满油（或水）时，仍用1MHz直探头探测，只可获得6%的反射声压。图1-29为钢和铝中油层界面的声压反射率。

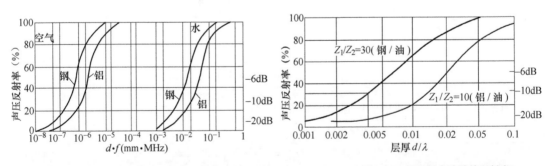

图1-28 钢和铝中气隙、水隙的反射率　　　图1-29 钢和铝中油隙的反射率

异质薄层的声阻抗与工件材料声阻抗差异越大，则声压反射越高，越容易被检出；反之，两者声阻抗差异越小，则反射越低，检出越困难。所以，同样厚度的异质薄层位于声阻抗不同的工件中，工件声阻抗越大，对此薄层的检测灵敏度越高。显然，铝和钢中同样性质和厚度的缺陷，超声波对钢中该缺陷的检测力就高于铝中同类缺陷的检测能力。若要提高铝中缺陷的检测能力，可用提高检测频率的方法。如铝中微小气隙的反射率仅为此缺陷位于钢

中时的三分之一,若检测频率提高四倍,就可获得原频率在钢中的反射率。

1.7 超声波倾斜入射到界面时的反射和折射

超声平面波以一定的倾斜角入射到异质界面上时,就会产生声波的反射和折射,并且遵循反射和折射定律。在一定条件下,界面上还会产生波形转换现象。

1.7.1 斜入射时界面上的反射、折射和波形转换

1. 超声波在固体界面上的反射

(1) 固体中纵波斜入射于固体–气体界面 图1-30中,α_L为纵波入射角,α_{L1}为纵波反射角,α_{S1}为横波反射角,其反射定律可用下列数学式表示

$$\frac{c_L}{\sin\alpha_L} = \frac{c_{L1}}{\sin\alpha_{L1}} = \frac{c_{S1}}{\sin\alpha_{S1}} \tag{1-36}$$

因入射纵波L与反射纵波L_1在同一介质内传播,故它们的声速相同,即$c_L = c_{L1}$,所以$\alpha_L = \alpha_{L1}$。又因同一介质中纵波声速大于横波声速,即$c_{L1} > c_{S1}$,所以$\alpha_{L1} > \alpha_{S1}$。

(2) 横波斜入射于固体–气体界面 图1-31中,α_S为横波入射角,α_{S1}为横波反射角,α_{L1}为纵波反射角。由反射定律可知

$$\frac{c_S}{\sin\alpha_S} = \frac{c_{S1}}{\sin\alpha_{S1}} = \frac{c_{L1}}{\sin\alpha_{L1}} \tag{1-37}$$

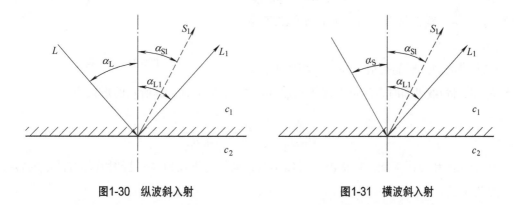

图1-30 纵波斜入射　　　　图1-31 横波斜入射

因入射横波S与反射横波S_1在同一介质内传播,故它们的声速相同,即$c_S = c_{S1}$,所以$\alpha_S = \alpha_{S1}$。又因同一介质中$c_{L1} > c_{S1}$,所以$\alpha_{L1} > \alpha_{S1}$。

(3) 结论 当超声波在固体中以某角度斜入射于异质面上,同波形的反射角等于入射角,纵波反射角大于横波反射角,或者说横波反射声束总是位于纵波反射声束与法线之间。图1-32表示钢及铝材中纵波入射时的横波反射角,也可以看成横波入射时的纵波反射角。

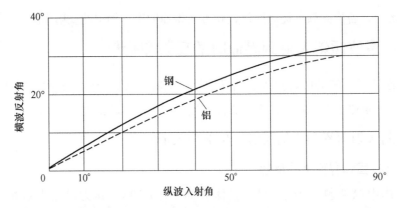

图1-32 钢及铝材中纵波入射时的横波反射角（或横波入射时的纵波反射角）

2. 超声波的折射

（1）纵波斜入射的折射 图1-33中α_L为第一介质的纵波入射角，β_L为第二介质的纵波折射角，β_S为第二介质的横波折射角，其折射定律数学式为

$$\frac{c_L}{\sin\alpha_L} = \frac{c_{L2}}{\sin\beta_L} = \frac{c_{S2}}{\sin\beta_S} \qquad (1\text{-}38)$$

在第二介质中，因$c_{L2}>c_{S2}$，所以$\sin\beta_L>\sin\beta_S$，$\beta_L>\beta_S$，横波折射声束总是位于纵波折射声束与法线之间。

（2）横波斜入射的折射 横波在固体中斜入射至固/固、固/液界面时，其折射规律同样符合式（1-38）时，其所示的形式为

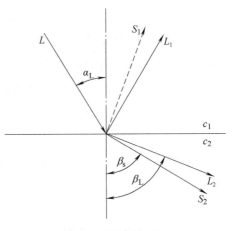

图1-33 纵波斜入射

$$\frac{c_{S1}}{\sin\alpha_{S1}} = \frac{c_{S2}}{\sin\beta_{S2}} = \frac{c_{L2}}{\sin\beta_{L2}} \qquad (1\text{-}39)$$

由于气体和液体不能传播横波，所以不是任何情况下反射波和折射波都有波形的转换，这一点要注意。

图1-34所示为几种不同情况界面的波形转换。

图1-34a中Ⅰ是固体，Ⅱ是液体，纵波入射，在Ⅱ中没有折射横波。

图1-34b中介质情况同图1-34a，但是横波入射，在Ⅱ中也只有折射的纵波。

图1-34c中Ⅰ是液体，Ⅱ是固体，纵波入射在介质Ⅰ中只有反射纵波。

图1-34d两种介质都是液体，则反射和折射波都是纵波。

图1-34e、f两种介质都是固体，入射波是纵波（见图1-34e）、横波（见图1-34f），在一般情况下反射波和折射波中既有纵波又有横波。若声波从固体斜射到空气界面，则在固体中才存在反射纵波和（或）横波。

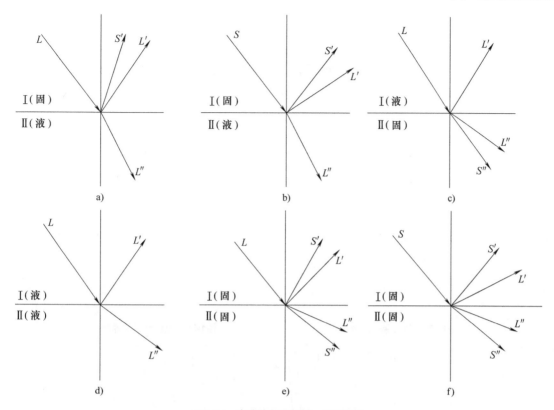

图1-34 声波的各种反射、折射情况

1.7.2 临界角

1. 纵波第一临界角 α_I

定义如下：纵波斜入射，使固体中 $\beta_L = 90°$ 的纵波入射角就是纵波第一临界角，如图1-35所示，此时

$$\frac{c_L}{\sin\alpha_I} = \frac{c_{L2}}{\sin 90°} = c_{L2}$$

$$\alpha_I = \sin^{-1}\frac{c_L}{c_{L2}} \tag{1-40}$$

入射角大于纵波第一临界角时，第二介质中没有折射纵波。

2. 纵波第二临界角 α_{II}

定义如下：纵波斜入射，使固体中 $\beta_S = 90°$ 的纵波入射角就是纵波第二临界角，如图1-36所示。此时

$$\frac{c_L}{\sin\alpha_{II}} = \frac{c_{S2}}{\sin 90°} = c_{S2}$$

$$\alpha_{\text{II}} = \sin^{-1}\frac{c_{\text{L}}}{c_{\text{S2}}} \qquad (1\text{-}41)$$

对于入射角大于纵波第二临界角的所有纵波入射声束，第二介质中没有折射横波。

图1-37为有机玻璃/钢（铝）界面入射角和折射角的关系曲线。

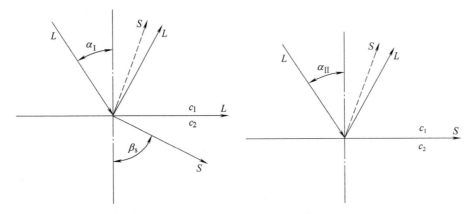

图1-35 纵波第一临界角　　　　　　图1-36 纵波第二临界角

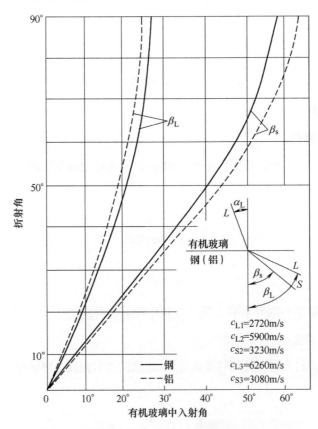

图1-37 有机玻璃/钢（铝）界面入射角和折射角的关系曲线

注：c_{L1}为有机玻璃中的纵波声速，c_{L2}为钢中的纵波声速，c_{S2}为钢中的横波声速，c_{L3}为铝中的纵波声速，c_{S3}为铝中的横波声速。

3. 第三临界角

横波斜入射于固体/空气界面，α_S为横波入射角，α_{L1}为纵波反射角，α_{S1}为横波反射角，此时认为横波在空气中不产生折射现象。因同一介质中，$c_S<c_L$，所以$\alpha_S<\alpha_{L1}$。当入射角α_S达到某一数值时，就可使$\alpha_{L1}=90°$，产生横波全反射现象。

定义横波斜入射至固体/空气界面并产生横波全反射的横波入射角为第三临界角，用符号α_{III}表示，即

$$\frac{c_S}{\sin\alpha_{\text{III}}}=\frac{c_{L1}}{\sin 90°}=c_{L1}$$

$$\alpha_{\text{III}}=\sin^{-1}\frac{c_S}{c_{L1}} \tag{1-42}$$

常用材料组合的第一、第二、第三临界角见表1-4。

表1-4 常用材料组合的第一、第二、第三临界角

材料	第一临界角	第二临界角	第三临界角
有机玻璃/钢	$\arcsin\frac{2700}{5900}=27.2°$	$\arcsin\frac{2700}{3230}=56.7°$	—
有机玻璃/铝	$\arcsin\frac{2700}{6300}=25.4°$	$\arcsin\frac{2700}{3080}=61.2°$	—
水/钢	$\arcsin\frac{1500}{5900}=14.7°$	$\arcsin\frac{1500}{3230}=27.7°$	—
水/铝	$\arcsin\frac{1500}{6300}=13.8°$	$\arcsin\frac{1500}{3080}=29.1°$	—
钢	—	—	$\alpha_{\text{III}}=\sin^{-1}\frac{3230}{5900}=33.2°$
铝	—	—	$\alpha_{\text{III}}=\sin^{-1}\frac{3080}{6300}=29.3°$
有机玻璃	—	—	$\alpha_{\text{III}}=\sin^{-1}\frac{1460}{2720}=32.7°$

1.7.3 斜入射时反射系数、折射系数和往复透射率

超声波斜入射时，运用反射定律和折射定律可以确定遇到界面后反射和折射超声波束的传播方向，但不能确定入射波和反射波、折射波之间的声压关系。实际上，斜入射波尤其是在产生波形转换的情况下，反射波及折射波的声压变化不仅随入射波形的不同而不同，而且还与入射角的大小和界面两侧介质性质有关。由于理论计算十分复杂，因此实际应用中常以相应的曲线进行分析。下面仅以几种常用情况加以讨论。

1. 纵波从水斜入射至固体

当纵波从水斜入射至固体（如钢或铝）时，随着纵波入射角的变化，反射声压和折射声压亦随之变化，图1-38所示为入射纵波在水/铝界面上的反射和折射。从图中可见，当纵

波在水中的入射角小于13.56°时，纵波在铝中的折射角和声压随水中纵波入射角的增大而很快增大，铝中折射横波比较弱，水中反射纵波声压为入射声压的80%左右。当入射角达到13.56°（水/铝纵波临界角）后，铝中纵波不存在，只有横波，相应的横波折射角β_S在30°以上，并且随入射角的增大，折射横波声压随之增加。当$\alpha_L \geq 29.2°$以后，横波全反射，铝中不再存在折射波，水中纵波反射声压系数为100%，从图中还可以看出，在$\alpha_L = 13.56°$时，铝中横波声压几乎为零，而反射声压（纵波）为100%，透射的纵波声压亦为100%，在$\alpha_L > 13.56°$，特别是>15°~29.2°之间，铝中折射横波声压较大，这就是对于水浸横波检测铝时，选用的纵波入射角必须在13.56°~29.2°之间的原因。

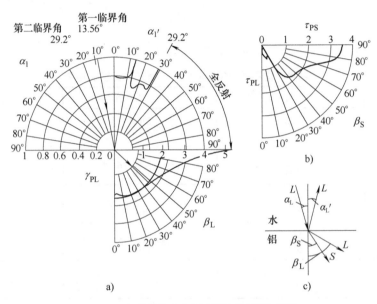

图1-38 入射纵波在水/铝界面上的反射和折射

2. 纵波从有机玻璃斜入射至固体

目前，各种斜探头大多以有机玻璃作为透声楔，晶片产生的纵波通过有机玻璃入射到有机玻璃/固体界面（耦合层），并在耦合层与固体之间接合面上波形转换后，在固体中得到所需要的波形（横波、表面波及板波）。由于耦合层极薄，运用反射定律、折射定律计算反射角、折射角和分析界面上声压反射系数、透射系数、往复透过率时，可忽略耦合层的影响，只以界面两侧的有机玻璃和固体的声学性质为计算和分析的依据。

纵波斜入射在有机玻璃/钢界面的情况如图1-39所示，从图中可见，有两个临界角，即第一临界角27.6°和第二临界角57.8°，只有当入射角在27.6°~57.8°之间时，钢中才能得到纯的横波折射。随着入射角的增大，横波折射角随之增大，折射横波声压平缓地增加，而往复透射率却随折射角增大而下降。

超声检测中，常常采用反射法，超声波往复透过同一检测面，因此声压往复透过率更具有实际意义。

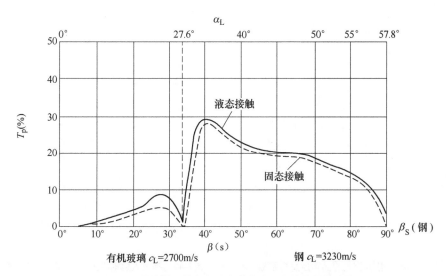

图1-39 纵波斜入射在有机玻璃/钢界面上的往复透过率

图1-39即为有机玻璃/钢界面的情况,图中斜入波的往复透过率T_P可由下式计算,即

$$T_P = \frac{P_t'}{P} = \frac{P_t}{P} \cdot \frac{P_t'}{P_t} = \tau_{P1} \cdot \tau_{P2}$$

式中 P——入射声压;
P_t——透射声压,即经固体/空气界面100%反射后变为第二介质向第一介质入射的声压;
τ_{P2}——第一介质波向第二介质内透射的声压透射率;
τ_{P1}——第二介质返回声波向第一介质内透射的声压透射率。

从图中可看出:

1)有机玻璃与固体工件之间采用耦合剂液态接触比固体接触的横波声压往复透过率高得多。

2)声压往复透过率随入射角α_L或折射角β_S的不同而有所变化。有机玻璃/钢界面声压往复透过率一般不超过30%,有机玻璃/铝界面声压透射率高于前者,但最高不超过65%。

3. 固体/空气界面上的声压反射系数

实际工件底面往往就是固体/空气界面,研究固体/空气界面上的声压反射系数对分析工件底面返回声压有实用意义。图1-40和图1-41为入射波在固体/空气界面声压反射系数γ_P与入射角α_L的关系曲线。

从图1-40中可以看出:

纵波入射角$\alpha_L = 20° \sim 70°$(对应的横波反射角$\alpha_S = 10° \sim 30°$)时,反射横波的声压反射系数γ_{LS}较大,$\gamma_{LS} > 40\%$,最高可达60%,此时的横波反射声压很强。

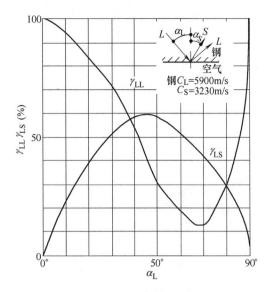
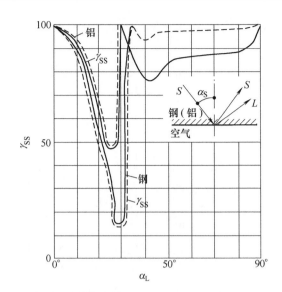

图1-40 纵波入射钢/空气界面声压反射系数与α_L的关系曲线

图1-41 横波入射钢/空气、钢/水、铝/空气、铝/水界面声压反射系数与α_L的关系曲线

纵波入射角$\alpha_L = 60°\sim70°$时，反射纵波的声压反射系数γ_{LL}最小，此时γ_{LL}一般不大于20%，纵波反射声压很弱。

从图1-41中可以看出：

在钢/空气界面，当钢中横波入射角为30°左右时，反射横波的声压反射系数γ_{SS}最低，其值小于15%。入射角继续增大，横波反射声压就激增，直到33.2°时横波声压反射系数$\gamma_{SS} = 100\%$，此时纵波反射角$\alpha_L = 90°$，钢中只有横波而无反射纵波，$\alpha_{\text{III}} = 33.2°$为第三临界角，铝/空气界面的$\alpha_{\text{III}} = \sin^{-1}\dfrac{3080}{6300} = 29.3°$。

当横波斜入射于固体/液体界面（如钢/水、铝/水）时，由于一部分声能在液体中折射为纵波传播，故其横波声压反射系数比固体/空气界面小，如图1-41中虚线所示，这种差异在小于第三临界角时并不明显。大于第三临界角的横波声压反射系数γ_{SS}，对于钢/水来说只有10%左右的差值，对于铝/水来说就有20%左右的差值。

1.7.4 超声波在规则界面上的反射、折射和波形转换规律

超声波检测中所遇到的实际工件界面形状是多种多样的，但比较常见的规则界面有平面、倾斜平面、直角平面和圆柱面等。

1. 倾斜平面上的反射

超声波入射到与主声束不垂直的面（如：工件的倾斜底面或与探测面有一倾角的缺陷），相当于超声波斜入射于固体/空气界面，此时不仅可能发生波形转换，而且反射波方向和声压反射系数均会变化，其变化规律与纵波斜入射和横波斜入射于固体/空气、固体/液体界

面的情况相同，如图1-42所示。

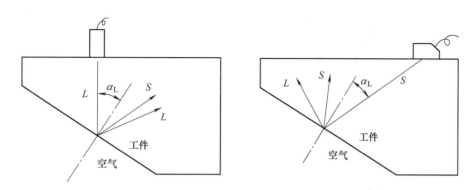

图1-42 超声波在斜平面上的反射

2. 直角平面上的反射

超声波在两个互相垂直平面构成的端面或三个互相垂直平面构成的端角反射时，会产生角反射效应，在实际检测中也较为常见，这些反射有以下规律：

倾斜射到其中一个平面上的入射声束，经两次反射后以平行于入射方向返回，并以过直角顶点且与入射声束平行的直线为轴对称，如图1-43所示。

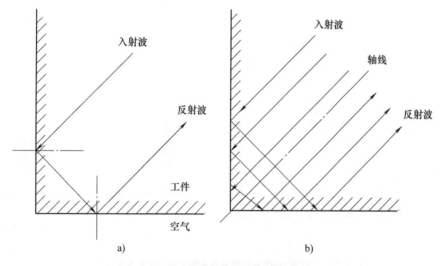

图1-43 声波在直角平面上的反射

端角反射的声压反射系数取决于入射声波波形和入射角的大小，其变化规律如图1-44a所示。

由图1-44b可知，倾斜入射的横波在端角平面内产生的声压反射系数以横波入射角$\alpha_S =$ 30°～55°时为最高。α_S在20°～34°或α_S在56°～70°时声压反射率为最低。

横波检测时，对垂直于底面的裂缝等缺陷，宜选用与裂缝面夹角30°～50°的横波最为有利，而选用60°角是很不利的。

当斜探头折射角$\beta_S = 60°$，端角平面上横波入射角$\alpha_S = 30°$，探头距直角恰当位置时，会产生回波信号超前的特殊情况。此时，因反射纵波较强，且它的纵波二次反射角α_{L2}约为24°，因此，探头就能接收到二次反射纵波L_2的回波信号。又因纵波声速大于横波声速，故该回波信号比直角内正常二次反射横波的回波信号在示波屏时间轴上要超前，如图1-45所示。

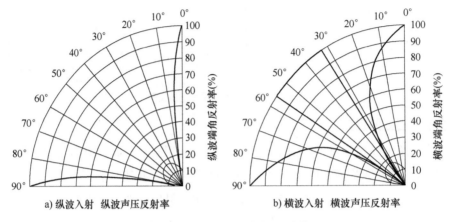

图1-44 钢中端角平面内声压反射率

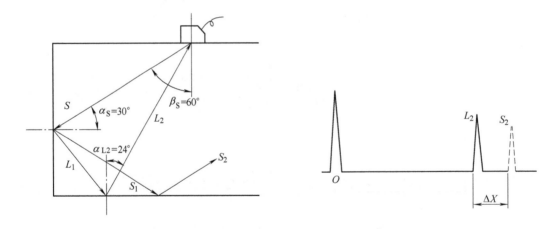

图1-45 折射角为50°角时横波在直角上的二次反纵射波超前

3. 狭长工件侧壁平面引起的波形转换

（1）狭长工件侧壁引起的波形转换 对细长直工件进行轴向纵波检测时，探头扩散声束中的一部分边缘声束等于以很大的纵波入射角斜入射工件侧壁平面，并产生纵波和变形横波。

经变形横波转换后探头接收到的回波显然滞后于单纯按纵波传播至底面返回的回波，滞后时间与变形横波横穿工件厚度的次数成正比。这些比正常纵波底面回波滞后的变形波称为迟到回波。

（2）与声束轴线平行的工件侧壁干扰　实践证明，位于工件侧壁附近的小缺陷，用与侧壁平行的声束很难检测，这是因为存在着工件侧壁干扰现象的缘故。这一干扰现象往往由经侧壁反射后的纵波（或横波）与不经反射的直射纵波之间的干涉引起的，其结果是干扰了直射声波的返回声压，使探测灵敏度下降。

在脉冲反射式检测中，一般单次脉冲持续时间所对应的声程≤4λ，故只要侧壁反射声束路程大于直射纵波声束路程4λ，侧壁干扰即可避免。

对于钢来说，纵波直探头离侧壁的距离d应满足下列条件，即

$$d_{min} > 3.5\sqrt{\frac{X}{f}} \tag{1-43}$$

式中　f——超声波探测频率（MHz）；
　　　X——入射点至探测点的距离（mm）。

4. 圆柱形底面的三角形反射

由于圆柱形工件有一定曲率，直探头与工件直接接触时，接触面为一很窄的条形区域，从而在圆柱的横截面内产生强烈的声束扩散。圆柱曲率越小，扩散越大。

当扩散声束与探头声束轴线夹角（指向角）为30°时，扩散纵波声束经圆柱面反射两次后再返回探头接收，形成等边三角形的声束路径，这种反射称为三角形反射。

1.8　超声波的聚焦与发散

超声波是一种频率很高、波长很短的机械波，它与可见光一样具有聚焦和发散的特性。由于超声波还可能产生波形转换，因此超声波的聚焦与发散更为复杂。为了便于讨论，这里不考虑波形转换行为。

1.8.1　声压距离公式

对于平面波，波束不扩散，而是互相平行，因此声压不随距离而变化。球面波与柱面波的波束扩散，其声压与距离有关。

1. 球面波声压距离公式

球面波的波阵面为同心球面，球面波声场中的某处质点的振幅与该点至波源的距离成反比，而声压又与振幅成正比，因此球面波的声压与距离成反比。

$$P = \frac{P_1}{x} \tag{1-44}$$

式中　P_1——距离为单位1处的声压；
　　　x——某点至波源的距离。

2. 柱面波声压距离公式

柱面波的波阵面为同轴柱面，柱面波声场中某处质点的振幅与该点至波源的距离的平

方根成反比,而声压与振幅成正比,因此柱面波的声压与距离的平方根成反比。

$$P = \frac{P_1}{\sqrt{x}} \tag{1-45}$$

1.8.2 球面波在平界面上的反射与折射

1. 单一平界面上的反射

如图1-46所示,球面波入射到平界面上,其反射波仍为球面波,且波源与入射波源对称,反射波声压为

$$P = r\frac{P_1}{x} \tag{1-46}$$

式中　r——声压反射率;
　　　x——从虚波源O'算起的距离。

2. 双平界面的反射

如图1-47所示,球面波在互相平行的双界面间的多次反射仍符合球面波变化规律。当入射角较小,声压反射率$r=1.0$时,对于脉冲波,双界面距离d较大时不产生干涉。这时前壁各次反射波声压比为

$$\frac{P_1}{2d}:\frac{P_1}{4d}:\frac{P_1}{6d}:\cdots\cdots = 1:\frac{1}{2}:\frac{1}{3}:\cdots\cdots$$

后壁各次波的声压比为

$$\frac{P_1}{d}:\frac{P_1}{3d}:\frac{P_1}{5d}:\cdots\cdots = 1:\frac{1}{3}:\frac{1}{5}:\cdots\cdots$$

实际检测中,当d较大时,超声波探头发出的超声波可视为球面波,示波屏上各次底面反射波的高度之比近似符合的规律。

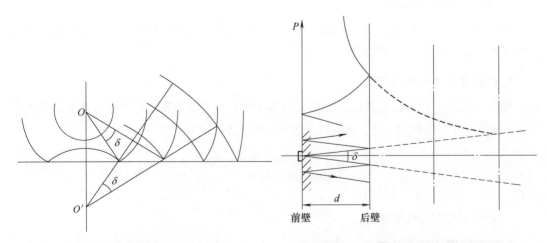

图1-46　球面波在平界面上的反射　　　　图1-47　球面波在双平界面上的反射

3. 单一平界面上的折射

如图1-48所示,球面波入射到平界面上时,其折射波不再是严格的球面波。只有当其张角δ_1较小时,可视为近似的球面波,且有

$$\frac{d_2}{d_1} = \frac{\delta_1}{\delta_2} \approx \frac{\sin\delta_1}{\sin\delta_2} = \frac{c_1}{c_2}$$

对于水/钢界面,则有

$$\frac{\delta_1}{\delta_2} \approx \frac{c_1}{c_2} = \frac{1450}{5900} \approx \frac{1}{4}$$

这说明球面波入射到水/钢界面时,其折射波更加发散。

钢中折射波声压为

$$P = t\frac{P_1}{x} \tag{1-47}$$

式中 t——声压透射率;

x——从折射波源O'算起的距离。

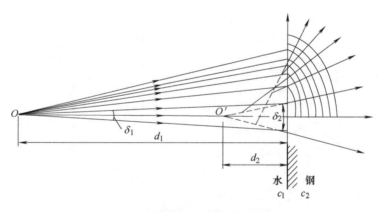

图1-48 球面波在水/钢界面上的折射

1.8.3 平面波在曲界面上的反射与折射

平面波入射至凹曲面透镜或凸曲面透镜时它们的透射波是会聚还是发散,主要取决于曲面两边介质的声速,图1-49为平面波入射至曲面透镜时的几种情况。

上述现象是制作聚焦探头(水浸和接触式)的基础。例如,水浸法检测用的聚焦探头通常由有机玻璃或环氧树脂做声波聚焦透镜。透镜与晶片接触的声入射面为平面,透镜的声透射面为凹曲面(球面或柱面)。

透镜曲率半径R、水中焦距F、与透镜和第二介质声速之间关系式为

$$F = R \cdot \left(\frac{c_1}{c_1 - c_2}\right) = R \cdot \left(\frac{n}{n-1}\right) \tag{1-48}$$

式中，$n = c_1/c_2$。

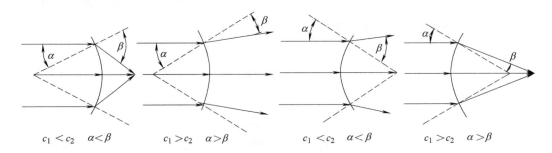

图1-49 平面波入射至曲面透镜时的几种情况

如果声透镜材料为环氧树脂（$c_1 = 2730 \text{m/s}$），则声透镜曲率半径可简化为：$R \approx 0.45F$。

1. 平面波在曲界面上的反射

当平面波入射到曲界面上时，其反射波将发生聚焦或发散，如图1-50所示。反射波的聚焦或发散与曲面的凹凸（从入射方向看）有关。凹曲面的反射波聚焦，凸曲面的反射波发散。

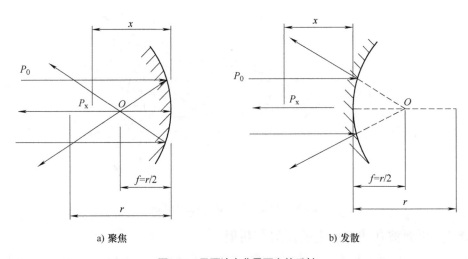

a) 聚焦　　　　　　　　　　　　b) 发散

图1-50 平面波在曲界面上的反射

1）平面波入射到球面时，其反射波可视为从焦点发出的球面波。在曲轴线上距曲面顶点x处的反射波声压为

$$P_x = P_0 \left| \frac{f}{x \pm f} \right| \tag{1-49}$$

式中　　f——焦距，$f = r/2$，（r为曲率半径）；

x——轴线上某点至顶点的距离；

P_0——顶点处入射波声压；

"±"——"+"用于发散,"-"用于聚焦。

2)平面波入射到柱面时,其反射波可视为反焦轴发出的柱面波。在曲面轴线上距曲面顶点x处的反射波声压为

$$P_x = P_0 \sqrt{\left|\frac{f}{x \pm f}\right|} \tag{1-50}$$

实际检测中球形、柱形气孔的反射就属于以上两种情况。

2. 平面波在曲界面上的折射

平面波入射到曲界面上时,其折射波也将发生聚焦或发散,如图1-51所示。这时折射波的聚焦或发散不仅与曲面的凹凸有关,而且与界面两侧介质的波速有关。对于凹透镜,当$c_1<c_2$时聚焦,当$c_1>c_2$时发散;对于凸透镜,当$c_1>c_2$时聚焦,当$c_1<c_2$时发散。

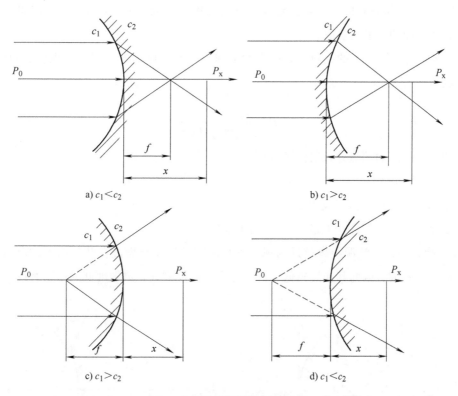

图1-51 平面波在曲界面上的折射

1)平面波入射至球面透镜时,其折射波可视为从焦点发出的球面波,曲面轴线上距曲面顶点x处的折射波声压为

$$P_x = tP_0 \left|\frac{f}{x \pm f}\right| \tag{1-51}$$

式中　　t——声压透射率;

f——焦距,$f=r/(1-c_2/c_1)$;

"±"——"+"用于发散,"-"用于聚焦。

2)平面波入射到柱面透镜,其折射波可视为从焦轴发出的柱面波,轴线上x处的折射波声压为

$$P_x = P_0 \sqrt{\frac{f}{x \pm f}} \qquad (1\text{-}52)$$

实际检测用的水浸聚焦探头就是根据平面波入射到$c_1>c_2$的凸透镜上,折射波发生聚焦的特点来设计的,如图1-51b所示,这样可以提高检测灵敏度。

1.8.4 球面波在曲界面上的反射和折射

1. 球面波在曲界面上的反射

球面波入射到曲界面上,其反射波将发生聚焦或发散,如图1-52所示。凹曲面的反射波聚焦,凸曲面的反射波发散。

1)球面波在球面上的反射波,可视为从像点发出的球面波。轴线上距顶点为x处的反射波声压为

$$P_x = \frac{P_1}{a} \left| \frac{f}{x \pm f(1+x/a)} \right| \qquad (1\text{-}53)$$

式中 P_1/a——球面顶点处入射波声压;

f——焦距,$f=r/2$;

a——球面顶点至波源的距离;

"±"——"+"用于发散,"-"用于聚焦。

实际检测中,至波源距离较远的球形气孔缺陷就属于球面波在凸球面上的反射,由于反射波进一步发散,因此其回波较低。这就是超声波检测气孔灵敏度低的原因所在。

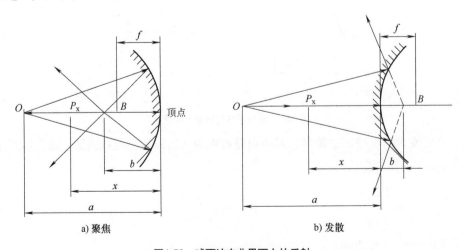

图1-52 球面波在曲界面上的反射

2）球面波在柱面上的反射，既不是单纯的球面波，也不是单纯的柱面波，而是近似为两个不同的柱面波叠加。轴线上距顶点为x处的反射波声压为

$$P_x = \frac{P_1}{a}\sqrt{\frac{f}{(1+x/a)[x \pm f(1+x/a)]}} \qquad (1\text{-}54)$$

球面波在柱面上的反射，在实际检测中具有现实意义。例如，超声波径向检测大型圆柱形锻件属于这种情况。

凹柱面反射波聚集于像点，使像点处的声压趋于很大。如果像点处存在一较小的缺陷，那么经底面反射至缺陷，再从缺陷反射至底面，最后由底面反射回到探头，形成路径似"W"的反射称为W反射，如图1-53所示。

W反射时，示波屏上同时出现两个缺陷波，一前一后，一高一低，前者位于底波B_1之前，高度较低，为缺陷直接反射；后者位于B_1之后，高度较高，为W反射。检测时应根据前者来对缺陷进行定位和定量。

图1-54是超声波径向检测空心圆柱体的情况，类似于球面波在凸柱面上的反射，反射波发散。圆柱面上入射点处的反射回波声压，以$x = a$, $f = r/2$代入式（1-54）取"+"得到。

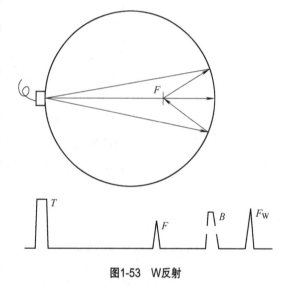

图1-53　W反射

$$P_{柱} = \frac{P_1}{2a}\sqrt{\frac{r}{a+r}} = \frac{P_1}{2a}\sqrt{\frac{r}{R}} < \frac{P_1}{2a}$$

这说明入射点处空心圆柱体的反射声压总是低于同距离的平面的反射声压。这是由于凸曲面反射波发散的结果。另外还可看出，当圆柱体外径（2R）一定，内孔直径（2r）增加时，其反射回波升高。

2. 球面波在曲界面上的折射

球面波入射到曲界面上，其折射波同样会发生聚焦和发散，如图1-55所示。轴线上距顶点x处的折射波声压为

球形界面：

$$P_x = t\frac{P_1}{a}\frac{f}{[x \pm f(1+xc_2/ac_1)]} \qquad (1\text{-}55)$$

柱形界面：

$$P_x = t\frac{P_1}{a}\sqrt{\frac{f}{(1+xc_2/ac_1)[x \pm f(1+xc_2/ac_1)]}} \qquad (1\text{-}56)$$

式中 c_2/c_1——透射介质与入射介质波速之比。

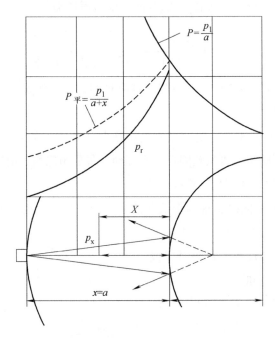

图1-54 空心圆柱体反射声压

实际检测中,水浸检测柱形或球形工件就属于图1-55a所示。由于折射波发散,因此检测灵敏度很低,为了提高检测灵敏度,常常采用聚焦检测。

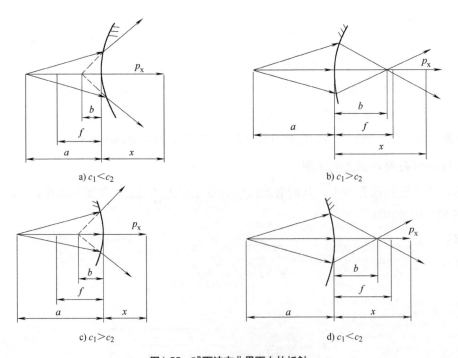

a) $c_1 < c_2$ b) $c_1 > c_2$

c) $c_1 > c_2$ d) $c_1 < c_2$

图1-55 球面波在曲界面上的折射

1.9 超声波发射声场及规则反射体的回波声压

1.9.1 纵波发射声场

1. 圆盘波源辐射的纵波声场

(1) 波源轴线上声压分布 在不考虑介质衰减的条件下,图1-56所示的液体介质中圆盘源上一点波源d_s辐射的球面波在波源轴线上Q点引起的声压为

$$d_P = \frac{P_0 d_s}{\lambda r} \sin(\omega t - kr) \tag{1-57}$$

式中 P_0——波源的起始声压;

d_s——点波源的面积;

λ——波长;

r——点波源至Q点的距离;

k——波数,$k = \omega/c = 2\pi/\lambda$;

ω——圆频率,$\omega = 2\pi f$;

t——时间。

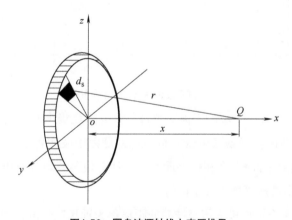

图1-56 圆盘波源轴线上声压推导

根据波的叠加原理,作活塞振动的圆盘波源各点波源在轴线上Q点引起的声压可以线性叠加,就可以得到波源轴线上的任意一点声压幅值为

$$P = 2P_0 \sin\frac{\pi}{\lambda}\left(\sqrt{R_s^2 + x^2} - x\right) \tag{1-58}$$

式中 R_s——波源半径;

x——轴线上Q点至波源的距离。

上述声压公式比较复杂,使用不便,特作如下简化。

当$x \geq 2R_s$时,式(1-58)可简化为

$$P \approx 2P_0 \sin\left(\frac{\pi}{2} \cdot \frac{R_s^2}{\lambda x}\right) \tag{1-59}$$

当 $\dfrac{\lambda x}{R_s^2} > 3$ 时，根据 $\sin\theta = \theta$（θ 很小时）上式可简化为

$$P \approx \frac{P_0 \pi R_s^2}{\lambda x} = \frac{P_0 F_s}{\lambda x} \tag{1-60}$$

式中　F_s——波源面积，$F_s = \pi R_s^2 = \pi D_s^2 / 4$。

式（1-60）表明，当 $x \geq 3N$ 时，圆盘波源轴线上的声压与距离成反比，与波源面积成正比。波源轴线上的声压随距离变化的情况如图1-57所示。

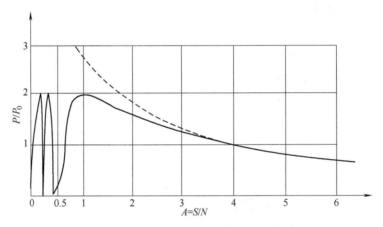

图1-57　圆盘波源轴线上声压分布曲线

1）近场区。波源附近由于波的干涉而出现一系列声压极大极小值的区域，称为超声场的近场区，又叫菲涅耳区。近场区声压分布不均，是由于波源各点至轴线上某点的距离不同，存在波程差，互相叠加时存在相位差而互相干涉，使某些地方声压互相加强，另一些地方互相减弱，于是就出现声压极大极小值的点。

波源轴线上最后一个声压极大值至波源的距离称为近场区长度，用 N 表示。

当 $\sin\dfrac{\pi}{\lambda}\left(\sqrt{\dfrac{D_s^2}{4}+x^2}-x\right) = \sin(2n+1)\dfrac{\pi}{2} = 1$ 时，声压 P 有极大值，化简得极大值 s 所对应的距离为

$$x = \frac{D_s^2 - \lambda^2 (2n+1)^2}{4\lambda(2n+1)} \tag{1-61}$$

式中，$n = 0,1,2,3,\cdots$，$<(D_s-\lambda)/2\lambda$ 的正整数，共有 $n+1$ 个极大值，其中 $n=0$ 为最后一个极大值。

因此近场长度为

$$N = \frac{D_s^2 - \lambda^2}{4\lambda} \approx \frac{D_s^2}{4\lambda} = \frac{R_s^2}{\lambda} = \frac{F_s}{\pi\lambda} \tag{1-62}$$

当 $\sin\dfrac{\pi}{\lambda}\left(\sqrt{\dfrac{D_s^2}{4}+x^2}-x\right) = \sin n\pi = 0$ 时，声压 P 有极小值，化简得极小值对应的距离为

$$x = \frac{D_s^2 - (2n\lambda)^2}{8n\lambda} \tag{1-63}$$

式中，$n = 0$，1，2，3，…，$<D_s/2\lambda$ 的正整数，共有 n 个极小值。

由式（1-62）可知，近场区长度与波源面积成正比，与波长成反比。

在近场区检测定量是不利的，处于声压极小值处的较大缺陷回波可能较低，而处于声压极大值处的较小缺陷回波可能较高，这样就容易引起误判，甚至漏检，因此应尽可能避免在近场区检测定量。

2）远场区。波源轴线上至波源的距离 $x > N$ 的区域称为远场区，又叫夫琅和费区。远场区轴线上的声压随距离增加单调减少。当 $x > 3N$ 时，声压与距离成反比，近似球面波的规律，$P = P_0 F_s/\lambda x$。这是因为距离 x 足够大时，波源各点至轴线上某一点的波程差很小，引起的相位差也很小，这样干涉现象可略去不计。所以远场区轴线上不会出现声压极大极小值。

（2）超声场横截面声压分布　超声场近场区与远场区各横截面上的声压分布是不同的，如图1-58～图1-60所示。

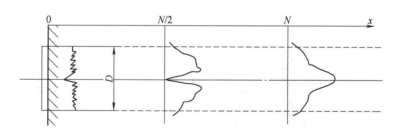

图1-58　圆盘波源（$D/\lambda = 16$）近场中在 $x = 0$、$N/2$、N 横截面上声压的分布

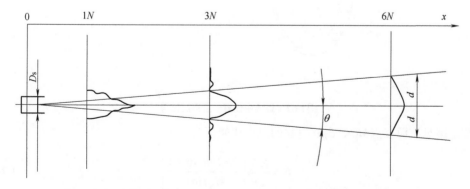

图1-59　圆盘波源（$D/\lambda = 16$）近场中在 $x = N$、$3N$、$6N$ 横截面上声压的分布

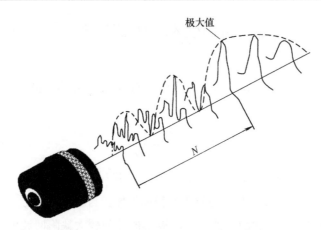

图1-60 圆盘波源声场声压沿轴线和横截面分布

在$x<N$的近场区内,存在中心轴线上声压为0的截面,如$x = 0.5N$的截面,中心声压为0,偏离中心声压较高。在$x \geq N$的远场区内,轴线上的声压最高,偏离中心声压逐渐降低,且同一横截面上声压的分布是完全对称的。实际检测中,测定探头波束轴线的偏离和横波斜探头的K值时,规定要在2N以外进行就是这个原因。

(3) 波束指向性和半扩散角 至波源充分远处任意一点的声压如图1-61所示。点波源d_s在至波源距离充分远处任意一点$M(r,\theta)$处引起的声压为

$$dP = \frac{P_0 d_s}{\lambda r'} \sin(\omega t - kr') \tag{1-64}$$

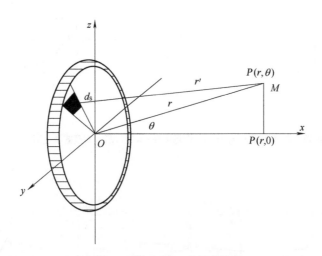

图1-61 远场中任意一点声压推导

整个圆盘波源在点$M(r,\theta)$处引起的总声压幅值为

$$P = \frac{P_0 F_s}{\lambda r}\left[\frac{2J_1(kR_s \sin\theta)}{kR_s \sin\theta}\right] \tag{1-65}$$

式中　r——点$M(r,\theta)$至波源中心的距离;

θ——r与波源轴线的夹角；

J_1——第一阶贝塞尔函数。

波源前充分远处任意一点的声压$P(r,\theta)$与波源轴线上同距离处声压$P(r,0)$之比。称为指向性系数，用D_c表示。

$$D_c = \frac{P(r,\theta)}{P(r,0)} = \frac{2J_1(kR_s\sin\theta)}{kR_s\sin\theta} \quad (1\text{-}66)$$

令$y = kR_s\sin\theta$，则

$$D_c = \frac{2J_1(y)}{y} = 1 - \frac{y^2}{2^3 \cdot 1!} + \frac{y^4}{2^5 \cdot 3!} - \cdots + (-1)^m \frac{y^{2m}}{2^{2m} m!(m+1)!} \quad (1\text{-}67)$$

由图1-62可知：

1) $D_c = P(r,\theta)/P(r,0) \leqslant 1$。这说明超声场中至波源充分远处同一横截面上各点的声压是不同的，以轴线上的声压为最高。实际检测中，只有当波束轴线垂直于缺陷时，缺陷回波最高就是这个原因。

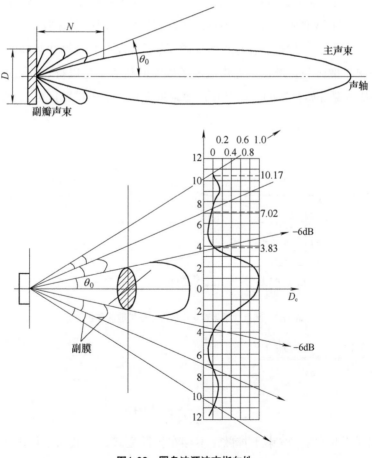

图1-62　圆盘波源波束指向性

2）当 $y = kR_s\sin\theta = 3.83$，$7.02$，$10.17$，……时，$D_c = P(r, \theta)/P(r, 0) = 0$，即 $P(r, \theta) = 0$。这说明圆盘波源辐射的纵波声场中存在一些声压为零的圆锥面。由 $y = kR_s\sin\theta = 3.83$ 得

$$\theta_0 = \arcsin\frac{1.12\lambda}{D_s} \approx 70\frac{\lambda}{D_s} \quad (1\text{-}68)$$

式中　θ_0——圆盘波源辐射的纵波声场的第一零值发散角，又称半扩散角。

此外对应于 $y = 7.02$，10.17，…的发散角称为第二、三、…零值发散角。

3）当 $y > 3.83$，即 $\theta > \theta_0$ 时，$|D_c| < 0.15$。这说明半扩散角 θ_0 以外的声场声压很低，超声波的能量主要集中在半扩散角 θ_0 以内。因此可以认为半扩散角限制了波束的范围。$2\theta_0$ 以内的波束称为主波束，只有当缺陷位于主波束范围时，才容易被发现。以确定的扩散角向固定的方向辐射超声波的特性称为波束指向性。

由于超声波主波束以外的能量很低和介质对超声波的衰减作用，使第一零值发射角以外的波束只能在波源附近传播，因此在波源附近形成一些副瓣。

由 $\theta_0 = 70\lambda/D_s$，可知，增加探头直径 D_s，提高检测频率 f，半扩散角 θ_0 将减小，即可以改善波束指向性，使超声波的能量更集中，有利于提高检测灵敏度。但由 $N = D_s^2/4\lambda$ 可知，增大 D_s 和 f，近场区长度 N 增加，对检测不利。因此在实际检测中要综合考虑 D_s 和 f 对 θ_0 及 N 的影响，合理选择 D_s 和 f，一般是在保证检测灵敏度的前提下尽可能减少近场区长度。

（4）波束未扩散区与扩散区　超声波波源辐射的超声波是以特定的角度向外扩散出去的，但并不是从波源开始扩散的，而是在波源附近存在一个未扩散区 b，其理想化的形状如图1-63所示。

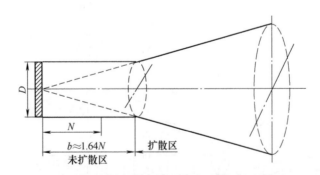

图1-63　圆盘理想化声场中的波束未扩散区和扩散区

由 $\sin\theta_0 = \dfrac{1.12\lambda}{D_s} \approx \dfrac{D_s/2}{\sqrt{b^2 + (D_s/2)^2}}$ 得

$$b \approx \frac{D_s^2}{2.44\lambda} = 1.64N \quad (1\text{-}69)$$

在波束未扩散区 b 内，波束不扩散，不存在扩散衰减，各截面平均声压基本相同，因此薄板试块前几次底波相差无几。到波源的距离 $x > b$ 的区域称为扩散区，扩散区内波束因

扩散而衰减。

下面举例说明近场区长度N、半扩散角θ_0、未扩散区长度b的计算。

例题

若用$f=2.5\text{MHz}$，$D_s=20\text{mm}$的探头探测波速$c_L=5900\text{m/s}$的钢工件，那么N、θ_0和b分别为

$$N=\frac{D_s^2}{4\lambda}=\frac{D_s^2 f}{4c_L}=\frac{20^2\times 2.5\times 10^6}{4\times 5900\times 10^3}=42.4\text{mm}$$

$$\theta_0=70\frac{\lambda}{D_s}=70\frac{c_L}{D_s f}=70\times\frac{5900\times 10^3}{20\times 2.5\times 10^6}=8.26°$$

$$b=1.64N=1.64\times 42.4=69.5\text{mm}$$

2. 矩形波源辐射的纵波声场

如图1-64所示，矩形波源作活塞振动时，在液体介质中辐射的纵波声场同样存在近场区和未扩散角。近场区内声压分布复杂，理论计算困难。远场区声源轴线上任意一点Q处的声压用液体介质中的声场理论可以导出，其计算公式为

$$P(r,\theta,\varphi)=\frac{P_0 F_s}{\lambda r}\cdot\frac{\sin(Ka\sin\theta\cos\varphi)}{Ka\sin\theta\cos\varphi}\cdot\frac{\sin(Kb\sin\varphi)}{Kb\sin\varphi} \quad (1\text{-}70)$$

式中 F_s——矩形波源面积，$F_s=4ab$。

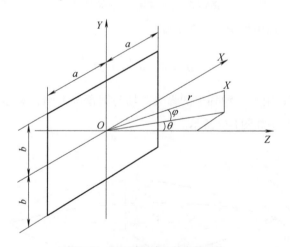

图1-64 矩形波源声场的坐标系数

当$\theta=\varphi=0°$时，由式（1-70）得远场轴线上某点的声压为

$$P(r,0,0)=\frac{P_0 F_s}{\lambda r} \quad (1\text{-}71)$$

当$\theta=0°$时，则式（1-70）得YOZ平面内远场某点的声压为

$$P(r,0,\varphi)=\frac{P_0 F_s}{\lambda r}\cdot\frac{\sin(Kb\sin\varphi)}{Kb\sin\varphi} \quad (1\text{-}72)$$

这时在 YOZ 平面内的指向性系数 D_r 为

$$D_r = \frac{P(r,0,\varphi)}{P(r,0,0)} = \frac{\sin(Kb\sin\varphi)}{Kb\sin\varphi} = \frac{\sin y}{y} \quad (1\text{-}73)$$

由式（1-73）得 D_r–y 的关系曲线如图 1-65 所示。由图 1-65 可知，当 $y = kb\sin\varphi = \pi$ 时，$D_r = 0$。这时对应的 YOZ 平面内半扩散角 θ_0 为

$$\theta_0 = \arcsin\frac{\lambda}{2b} \approx 57\frac{\lambda}{2b} \quad (1\text{-}74)$$

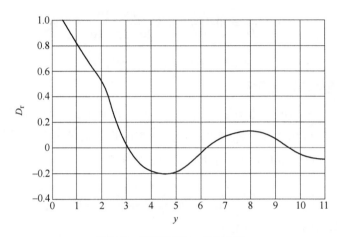

图 1-65　矩形波源 D_r–y 关系曲线

同理可导出 XOZ 平面内的半扩散角 θ_0 为

$$\theta_0 = \arcsin\frac{\lambda}{2a} \approx 57\frac{\lambda}{2a} \quad (1\text{-}75)$$

由以上论述可知，矩形波源辐射的纵波声场与圆盘源不同，矩形波源有两个不同的半扩散角，其声场为矩形，如图 1-66 所示。

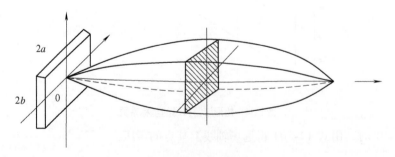

图 1-66　矩形波源声场

矩形波源的近场区长度为

$$N = \frac{F_s}{\pi\lambda} \quad (1\text{-}76)$$

3. 近场区在两种介质中的分布

公式 $N = D_s^2/4\lambda$ 只适用均匀介质。实际检测中，有时近场区分布在两种不同的介质中，如图1-67所示的水浸检测，超声波是先进入水，然后再进入钢中。当水层厚度较小时，近场区就会分布在水、钢两种介质中，设水层厚度为L，则钢中剩余近场区长度N为

$$N = N_2 - L\frac{c_1}{c_2} = \frac{D_s^2}{4\lambda_2} - L\frac{c_1}{c_2} \qquad (1-77)$$

式中 N_2——介质Ⅱ钢中近场长度；
c_1——介质Ⅰ水中波速；
c_2——介质Ⅱ钢中波速；
λ_2——介质Ⅱ钢中波长。

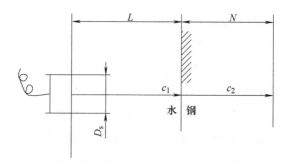

图1-67 近场区在两种介质中的分布

例题

用2.5MHz、ϕ14mm纵波直探头水浸检测钢板，已知水层厚度为20mm，钢中$c_2 = 5900$mm/s，水中$c_1 = 1480$m/s。求钢中近场区长度N。

解：钢中纵波波长为

$$\lambda_2 = \frac{c}{f} = \frac{5.9}{2.5} = 2.36 \text{mm}$$

钢中近场区长度为

$$N = \frac{D_s^2}{4\lambda_2} - L\frac{c_1}{c_2} = \frac{14 \times 14}{4 \times 2.36} - \frac{20 \times 1480}{5900} = 15.7 \text{mm}$$

4. 实际声场与理想声场比较

以上讨论的是液体介质，波源作活塞振动，辐射连续波等理想条件下的声场，简称理想声场。实际检测往往是固体介质，波源非均匀激发，辐射脉冲波声场，简称实际声场。它与理想声场是不完全相同的，如图1-68所示。

由图1-68可知，实际声场与理想声场在远场区轴线上声压分布基本一致。这是因为，当至波源的距离足够远时，波源各点至轴线上某点的波程差明显减少，从而使波的干涉大大

减弱，甚至不产生干涉。

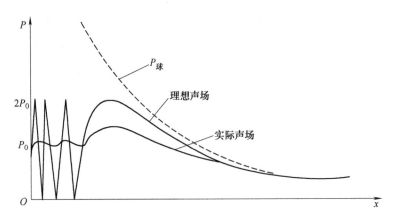

图1-68 实际声场与理想声场声压比较

但在近场区内，实际声场与理想声场存在明显区别。理想声场轴线上声压存在一系列极大极小值，且极大值为$2P_0$，极小值为零。实际声场轴线上声压虽然也存在极大极小值，但波动幅度小，极大值远小于$2P_0$，极小值也远大于零，同时极值点的数量明显减少。这可以从以下几方面来分析其原因。

1）近场区出现声压极值点是由于波的干涉造成的。理想声场是连续波，波源各点辐射的声波在声场中某点产生完全干涉。实际声场是脉冲波，脉冲波持续时间很短，波源各点辐射的声波在声场中某点产生不完全干涉或不产生干涉，从而使实际声场近场区轴线上声压变化幅度小于理想声场，极值点减少。

2）根据傅里叶级数，脉冲波可以视为常数项和无限个n倍基频的正弦波、余弦波之和，设脉冲波函数为$f(t)$，则

$$f(t) = \frac{a_0}{2} + \sum_{n=1}^{\infty}[a_n\cos n\omega t + b_n\sin n\omega t]$$

式中　　t——时间；

n——正整数，1，2，3……；

ω——圆频率，$\omega = 2\pi f = 2\pi/T$；

a_0、a_n、b_n——由$f(t)$决定的常数。

由于脉冲波是由许多不同频率的正弦波、余弦波所组成，又每种频率的波决定一个声场，因此总声场就是各不同声场的叠加。

由$P = 2P_0\sin\frac{\pi}{\lambda}(\sqrt{R_s^2 + x^2} - x)$可知，波源轴线上的声压极值点位置随波长$\lambda$而变化。不同$f$的声场极值点不同，它们互相叠加后总声压就趋于均匀，使近场区声压分布不均的情况得到改善。

脉冲波声场某点的声压可用下述方法求得。设声场中某处的总声强为I，则

$$I = I_1 + I_2 + I_3 + \cdots + I_n$$

即

$$\frac{1}{2}\frac{P^2}{Z} = \frac{1}{2}\frac{P_1^2}{Z} + \frac{1}{2}\frac{P_2^2}{Z} + \frac{1}{2}\frac{P_3^2}{Z} + \cdots + \frac{1}{2}\frac{P_n^2}{Z}$$

所以超声场中该处的总声压P为

$$P = \sqrt{P_1^2 + P_2^2 + P_3^2 + \cdots + P_n^2}$$

式中　I_n——频率为f_n的谐波引起的声强；

　　　P_n——频率为f_n的谐波引起的声压。

3）实际声场的波源是非均匀激发，波源中心振幅大，边缘振幅小。由于波源边缘引起的波程差较大，对干涉影响也较大。因此这种非均匀激发的实际波源产生的干涉要小于均匀激发的理想波源。当波源的激发强度按高斯曲线变化时，近场区轴线上的声压将不会出现极大极小值，这就是高斯探头的优越性。

4）理想声场是针对液体介质而言的，而实际检测对象往往是固体介质。在液体介质中，液体内某点的压强在各个方向上的大小是相同的。波源各点在液体中某点引起的声压可视为同方向而进行线性叠加。在固体介质中，波源某点在固体中某点引起的声压方向在二者连线上。对于波源轴线上的点，由于对称性，使垂直于轴线方向的声压分量互相抵消，使轴线方向的声压分量互相叠加。显然这种叠加干涉要小于液体介质中的叠加干涉，这也是实际声场近场区轴线上声压分布较均匀的一个原因。

1.9.2　横波发射声场

1. 假想横波波源

目前常用的横波探头，是使纵波倾斜入射到界面上，通过波形转换来实现横波检测的。当$\alpha_L = \alpha_I \sim \alpha_{II}$时，纵波全反射，第二介质中只有折射横波。

横波探头辐射的声场由第一介质中的纵波声场与第二介质中的横波声场两部分组成，两部分声场是折断的，如图1-69所示，为了便于理解计算，特将第一介质中的纵波波源转换为轴线与第二介质中横波波束轴线重合的假想横波波源，这时整个声场可视为由假想横波波源辐射出来的连续的横波声场。

当实际波源为圆形时，其假想横波波源为椭圆形，椭圆的长轴等于实际波源的直径D_s，短轴D_s'为

$$D_s' = D_s \frac{\cos\beta}{\cos\alpha} \tag{1-78}$$

式中　β——横波折射角；

　　　α——纵波入射角。

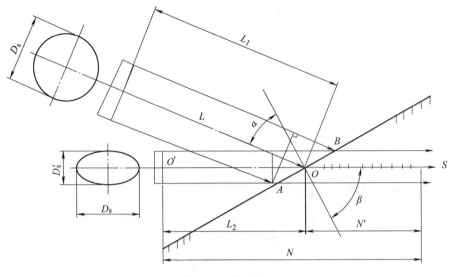

图1-69 横波声场

2. 横波声场的结构

（1）波束轴线上的声压　横波声场一样由于波的干涉存在近场区和远场区。当$x \geqslant 3N$时，横波声场波束轴线上的声压为

$$P = \frac{KF_s \cos\beta}{\lambda_{S2} x} \frac{\cos\beta}{\cos\alpha} \qquad (1\text{-}79)$$

式中　K——系数；

　　　F_s——波源的面积；

　　　λ_{S2}——第二介质中横波波长；

　　　x——轴线上某点至假想波源的距离。

由以上公式可知，横波声场中，当$x \geqslant 3N$时，波束轴线上的声压与波源面积成正比，与至假想波源的距离成反比，类似纵波声场。

（2）近场区长度　横波声场近场区长度为

$$N = \frac{F_s}{\pi \lambda_{S2}} \frac{\cos\beta}{\cos\alpha} \qquad (1\text{-}80)$$

式中　N——近场区长度，由假想波源O'算起。

由以上公式可知，横波声场的近场区长度和纵波声场一样，与波长成反比，与波源面积成正比。在横波声场中，第二介质中的近场区长度N'为

$$N' = N - L_2 = \frac{F_s}{\pi \lambda_{S2}} \frac{\cos\beta}{\cos\alpha} - L_1 \frac{\mathrm{tg}\alpha}{\mathrm{tg}\beta} \qquad (1\text{-}81)$$

式中　F_s——波源面积；

　　　λ_{S2}——介质Ⅱ中横波波长；

L_1——入射点至波源的距离；

L_2——入射点至假想波源的距离。

我国横波探头常采用K值（$K=\mathrm{tg}\beta_s$）来表示横波折射角的大小，常用K值为1.0、1.5、2.0和2.5等。为了便于计算近场区长度，特将K与$\cos\beta/\cos\alpha$、$\mathrm{tg}\alpha/\mathrm{tg}\beta$的关系列于表1-5。

表1-5　$\cos\beta/\cos\alpha$、$\mathrm{tg}\alpha/\mathrm{tg}\beta$与$K$值的关系（有机玻璃、钢）

K值	1.0	1.5	2.0	2.5
$\cos\beta/\cos\alpha$	0.88	0.78	0.68	0.6
$\mathrm{tg}\alpha/\mathrm{tg}\beta$	0.75	0.66	0.58	0.5

例题1

试计算2.5MHz、14mm×16mm方晶片K1.0和K2.0横波探头的近场区长度N，（钢中$c_{S2}=3230$m/s）。

解：

$$\lambda=\frac{c_{S2}}{f}=\frac{3.23}{2.5}=1.29\mathrm{mm}$$

$$N_2(\mathrm{K}1.0)=\frac{ab\cos\beta_1}{\pi\lambda\cos\alpha_1}=\frac{14\times16}{3.14\times1.29}\times0.88=48.7\mathrm{mm}$$

$$N_2(\mathrm{K}2.0)=\frac{ab\cos\beta_2}{\pi\lambda\cos\alpha_2}=\frac{14\times16}{3.14\times1.29}\times0.68=37.7\mathrm{mm}$$

由上计算表明，横波探头晶片尺寸一定，K值增大，近场区长度将减小。

例题2

试计算2.5MHz、10mm×12mm方晶片K2.0横波探头，有机玻璃中入射点至晶片的距离为12mm，求此探头在钢中的近场区长度N'，（钢中$c_{S2}=3230$m/s）。

解：

$$\lambda=\frac{c_{S2}}{f}=\frac{3.23}{2.5}=1.29\mathrm{mm}$$

$$N'=\frac{ab\cos\beta}{\pi\lambda\cos\alpha}-L_1\frac{\mathrm{tg}\alpha}{\mathrm{tg}\beta}=\frac{10\times12}{3.14\times1.29}\times0.68-12\times0.58=13\mathrm{mm}$$

（3）半扩散角　从假想横波声源辐射的横波声束同纵波声场一样，具有良好的指向性，可以在被检材料中定向辐射，只是声束的对称性与纵波声场有所不同，如图1-70所示。

在声束轴线与界面法线所决定的入射平面内，声束不再对称于声束轴线，而是声束上半扩散角$\theta_\text{上}$大于声束下半扩散角$\theta_\text{下}$。

$$\theta_\text{上}=\beta_2-\beta$$

$$\theta_\text{下}=\beta-\beta_1$$

$$\sin\beta_1=a-b,\quad\sin\beta_2=a+b \tag{1-82}$$

$$a = \sin\beta \sqrt{1 - \left(\frac{1.22\lambda_{L1}}{D_s}\right)^2}$$

$$b = \frac{1.22\lambda_{L1} c_{S2}}{D_s c_{L1}} \cos\alpha$$

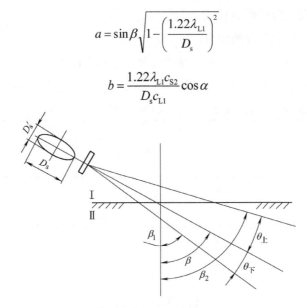

图1-70 横波声场半扩散角

计算通过声束轴线与入射平面垂直的平面内，声束对称于轴线，这时半扩散角θ_0可按下式计算。

对于圆片形声源，则

$$\theta_0 = \arcsin 1.22 \frac{\lambda_{S2}}{D_s} \approx 70 \frac{\lambda_{SZ}}{D_s} \quad (1\text{-}83)$$

对于矩形正方形声源，则

$$\theta_0 = \arcsin 1.22 \frac{\lambda_{S2}}{2a} \approx 57 \frac{\lambda_{SZ}}{2a} \quad (1\text{-}84)$$

下面举例说明横波和纵波声场半扩散角的比较。

例题1

用2.5MHz、ϕ12mmK2横波斜探头检测钢制工件，已知探头中有机玻璃$c_{L1}=2730$m/s，钢中横波声速$c_{S2}=3230$m/s，求钢中横波声场的半扩散角。

解：①有机玻璃中纵波波长为

$$\lambda_2 = \frac{c_{L1}}{f} = \frac{2.73}{2.5} = 1.09\text{mm}$$

②钢中横波波长为

$$\lambda_2 = \frac{c_{S1}}{f} = \frac{3.23}{2.5} = 1.29\text{mm}$$

③过轴线与入射平面垂直的平面内，则

$$\theta_0 = 70\frac{\lambda_{S2}}{D_s} = 70 \times \frac{1.29}{12} = 7.5°$$

④入射平面内半扩散角$\theta_上$、$\theta_下$，则

由$K = \text{tg}\beta = 2$得 $\beta = 63.4°$

由$\dfrac{\sin\alpha}{\sin\beta} = \dfrac{c_{L1}}{c_{S2}}$得

$$\alpha = \arcsin\left(\dfrac{2.73}{3.23}\times\sin 63.4°\right) = 49.1°$$

$$a = \sin\beta\sqrt{1-\left(\dfrac{1.22\lambda_{L1}}{D_s}\right)^2} = 0.895\times\sqrt{1-\left(\dfrac{1.22\times 1.09}{12}\right)^2} = 0.889$$

$$b = \dfrac{1.22\lambda_{L1}c_{S2}}{D_s c_{L1}}\cos\alpha = \dfrac{1.22\times 1.09\times 3.23}{12\times 2.73}\times\cos 49.1° = 0.086$$

$$\beta_1 = \arcsin(a-b) = \arcsin(0.889-0.086) = 53.4°$$

$$\beta_2 = \arcsin(a+b) = \arcsin(0.889+0.086) = 77.2°$$

$$\theta_上 = \beta_2 - \beta = 77.2° - 63.4° = 13.8°$$

$$\theta_下 = \beta - \beta_1 = 63.4° - 53.4° = 10°$$

计算结果如图1-71所示。

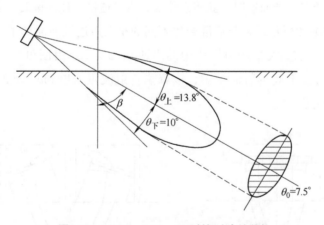

图1-71 2.5MHzϕ12mm K2斜探头半扩散角

例题2

用2.5MHz、ϕ12mm纵波直探头检测钢工件，钢中$c_L = 5900$m/s，求其半扩散角。

解：

$$\lambda_L = \dfrac{c_L}{f} = \dfrac{5.9}{2.5} = 2.36\,\text{mm}$$

$$\theta_0 = 70\dfrac{\lambda_L}{D_s} = 70\times\dfrac{2.36}{12} = 13.8°$$

由上述两个例子可以看出，在其他条件相同时，横波声束的指向性比纵波好，横波能量更集中一些，因为横波波长比纵波短。

1.9.3 聚焦声源发射声场

1. 聚焦声场的形成

常规的纵波声场或横波声场，声束是以一定的角度向外扩散出去的，能量不集中，缺陷定量精度差，对粗晶材料检测困难大。20世纪60年代发展起来的聚焦声源发射的声场具有声束细，能量集中，分辨力和灵敏度高等优点。用聚焦探头测定大型缺陷的面积或指示长度比常规探头精确。用聚焦探头探测粗晶材料也有了较大的进展。

聚焦探头分为液浸聚焦和接触聚焦两大类，其中液浸聚焦技术发展得比较完善，接触聚焦目前还在探讨与发展之中。采用聚焦理论研制的接触聚焦直、斜探头用于实际检测，近几年收到了较为满意的效果。

液浸聚焦如图1-72所示，它是利用平面波入射到$c_1 > c_2$的凸透镜（从入射方向看）上其折射波聚焦的

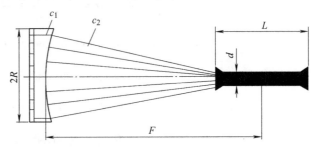

图1-72 液浸聚焦

原理制成的。当声透镜为球面镜时，获得点聚焦；当声透镜为柱面镜时，获得线聚焦。

接触聚焦如图1-73所示，它与液浸聚焦不同的是在声透镜前面加了一个透声楔块，并且要求声透镜中的声速c_1大于透声楔块中的声速c_2，$c_1 > c_2$。由图可知，它是利用平面波入射到$c_1 > c_2$的凸透镜上其折射波聚焦，该聚焦折射波再入射到$c_2 < c_3$的平界面上其折射波在工件内进一步聚焦。

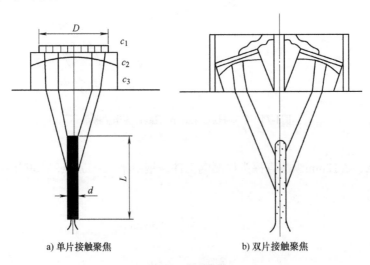

a) 单片接触聚焦　　b) 双片接触聚焦

图1-73 接触聚焦

2. 聚焦声场的特点与应用

下面以水浸聚焦为例，来说明聚焦声场的情况。

（1）聚焦声束轴线上的声压分布　设聚焦声源半径为R，在声程$x>R$，焦距$F>R$的条件下，聚焦声束轴线上的声压近似表达式为

$$P = 2P_0 \sin\left[\frac{\pi}{2}B\frac{F}{x}\left(1-\frac{x}{F}\right)\right] / \left(1-\frac{x}{F}\right) \tag{1-85}$$

式中　P_0——波源起始声压；

　　　F——焦距，$F = c_1 r/(c_1-c_2)$，其中r为声透镜曲率半径，c_1为声透镜中声速，c_2为水中声速；

　　　x——至波源的距离；

　　　B——参数，$B = R^2/\lambda F = N/F$，R为波源半径。

在焦点处，$x=F$，上式可简化为

$$P = \pi B P_0 \tag{1-86}$$

由式（1-86）可知，焦点处的声压随B值增加而升高。当$B=10$时，$P=31.4P_0$，可见焦点处的声压之高。

由式（1-85）可得图1-74所示的聚焦声束轴线上焦点附近的声压变化情况。不难看出，焦距F越小，B值就越大，聚焦效果就越好。当焦距F大于或等于近场区长度N时，$B=N/F\leqslant 1$，这时几乎没有聚焦作用。因此焦距应选在近场区长度以内，否则就失去了聚焦的意义。

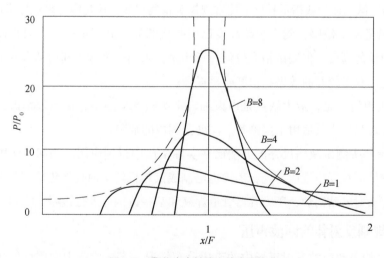

图1-74　聚焦声束轴线上的声压分布

（2）焦柱的几何尺寸　以上讨论的聚焦声场是从几何声学理论出发在理想条件下得到的，聚焦声束最后会聚于一点（或线），实际上这种情况是不存在的，因为几何声学忽略了声波的波动性，在焦点附近声波存在干涉。此外声透镜存在一定的球差，并非完全会聚于一

点。因此聚焦声束的焦点是一个聚焦区，该聚焦区呈柱形，其焦柱直径与长度可用以下近似公式表示。

$$d \approx \lambda F/2R \tag{1-87}$$

$$L \approx \lambda F^2/R^2 \tag{1-88}$$

$$L/d = 2F/R \tag{1-89}$$

式中　d——焦柱直径，以焦点处最大声压降低6dB来测定；

　　　L——焦柱长度，以焦点处最大声压降低6dB来测定；

　　　λ——波长；

　　　F——焦距；

　　　R——波源半径。

由以上公式可知，焦柱直径d及长度L与波长λ、焦距F、波源半径R有关。当R一定时，d、L随λ、F增加而增大。二者的比值L/d为一常数，即为焦距与波源半径之比的二倍。

（3）聚焦探头的应用　聚焦探头具有声束细、灵敏度高等优点，在铸钢件及奥氏体钢检测、缺陷面积或指示长度的测定和裂纹高度的测定等方面得到较好的应用。

铸钢件及奥氏体钢晶粒粗大、衰减严重，常规探头检测散射显著，容易产生草状回波，信噪比低，缺陷判别困难大。采用聚焦探头检测，由于声束细，产生散射的概率小，因此信噪比高，灵敏度高，有利于缺陷的检出。

随着断裂力学的发展，对缺陷定量的要求日益提高，然而常规探头测定的缺陷面积或指示长度往往与缺陷实际尺寸相差较大。试验证明，使用聚焦探头利用多重分贝法（如：6dB、12dB等）来测定缺陷面积或指示长度要比常规探头精确得多，这是因为聚焦探头声束收敛。

裂纹是最危险的缺陷，测定裂纹高度已引起检测界的高度重视。人们曾设想采用各种方法来测定裂纹的高度，但测试精度较低。近年来，采用聚焦探头利用端点峰值回波法来测定裂纹的高度，获得较好的效果，精度明显提高。

聚焦探头也有不足，最大缺点是声束细，每次扫查范围小，探测效率低。另外，探头的通用性差，每只探头仅适用于探测某一深度范围内的缺陷。

应用聚焦探头测定缺陷尺寸的方法已在实际生产中得到应用。例如，法国已利用水浸聚焦检测装置检测核反应堆压力壳，美国也已制成汽轮机转子内孔聚焦检测装置。我国也开始利用聚焦探头对电站锅炉、压力容器管道焊缝和某些铸钢件进行检测，收到一定的成效。

1.9.4　规则反射体的回波声压

前面讨论的是超声波发射声场中的声压分布情况，实际检测中常用反射法。反射法是根据缺陷反射回波声压的高低来评价缺陷的大小。然而工件中的缺陷形状性质各不相同，目前的检测技术还难以确定缺陷的真实大小和形状。回波声压相同的缺陷的实际大小可能相差很大，为此特引用当量法。当量法是指在同样的探测条件下，当自然缺陷回波与某人工规则反射体回波等高时，则该人工规则反射体的尺寸就是此自然缺陷的当量尺寸。自然缺陷的实际尺寸往往大于当量尺寸。

超声波检测中常用的规则反射体有平底孔、长横孔、短横孔、球孔、大平底面和圆柱曲底面等，下面分别讨论以上各种规则反射体的回波声压。

1. 平底孔回波声压

如图1-75所示，在$x \geqslant 3N$的圆盘波源轴线上存在一平底孔（圆片形）缺陷，设波束轴线垂直于平底孔，超声波在平底孔上全反射，平底孔直径较小，表面各点声压近似相等。根据惠更斯原理可以把平底孔当作一个新的圆盘源，其起始声压就是入射波在平底孔处的声压，探头接收到的平底孔回波声压P_f为

$$P_f = \frac{P_x F_f}{\lambda x} = \frac{P_0 F_s F_f}{\lambda^2 x^2} \qquad (1\text{-}90)$$

式中　P_0——探头波源的起始声压；

　　　F_s——探头波源的面积，$F_s = \pi D_s^2 / 4$；

　　　F_f——平底孔缺陷的面积，$F_f = \pi D_f^2 / 4$；

　　　λ——波长；

　　　x——平底孔至波源的距离。

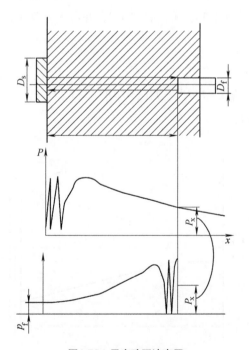

图1-75　平底孔回波声压

由式（1-90）可知，当探测条件（F_s，λ）一定时，平底孔缺陷的回波声压或波高与平底孔面积成正比，与距离平方成反比。任意两个距离直径不同的平底孔回波声压之比为

$$\frac{H_{f1}}{H_{f2}} = \frac{P_{f1}}{P_{f2}} = \frac{x_2^2 D_{f1}^2}{x_1^2 D_{f2}^2}$$

二者回波分贝差为

$$\Delta_{12} = 20\lg\frac{P_{f1}}{P_{f2}} = 40\lg\frac{D_{f1} x_2}{D_{f2} x_1} \tag{1-91}$$

（1）当 $D_{f1} = D_{f2}$，$x_2 = 2x_1$ 时

$$\Delta_{12} = 20\lg\frac{P_{f1}}{P_{f2}} = 40\lg\frac{x_2}{x_1} = 40\lg 2 = 12\,\mathrm{dB}$$

这说明平底孔直径一定，距离增加一倍，其回波下降12dB。

（2）当 $x_1 = x_2$，$D_{f1} = 2D_{f2}$ 时

$$\Delta_{12} = 20\lg\frac{P_{f1}}{P_{f2}} = 40\lg\frac{D_{f1}}{D_{f2}} = 40\lg 2 = 12\,\mathrm{dB}$$

这说明平底孔距离一定，直径增加一倍，其回波升高12dB。

2. 长横孔回波声压

如图1-76所示，当 $x \geqslant 3N$，超声波垂直入射，全反射，长横孔直径较小，长度大于波束截面尺寸时，超声波在长横孔表面的反射就类似于球面波在柱面镜上的反射。以 $a = x$，$f = D_f/4$，$P_1/a = P_0 F_s/\lambda x$ 代入（1-54）式，取"+"，并考虑到 $D_f \ll x$，从而得到长横孔回声压 P_f 为

$$P_f = \frac{P_1}{a}\sqrt{\frac{f}{(1+x/a)[x+f(1+x/a)]}} = \frac{P_0 F_s}{2\lambda x}\sqrt{\frac{D_f}{D_f + 2x}} \approx \frac{P_0 F_s}{2\lambda x}\sqrt{\frac{D_f}{2x}} \tag{1-92}$$

式中　D_f——长横孔的直径。

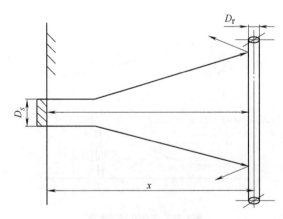

图1-76　长横孔回波声压

由上式可知，探测条件（F_s、λ）一定时，长横孔回波声压与长横孔的直径平方根成正比，与距离的二分之三次方成反比。任意两个距离、直径不同的长横孔回波分贝差为

$$\Delta_{12} = 20\lg\frac{P_{f1}}{P_{f2}} = 10\lg\frac{D_{f1}x_2^3}{D_{f2}x_1^3} \tag{1-93}$$

（1）当 $D_{f1} = D_{f2}$，$x_2 = 2x_1$ 时

$$\Delta_{12} = 20\lg\frac{P_{f1}}{P_{f2}} = 30\lg\frac{x_2}{x_1} = 30\lg2 = 9\,\text{dB}$$

这说明长横孔直径一定，距离增加一倍，其回波下降9dB。

（2）当 $x_1 = x_2$，$D_{f1} = 2D_{f2}$ 时

$$\Delta_{12} = 20\lg\frac{P_{f1}}{P_{f2}} = 10\lg\frac{D_{f1}}{D_{f2}} = 10\lg2 = 3\,\text{dB}$$

这说明长横孔距离一定，直径增加一倍，其回波上升3dB。

3. 短横孔回波声压

短横孔是长度明显小于波束截面尺寸的横孔，设短横孔直径为 D_f，长度为 l_f。当 $x \geqslant 3N$ 时，超声波在短横孔上的反射回波声压为

$$P_f = \frac{P_0 F_s}{\lambda x}\frac{l_f}{2x}\sqrt{\frac{D_f}{\lambda}} \tag{1-94}$$

由上式可知，当探测条件（F_s、λ）一定时，短横孔回波声压与短横孔的长度成正比，与直径的平方根成正比，与距离的平方成反比。任意两个距离、长度和直径不同短横孔的回波分贝差为

$$\Delta_{12} = 20\lg\frac{P_{f1}}{P_{f2}} = 10\lg\frac{l_{f1}^2}{l_{f2}^2}\cdot\frac{x_2^4}{x_1^4}\frac{D_{f1}}{D_{f2}} \tag{1-95}$$

（1）当 $D_{f1} = D_{f2}$，$l_{f1} = l_{f2}$，$x_2 = 2x_1$ 时

$$\Delta_{12} = 20\lg\frac{P_{f1}}{P_{f2}} = 40\lg\frac{x_2}{x_1} = 40\lg2 = 12\,\text{dB}$$

这说明短横孔直径和长度一定，距离增加一倍，其回波下降12dB，与平底孔变化规律相同。

（2）当 $D_{f1} = D_{f2}$，$x_2 = x_1$，$l_{f1} = 2l_{f2}$ 时

$$\Delta_{12} = 20\lg\frac{P_{f1}}{P_{f2}} = 20\lg\frac{l_{f1}}{l_{f2}} = 20\lg2 = 6\,\text{dB}$$

这说明短横孔直径和距离一定，长度增加一倍，其回波上升6dB。

（3）当 $x_2 = x_1$，$l_{f1} = l_{f2}$，$D_{f1} = 2D_{f2}$ 时

$$\Delta_{12} = 20\lg\frac{P_{f1}}{P_{f2}} = 10\lg\frac{D_{f1}}{D_{f2}} = 10\lg2 = 3\,\text{dB}$$

这说明短横孔长度和距离一定，直径增加一倍，其回波升高3dB。

4. 球孔回波声压

如图1-77所示，设球孔直径为D_f，超声波垂直入射，全反射，D_f足够小。当$x \geqslant 3N$时，超声波在球孔上的反射就类似于球面波在球镜上的反射，以$a=x$，$f=D_f/4$，$P_1/a=P_0F_s/\lambda x$代入式（1-53），取"+"，并考虑到$D_f \ll x$，从而得到球孔回波声压P_f为

$$P_f = \frac{P_1}{a}\frac{f}{x+f(1+x/a)} = \frac{P_0F_s}{\lambda x}\frac{D_f}{4(x+D_f/2)} \approx \frac{P_0F_s}{\lambda x}\frac{D_f}{4x} \quad (1\text{-}96)$$

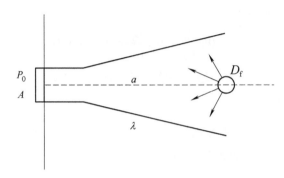

图1-77 球孔回波声压

由上式可知，当探测条件（F_s、λ）一定时，球孔回波声压与球孔的直径成正比，与距离的平方成反比。任意两个直径、距离不同的球孔的回波分贝差为

$$\Delta_{12} = 20\lg\frac{P_{f1}}{P_{f2}} = 20\lg\frac{D_{f1}x_2^2}{D_{f2}x_1^2} \quad (1\text{-}97)$$

（1）当$D_{f1}=D_{f2}$，$x_2=2x_1$时

$$\Delta_{12} = 20\lg\frac{P_{f1}}{P_{f2}} = 20\lg\frac{x_2}{x_1} = 40\lg 2 = 12\,\text{dB}$$

这说明球孔直径一定，距离增加一倍，其回波下降12dB，与平底孔变化规律相同。

（2）当$x_1=x_2$，$D_{f1}=2D_{f2}$时

$$\Delta_{12} = 20\lg\frac{P_{f1}}{P_{f2}} = 20\lg\frac{D_{f1}}{D_{f2}} = 20\lg 2 = 6\,\text{dB}$$

这说明球孔距离不变，直径增加一倍，其回波上升6dB。

5. 大平底面回波声压

如图1-78所示，当$x \geqslant 3N$时，超声波在与波束轴线垂直、表面光洁的大平底面上的反射就是球面波在平面上的反射，其回波声压P_B为

$$P_B = \frac{P_0F_s}{2\lambda x} \quad (1\text{-}98)$$

由上式可知，当探测条件（F_s、λ）一定时，大平底面的回波声压与距离成反比。两个

不同距离的大平底面回波分贝差为

$$\Delta_{12} = 20\lg\frac{P_{B1}}{P_{B2}} = 20\lg\frac{x_2}{x_1} \tag{1-99}$$

当 $x_2 = 2x_1$ 时

$$\Delta_{12} = 20\lg\frac{P_{B1}}{P_{B2}} = 20\lg\frac{x_2}{x_1} = 20\lg 2 = 6\,\text{dB}$$

这说明大平底面距离增加一倍，其回波下降6dB。

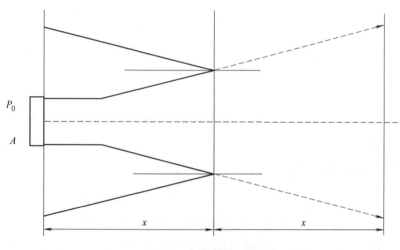

图1-78 大平底面回波声压

6. 圆柱曲底面回波声压

（1）实心圆柱体 超声波径向检测 $x \geqslant 3N$ 的实心圆柱体，类似于球面波在凹柱曲底面上的反射。以 $a = x$，$f = D_f/4$，$P_1/a = P_0F_s/\lambda x$ 代入式（1-54），取"−"得实心圆柱凹曲底面的回波声压为

$$P_B = \frac{P_1}{a}\sqrt{\frac{f}{(1+x/a)[x-f(1+x/a)]}} = \frac{P_0 F_s}{2\lambda x} \tag{1-100}$$

这说明实心圆柱体回波声压与大平底面回波声压相同。

（2）空心圆柱体 超声波外柱面径向检测空心圆柱体，$x \geqslant 3N$，类似于球面波在凸柱面上的反射，如图1-79探头A位置，以 $a = x = (D-d)/2$，$f = d/4$，$P_1/a = P_0F_s/\lambda x$ 代入式（1-54），并取"+"，得外圆检测空心圆柱体凸柱曲底面的圆波声压为

$$P_B = \frac{P_1}{a}\sqrt{\frac{f}{(1+x/a)[x+f(1+x/a)]}} = \frac{P_0 F_s}{2\lambda x}\sqrt{\frac{d}{D}} \tag{1-101}$$

上式说明外圆检测空心圆柱体，其回波声压低于同距离大平底回波声压，因为凸柱面反射波发散。

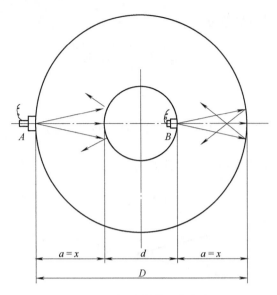

图1-79 空心圆柱体回波声压

超声波内孔检测圆柱体，类似子球面波在凹柱面上的反射，以 $a = x = (D-d)/2$，$f = D/4$，$P_1/a = P_0F_s/\lambda x$ 代入式（1-54），取"−"得回波声压为

$$P_B = \frac{P_1}{a}\sqrt{\frac{f}{(1+x/a)[x-f(1+x/a)]}} = \frac{P_0F_s}{2\lambda x}\sqrt{\frac{D}{d}} \quad (1\text{-}102)$$

上式说明内孔检测圆柱体，其回波声压大于同距离大平底回波声压，因为凹柱面反射波聚焦。

需要说明的是，以上各种规则反射体的回波声压公式均未考虑介质衰减。

1.10 超声波的衰减

超声波在介质中传播时，随着距离增加，超声波能量逐渐减弱的现象叫作超声波衰减。

1.10.1 衰减的原因

引起超声波衰减的主要原因是波束扩散、晶粒散射和介质吸收。

1. 扩散衰减

超声波在传播过程中，由于波束的扩散，单位面积上的声能（或声压）大为下降，这种超声波的能量随距离增加而逐渐减弱的现象称为扩散衰减。扩散衰减与传播波形和传播距离有关，而与传播介质无关。

对于球面波，声强与传播距离的平方成反比，即 $I \propto \dfrac{1}{x^2}$，声压与传播距离成反比，即 $P \propto \dfrac{1}{x}$。

对于柱面波,声强与传播距离成反比,声压与传播距离的平方根成反比,即 $P \propto \dfrac{1}{\sqrt{x}}$。

对于平面波,声强、声压不随传播距离的变化而变化,不存在扩散衰减。

当波形确定后,扩散衰减只与超声波传播距离(声程)有关。扩散衰减是造成不同声程上相同形状和尺寸反射体回波高度不等的原因之一,这在声压方程中已经解决。

2. 散射衰减

超声波在介质中传播时,遇到声阻抗不同的界面产生散乱反射引起衰减的现象,称为散射衰减。散射衰减与材质的晶粒密切相关,当材质晶粒粗大时,散射衰减严重,被散射的超声波沿着复杂的路径传播到探头,在示波屏上引起林状回波(又叫草波),使信噪比下降,严重时噪声会湮没缺陷波,如图1-80所示。

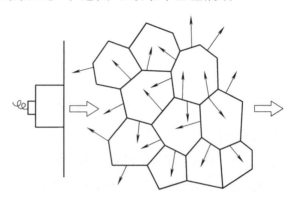

3. 吸收衰减

质点离开自己的平衡位置产生振动时,必须克服介质质点间的粘滞力(和内摩擦力)而做功,从而造成声能损耗,这部分损耗的声能也将转换

图1-80 林状回波(草波)

成热能。在超声波传播过程中,这种由于介质的粘滞吸收而将声能转换成热能,从而使声能减少的现象称为吸收衰减或粘滞衰减。在超声波检测中它并不占主要地位。

除以上三种衰减外,还有位错引起的衰减,磁畴壁引起的衰减和残余应力引起的衰减等。

通常所说的介质衰减是指吸收衰减与散射衰减,不包括扩散衰减。

1.10.2 衰减方程与衰减系数

1. 衰减方程

平面波不存在扩散衰减,只存在介质衰减,其声压衰减方程为

$$P_x = P_0 e^{-\alpha x} \tag{1-103}$$

式中 P_0——波源的起始声压;

P_x——至波源距离为x处的声压;

x——至波源的距离;

α——介质衰减系数（dB/mm）；

e——自然对数的底（$e=2.718\cdots\cdots$）。

球面波与柱面波既存在扩散衰减，又存在介质衰减，它们的声压衰减方程分别为

球面波

$$P_x = \frac{P_1}{x} e^{-\alpha x} \qquad (1\text{-}104)$$

柱面波

$$P_x = \frac{P_1}{\sqrt{x}} e^{-\alpha x} \qquad (1\text{-}105)$$

式中　P_1——至波源的距离为单位1处的声压。

2. 衰减系数

衰减系数α只考虑了介质的散射和吸收衰减，未涉及扩散衰减。对于金属材料等固体介质而言，介质衰减系数α等于散射衰减系数α_S和吸收衰减系数α_a之和。

$$\begin{cases} \alpha = \alpha_a + \alpha_S \\ \alpha_a = c_1 f \end{cases} \qquad (1\text{-}106)$$

α_S和α_a都与探测频率有关

$$\alpha_S = c_2 F d^3 f^4 \quad (d < \lambda) \qquad (1\text{-}107)$$

$$\alpha_S = c_3 F d f^2 \quad (d \approx \lambda) \qquad (1\text{-}108)$$

$$\alpha_S = c_4 F/d \quad (d > \lambda) \qquad (1\text{-}109)$$

式中　　　　f——声波频率；

　　　　　　d——介质的晶粒直径；

　　　　　　λ——波长；

　　　　　　F——各向异性系数；

c_1、c_2、c_3、c_4——常数。

由以上公式可知：

1）介质的吸收衰减与频率成正比。

2）介质的散射衰减与f、d、F有关，当$d<\lambda$时，散射衰减系数与f^4、d^3成正比。在实际检测中，当介质晶粒较粗大时，若采用较高的频率，将会引起严重衰减，示波屏出现大量草状波，使信噪比明显下降，超声波穿透能力显著降低。这就是晶粒较大的奥氏体钢和一些铸件检测的困难所在。

对于液体介质而言，主要是介质的吸收衰减。

$$\alpha = \alpha_a = \frac{8\pi^2 f^2 \eta}{2\rho c^3} \qquad (1\text{-}110)$$

式中　η——介质的黏滞系数；
　　　ρ——介质的密度；
　　　c——波速。

由上式可知，液体介质的衰减系数α与介质的黏滞系数和频率平方成正比，与介质中的密度和波速立方成反比。

由于η、ρ、c与温度有关，所以α也与温度有关，一般是α随温度的升高而降低。这是因为温度升高，分子热运动加剧，有利于超声波的传播。

以上讨论说明，介质的衰减与介质的性质密切相关，因此在实际工作中有时根据底波的次数来衡量材料衰减情况，从而判定材料晶粒度大小、缺陷密集程度、石墨含量以及水中泥沙含量等。

1.10.3　衰减系数的测定

材料衰减的测定方法有相对比较法和绝对法两种，相对比较法用于测定材料衰减的严重程度，但不能测出它的衰减系数量值，这种方法在工业检测中较为常用。例如，对一批材料，可以用相同探测条件进行测定，通过相对比较来剔除衰减或组织不均匀的工件，从而保证产品质量。

绝对法能测出材料的衰减系数量值，但所用试样厚度（T）应大于二倍近场长，即$T>2N$。常用测量方法有以下两种。

1. 多块试样测定法

用与被测材料相同材质和相同处理状态的不同厚度平板试样多块（探测面需经磨光），在相同探测灵敏度下逐一测定各试样底面回波的波高dB数值（即在相同回波高度下读取它们的分贝值），得到图1-81中用"△"表示的各点。为消除探头辐射的活塞波声束扩散衰减的影响，所以必须以同样的探测灵敏度测定与上述试样同厚度但无衰减（$\alpha=0$）的多块标准试样的底面回波波高dB数值，得到图值中用"○"表示的各点，它们与CD水平线之间dB

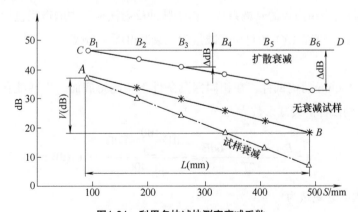

图1-81　利用多块试块测定衰减系数

差（ΔdB），即为不同声程上的扩散衰减。最后在每一实际试样底面波高dB数上扣除对应的ΔdB，得到该被测材料完全由于材质衰减引起的衰减测定线AB（见图1-81中用"*"表示的各点连线），AB的斜率就表示了待测材料衰减系数的大小，即

$$\alpha = \frac{V(\text{dB})}{L(\text{mm})} \tag{1-111}$$

显然，此α是超声波在材料中往复（双）声程的衰减系数。

2. 多次脉冲反射法

1）对于试样厚度范围为$2N < T \leq 200\text{mm}$的被测试件，可用比较多次脉冲反射回波高度的方法测定其衰减系数α，其计算式为

$$\alpha = \frac{V_{\text{m-n}}(\text{dB}) - 20\lg\frac{n}{m}}{2(n-m)T}(\text{dB/mm}) \tag{1-112}$$

式中　$V_{\text{m-n}}(\text{dB})$——试样第$m$次与第$n$次底面回波高度的dB差；

　　　α——材料中单声程的衰减系数。

例题：

试样厚度$T = 200\text{mm}$，测得第五次底面波与第二次底面回波高度dB差为$V_{\text{m-n}}(\text{dB}) = 14\text{dB}$，则试样的衰减系数为

$$\alpha = \frac{14(\text{dB}) - 20\lg\frac{5}{2}}{2(5-2) \times 200} \approx 0.005(\text{dB/mm})$$

2）对于厚度$T > 200\text{mm}$的试样，可用第一次与第二次底面回波高dB差来计算，则式（1-112）可改写成

$$\alpha = \frac{B_1/B_2(\text{dB}) - 20\lg\frac{2}{1}}{2(2-1)T} = \frac{B_1/B_2(\text{dB}) - 6\text{dB}}{2T}(\text{dB/mm}) \tag{1-113}$$

式中，α为材料中单声程的衰减系数。由于脉冲反射法检测中的声程包括来回传播距离，所以实际工件中某一声程（X）的材质衰减量为：衰减dB数 = $2\alpha X$。

例题：

厚度为$T = 400\text{mm}$的钢试件，在相同探测条件下，测得底面一次回波在100%时底面二次回波在20%，则试件的衰减系数为

$$\alpha = \frac{B_1/B_2(\text{dB}) - 6\text{dB}}{2T} = \frac{20\lg\frac{100}{20} - 6\text{dB}}{2 \times 400} = 0.01(\text{dB/mm}) \tag{1-114}$$

工件全声程的衰减量为

$$2 \times \alpha \times T = 2 \times 0.01 \times 400 = 5\text{dB}$$

第2章　超声波检测设备及器材

超声波检测仪、探头和试块是超声波检测的重要设备及器材。了解这些设备及器材的原理、构造和作用及其主要性能指标是正确选择检测设备并进行有效检测的保证。

2.1　超声波检测仪

2.1.1　超声波检测仪概述

1. 仪器的作用

超声波检测仪是超声波检测的主体设备，它的作用是产生电振荡并加于探头（换能器）上，激励探头发射超声波，同时将探头产生的电信号进行放大，通过一定方式显示出来，从而获得被探工件内部有无缺陷、缺陷位置和大小等信息。

2. 仪器的分类

超声仪器分为超声波检测仪器和超声波处理（或加工）仪器，超声波检测仪是用于对工件进行超声波检测的仪器。超声波检测技术在现代工业中的应用日益广泛，由于探测对象、探测目的、探测场合及探测速度等方面的要求不同，因而有各种不同设计的超声波检测仪，常见的有以下几种。

（1）按超声波的连续性分类

1）脉冲波检测仪。这种仪器通过探头向工件周期性地发射不连续且频率不变的超声波，根据超声波的传播时间及幅度判断工件中缺陷位置和大小，这是目前超声波检测中使用最广泛的检测仪。

2）连续波检测仪。这种仪器通过探头向工件中发射连续且频率不变（或在小范围内周期性变化）的超声波，根据透过工件的超声波强度变化判断工件中有无缺陷及缺陷大小。这种仪器灵敏度低，且不能确定缺陷位置，因而大多已被脉冲波检测仪所代替，但在超声显像及超声共振测厚等方面仍有应用。

3）调频波检测仪。仪器通过探头向工件中发射连续的、频率周期性变化的超声波，根据发射波与反射波的差频变化情况判断工件中有无缺陷。以往的调频式检测仪便采用这种原理。但由于只适宜检查与探测面平行的缺陷，所以这种仪器也大多被脉冲波检测仪所代替。

（2）按缺陷显示方式分类

1）A型显示检测仪。A型显示是一种波形显示，检测仪荧光屏的横坐标代表声波的传播时间（或距离），纵坐标代表反射波的幅度。由荧光屏上反射波的位置可以确定工件中缺陷位置，由荧光屏上反射波的幅度可以估算工件中缺陷当量大小。

2）B型显示检测仪。B型显示是一种图像显示，检测仪荧光屏的横坐标是靠机械扫描来代表探头的扫查轨迹，纵坐标是靠电子扫描来代表声波的传播时间（或距离），因而可直观地显示出被探工件任一纵截面上缺陷的分布及缺陷的深度。

3）C型显示检测仪。C型显示也是一种图像显示，检测仪荧光屏的横坐标和纵坐标都是靠机械扫描来代表探头在工件表面的位置。探头接收信号幅度以光点辉度表示，因而，当探头在工件表面移动时，荧光屏上便显示出工件内部缺陷的平面图像，但不能显示缺陷的深度。

A型、B型、C型三种缺陷显示方式如图2-1所示。

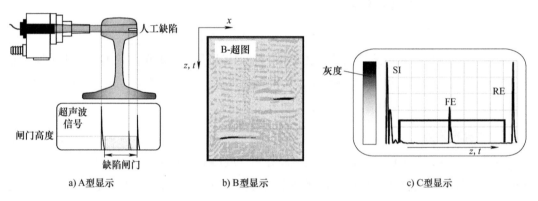

图2-1　三种缺陷显示方式

（3）按超声波检测仪的通道分类

1）单通道检测仪。这种仪器检测时由一个或一对探头单独工作，是目前超声波检测中应用最广泛的仪器。

2）多通道检测仪。这种仪器由多个或多对探头交替工作，每一通道相当于一台单通道检测仪，适用于自动化检测。

2.1.2　A型脉冲反射式超声波检测仪的一般工作原理

1. 仪器电路方框图

电路方框图是把仪器每一部分用一方框来表示，各方框之间用线条连起来，表示各部分之间的关系。方框图只能说明仪器的大致结构和工作原理，看不出电路的详细连接方法，也看不出元件的具体位置。

A型脉冲反射式超声波检测仪相当于一种专用示波器，尽管型号、外形、体积和功能各不相同，但它们的基本结构和原理都是大同小异。概括地讲，各种检测仪都由以下几个主要部分组成：同步电路、扫描电路、发射电路、接收放大电路、显示电路和电源电路等。电路方框图如图2-2所示。

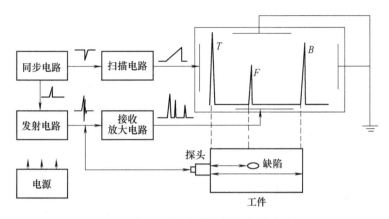

图2-2　A型脉冲反射式超声波检测仪电路

2. 仪器主要组成部分的作用

（1）同步电路　同步电路又称触发电路，它每秒钟产生数十至数千个脉冲，用来触发检测仪扫描电路、发射电路等，使之步调一致、有条不紊地工作。因此，同步电路是整个检测仪的"中枢"，如果同步电路出了故障，整个检测仪便无法工作。

（2）扫描电路　扫描电路又称时基电路，用来产生锯齿波电压，加在示波管水平偏转板上，使示波管荧光屏上的光点沿水平方向作等速移动，产生一条水平扫描时基线。检测仪面板上的深度粗调、微调、扫描延迟旋钮都是扫描电路的控制旋钮。检测时，应根据被探工件的探测深度范围选择适当的深度档级，并配合微调旋钮调整，使刻度板水平轴上每一格代表一定的距离。扫描电路的方框图及其波形如图2-3所示。

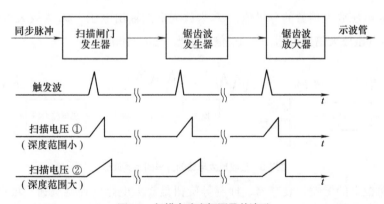

图2-3　扫描电路方框图及其波形

（3）发射电路　发射电路利用闸流管或晶闸管的开关特性，产生几百伏至上千伏的电脉冲。电脉冲加于发射探头，激励压电晶片振动，使之发射超声波，典型晶闸管发射电路如图2-4所示。

发射电路中的电阻R_0称为阻尼电阻，用发射强度旋钮可改变R_0的阻值。阻值大，发射强度高，阻值小，发射强度低，因R_0与探头并联，所以改变R_0同时也改变了探头电阻尼大小，即影响探头的分辨力。

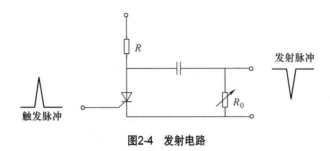

图2-4　发射电路

（4）接收放大电路　接收放大电路由衰减器、射频放大器、检波器和视频放大器等组成，它将来自探头的电信号进行放大、检波，最后加至示波管的垂直偏转板上，并在荧光屏上显示。由于接收的电信号非常微弱，通常只有数百微伏到数伏，而示波管全调制所需电压要几百伏，所以接收放大电路必须具有约10^5的放大能力。

接收放大电路的性能对检测仪性能影响极大，它直接影响到检测仪的垂直线性、动态范围、检测灵敏度及分辨力等重要技术指标。

接收放大电路的方框图及其波形如图2-5所示。由大小不等的缺陷所产生的回波信号电压大约有几百微伏到几伏，为了使变化范围如此大的缺陷回波在放大器内得到正常的放大，并能在示波管荧光屏的有效观察范围内正常显示，可使用衰减器改变输入到某级放大器信号的电平。一般把放大器的电压放大倍数用分贝来表示，即

$$K_V = 20 \lg \frac{U_{出}}{U_{入}} (\mathrm{dB}) \tag{2-1}$$

式中K_V为电压放大倍数的分贝值，$U_{出}$为放大器的输出电压，$U_{入}$为放大器的输入电压。一般检测仪的电压放大倍数可达$10^4 \sim 10^5$倍，相当于$80 \sim 100 \mathrm{dB}$。

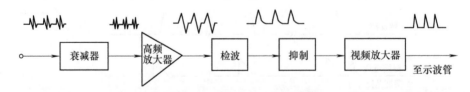

图2-5　接收放大电路的方框图及其波形

检测仪面板上的增益、衰减器、抑制等旋钮是放大电路的控制旋钮。增益旋钮用来改变放大器的增益，增益数值大，检测灵敏度高。衰减器旋钮用来改变衰减器的衰减量，一般说来，衰减读数大，灵敏度低。但是，有的检测仪为了使用时读数方便统一，衰减器读数按增益方式标出，在这种情况下，衰减读数大，灵敏度高。抑制旋钮的作用是抑制草状杂波。但应注意，使用抑制时，仪器的垂直线性和动态范围均会下降。

（5）显示电路　显示电路主要由示波管及外围电路组成。示波管用来显示检测图形，示波管由电子枪、偏转系统和荧光屏等三部分组成，其基本结构如图2-6所示。

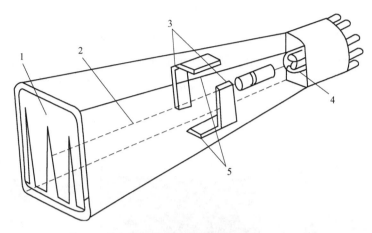

图2-6　示波管的基本结构

1—荧光屏　2—电子束　3—水平偏转板　4—电子枪　5—垂直偏转板

电子枪发射的聚束电子以很高的速度轰击荧光屏时，使荧光物质发光，在荧光屏上形成亮点。扫描电路的扫描电压和接收放大电路的信号电压分别加至水平偏转板和垂直偏转板，使电子束发生偏转，因而亮点就在荧光屏上移动，形成检测图形。由于扫描速度非常快，所以肉眼看上去就好像是静止的图像。

（6）电源　电源的作用是给检测仪各部分电路提供适当的电能，使整机电路工作。标准检测仪一般用220V或110V交流电，检测仪内部有供各部分电路使用的变压、整流及稳压电路。便携式检测仪多用电池供电。

除上述基本组成部分之外，检测仪还有各种辅助电路，如延迟电路、标距电路、闸门电路及深度补偿电路等，这些辅助电路的作用在此不再赘述。

3. 仪器的工作原理

A型脉冲反射式超声波检测仪的工作原理可参照图2-2，简要说明如下。

同步电路产生的触发脉冲同时加至扫描电路和发射电路，扫描电路受触发开始工作，产生锯齿波扫描电压，加至示波管水平偏转板，使电子束发生水平偏转，在荧光屏上产生一条水平扫描线。与此同时，发射电路受触发产生高频窄脉冲，加至探头，激励压电晶片振动，在工件中产生超声波。超声波在工件中传播，遇缺陷或底面发生反射，返回探头时，又被压电晶片转变为电信号，经接收放大电路放大和检波，加至示波管垂直偏转板上，使电子束发生垂直偏转，在水平扫描线的相应位置上产生缺陷波和底波。根据荧光屏上缺陷波的位置可以确定工件中缺陷的具体位置，根据荧光屏上缺陷波的幅度可以估算工件中缺陷当量的大小。

2.1.3 仪器主要开关旋钮的作用及其调整

检测仪面板上有许多开关和旋钮，用于调节检测仪的功能和工作状态。图2-7所示为模拟超声波检测仪的面板，主要包括工作方式选择旋钮、发射强度旋钮、衰减器、增益旋钮、抑制旋钮、深度范围旋钮、深度微调旋钮、延迟旋钮、聚焦旋钮、频率选择旋钮、重复频率旋钮、垂直旋钮、辉度旋钮、深度补偿开关及显示选择开关，分别具有选择探头方式、改变仪器发射脉冲功率、调节检测灵敏度和测量回波幅度，以及改变接收器的放大倍数等作用。

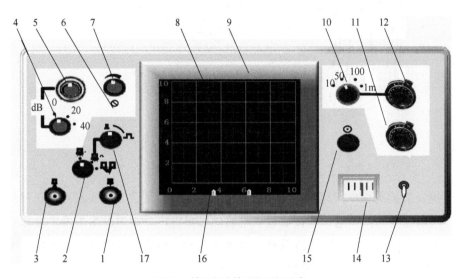

图2-7 模拟超声检测仪面板示意

1—发射插座 2—工作方式选择 3—接收插座 4—粗调衰减器 5—微调衰减器
6—抑制 7—增益 8—示波屏 9—遮光罩 10—深度范围 11—脉冲移位 12—深度微调
13—电源开关 14—电源电压指示器 15—聚焦 16—定位游标 17—发射强度

2.1.4 数字式检测仪

随着科学技术的进步和计算机技术的广泛应用，超声波检测仪的技术性能不断提高，功能不断增加，自动化程度越来越高，技术先进的数字化、智能化的仪器不断涌现。这种仪器以高精度的运算、控制和逻辑判断功能来替代大量人的体力和脑力劳动，减少了人为因素造成的误差，提高了检测的可靠性，较好地解决了记录存档问题，具有良好的发展前景。

1. 数字式检测仪的特点

数字式检测仪与传统检测仪比较，具有以下特点：

（1）检测速度快 数字式检测仪一般都可自动检测、计算、记录，有些仪器还能自动进行深度补偿和自动设置检测灵敏度，因此检测速度快，效率高。

（2）检测精度高 数字式仪器能对模拟信号进行高速数据采集、量化、计算和判别，其检测精度可高于传统仪器检测结果。

（3）可靠性高、稳定性好　数字式仪器可全面客观地采集存储数据，并对采集到的数据进行实时处理或后处理，对信号进行时域、频域或图像分析，还可通过模式识别对工件质量进行分级，减少了人为因素的影响，提高了检测的可靠性和稳定性。

（4）记录与存档　数字式仪器的计算机系统可存储和记录检测原始信号和检测结果，对工件质量进行自动综合评价。对在役设备定期检测结果进行分析处理，为材料评价和寿命预测提供依据。

（5）可编程性　数字式仪器的性能和功能的实现很大程度上取决于软件系统的支持，因此可方便地通过变更或扩充软件程序来改变或增加仪器的功能。

2. 数字式检测仪的发展

20世纪70年代微型计算机问世和大规模集成电路的发展，使计算机技术开始进入超声波检测领域，但那时只是利用传统检测仪通过某种接口与微型计算机联机，完成某种特定工件的自动检测或对波形进行一些信号处理。到了80年代，人们开始研究超声回波信号的数字化及有关数据处理。后来在传统模拟仪器的基础上，利用数字仪器的特点，增加了对超声波检测来说极为重要的波形记录、存储和分析等功能，可对动态波形进行记录。关于人机联系方式，主要有菜单式和功能键方式。菜单式不受仪器按键限制，对话功能较强，但操作较繁琐，不易被检测人员接受。功能键方式操作直接、快捷，易被检测人员接受。关于波形显示方式有全数字式和数字模拟混合方式。前者显示数字波形，通常可供标准视频输出，便于记录动态波形；后者通过示波管显示模拟波形，可进行数字调节与处理，兼有模拟与数字仪器的特点，但不能利用录像设备记录动态波形。

近年来，便携式全数字仪器兼有上述各类型仪器的功能，并开发出不少具有自己特色的功能和应用软件。如功能键操作屏幕中文提示，圆柱面工件检测曲面自动校正，显示焊缝检测剖面示意图，大容量波形数据存储及数据库管理软件，B扫描、C扫描和伪3D显示图像等。

3. 数字式检测仪的原理

数字式超声波检测仪是计算机技术和超声波检测仪技术相结合的产物。所谓数字式超声检测仪，主要是指发射、接收放大电路的参数控制和接收信号的处理、显示均采用数字化方式的仪器。

4. 数字式检测仪采样方式

采样频率：单位时间采样数，理论上应满足采样定理，因为要实时处理和显示，采样频率应高于信号频率的4~8倍。数字式检测仪采样频率应达到100MHz以上。

采样精度：波形幅度分辨力，8位字长为256级，如数字检波，则为128级。

（1）全波采样法　采用高速A/D转换器和大容量的高速存储器来采集和存储全部回波信息，能实时提供缺陷的当量、位置等信息，可显示、存储和回放存储的回波波形，并对回波进行逐点分析。为了得到好的分辨力和脉冲逼真度，全波采样法的关键是采样频率和荧光屏的像素数。

（2）峰值采样法　该法以常规超声波检测仪为基础，加上峰值保持电路、模数转换器及存储器把脉冲幅度采集下来，并用计数器把声波传播时间记录下来，仍可存储、显示和打印输出缺陷的当量值和位置等参数。其成本较低，但仅取得闸门内的最高峰值，丢失了大量的有用信息，无法对回波进行信号处理，因此局限性较大。

5. 数字式检测仪的功能

（1）自动调校功能

1）范围/零偏：检测范围的调节/探头入射零点的调节。

2）声速：材料声速0～9000m/s连续调节。

3）K值：斜探头的折射角（K值）测量。

4）Φ值计算：当量Φ值计算。

（2）闸门功能

1）范围/平移：0～5500mm扫查范围的无级调节/脉冲平移调节。

2）闸门操作：闸门移位、闸门宽度、闸门高度调节。

3）闸门选择：闸门A/B选择。

4）动态回放：回波全动态记录回放。

（3）曲线功能

1）制作：制作距离—波幅曲线。

2）调整：调整已制作的距离—波幅曲线。

3）删除：删除已制作的距离—幅波曲线。

4）距离补偿：作好波幅曲线后启动远距离补偿功能。

（4）输出功能

1）读出：显示当前读出号的缺陷波形及数据。

2）删除：删除当前存储号或连续存储区间的缺陷波形及数据。

3）通讯：将存储的缺陷波形及数据传送到计算机。

4）打印：打印检测报告。

（5）增益/自动增益功能　手动调节仪器灵敏度/自动定高调节仪器灵敏度。

（6）波峰记忆　对闸门内动态回波进行最高回波的捕捉，并保留在屏幕上。

（7）动态记录　对扫查的回波进行实时动态记录。

（8）亮度调节　对屏幕显示亮度进行调节。

（9）报警　闸门内的缺陷回波高于闸门或曲线高度时，仪器发出声响提示。

（10）回波储存　将屏幕上的回波及其相应的数据储存在仪器储存器中。

(11)抑制　调节抑制杂波比例。

(12)通道　通道切换选择。

6. 数字式检测仪按钮作用

某型号数字式检测仪的键盘按钮如图2-8所示。

图2-8　某型号数字式检测仪键盘按钮

键盘按钮功能介绍如下。

FN1、FN2、FN3、FN4：子功能菜单/操作功能键。

返回：功能取消，菜单逐级返回。

通道：50组无损检测参数选择键。

冻结：波形停止刷新。

增益：选中增益功能。

曲线：进入曲线功能。

取点：获取闸门内波形峰值、波形位置。

帮助：调出说明书。

参数：调出参数界面。

电源开关：物理开关电源。

自动增益：自动增益波形。

自动调校：进入自动调校功能。

手动调校：进入手动调校功能。

波峰记忆：闸门内峰值记忆。

动态记录：连续储存多幅相邻的波形数据。

伤波储存：储存单幅波形数据。

左下键：参数调节，为减小操作。

右上键：参数调节，为增加操作。

确认键：波形冻结/输入命令、数据认可。

7. 数字式检测仪的发展前景

随着电子技术和软件技术的进一步发展，数字式超声波检测仪有着广阔的发展前景。相信不久的将来，更加先进的新一代数字式超声波检测仪将逐步取代传统的模拟检测仪，以图像显示为主的检测仪将会在工业检测中得到广泛应用。

（1）成像技术的应用　目前某些数字化仪器已具有简单手动B扫描功能，能示意性地显示被检工件的断面图像。随着技术的进步，将会有实用化带有探头位置信息输入的B扫描和C扫描功能，甚至可在便携式仪器上实现相控阵的B扫描和C扫描成像，使检测结果像医用B超一样直观可见。

（2）缺陷定性　超声波检测缺陷定性历来是一个疑难问题，至今仍主要依赖于检测人员的经验和分析判断，准确性差。现代科学技术的发展为实现仪器自动缺陷定性提供了可能。运用模式识别技术和专家系统，把大量已知缺陷的各种特征量输入样本库，使仪器接受人的经验，并经过学习后具有自动缺陷定性的能力。

2.1.5　超声波检测仪的维护保养

超声波检测仪是较为精密的电子仪器，为减少仪器故障的发生，延长仪器使用寿命，使仪器保持良好的工作状态，应注意对仪器的维护保养，仪器的维护应注意以下几点。

1）使用仪器前，应仔细阅读使用说明书，了解仪器的性能特点，熟悉仪器各控制开关和旋钮或按钮的位置、操作方法和注意事项，严格按说明书要求操作。

2）搬动仪器时应防止强烈振动，现场检测（尤其高空作业）时，应采取可靠保护措施，防止仪器摔碰。

3）尽量避免在靠近强磁场、灰尘多、电源波动大、有强烈振动及温度过高或过低的场合使用仪器。

4）仪器工作时应防止雨、雪、水、机油等进入仪器内部，以免损坏仪器线路和元件。

5）连接交流电源时，应仔细核对仪器额定电源电压，防止因错接电源而烧毁元件。使用蓄电池供电的仪器，应严格按说明书进行充电操作。放电后的蓄电池应及时充电，存放较久的蓄电池也应定期充电，否则会影响蓄电池容量甚至无法重新充电。

6）控制旋钮或按钮时不宜用力过猛，尤其是旋钮或按钮在极端位置时更应注意，否则会使旋钮或按钮错位或损坏。

7）拔插电源插头或探头插头时，应用手抓住插头壳体操作。不要抓住电缆线拔插，探头线和电源线应理顺，不要弯折扭曲。

8）仪器每次用完后，应及时擦去表面灰尘、油污，放置于干燥地方。

9）在气候潮湿地区或潮湿季节，仪器长期不用时，应定期接通电源开机一次，开机时间约半小时，以驱除潮气，防止仪器内部短路或击穿。

10）仪器出现故障时，应立即关闭电源，及时请维修人员检查修理。切忌随意拆卸，以免故障扩大和发生事故。

2.2 相控阵超声波检测仪

相控阵超声波技术是通过对超声阵列换能器中各阵元进行相位控制，获得灵活可控的合成波束，它具有电子扫描、声束偏转、动态聚焦及三维成像等特点，比其他超声波检测技术具有更高的检测灵敏度、分辨力和适用性等多项优点，同时还具有高效、直观、实时成像以及适合复杂工件的检测等技术优势。近年来在工业无损检测领域，得到越来越广泛的应用，解决了众多以往无法解决的无损检测问题，具有很大的应用发展前景。

2.2.1 相控阵超声波检测技术原理

相控阵超声技术是利用相位可控的换能器阵列来实现的，采用许多精密复杂的、相互独立的压电晶片阵列（例如，将8、16、32、64、128个晶片组装在一个探头壳体内）来产生和接收超声波束，通过功能强大的软件和电子方法控制压电晶片阵列激发高频脉冲的相位和时序，使其在被检测材料中产生相互干涉、形状可控的超声场，从而得到预先期望的波阵面、波束入射角度和焦点位置。

相控阵超声波检测探头的每个压电晶片都可以独立接收信号控制，通过软件控制在不同的时间内相继激发阵列探头中的各个单元。由于激发顺序不同，各个晶片激发的波有先后，这些波的叠加形成新的波前，因此可将超声波的波前聚焦并控制到一个特定的方向，可以不同角度辐射超声波束，实现同一个探头在不同深度聚焦，如图2-9所示。

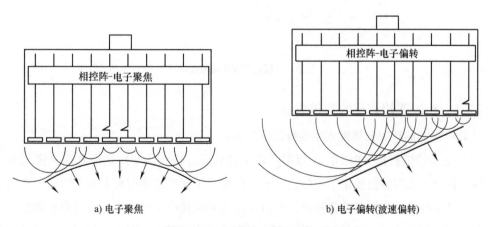

a) 电子聚焦　　　　　　　　　　b) 电子偏转(波速偏转)

图2-9　相控阵超声波电子聚焦和波束偏转原理示意

2.2.2 相控阵探头的发射与接收

在发射过程中，检测仪将触发传送至相控阵控制器，后者将信号变换成特定的高压电脉冲，脉冲宽度预先设定，而时间延迟由聚焦法则界定。每个晶片只发射一个电脉冲，所产生的超声波束有一定角度，并聚焦在一定深度。该声束遇到缺陷即反射回来，接收回波信号后，相控阵控制器按接收聚焦法则变换时间，将这些信号汇合一起，形成一个脉冲信号，传送至检测仪，如图2-10、图2-11所示。

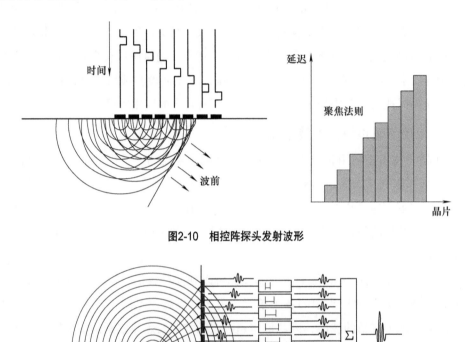

图2-10　相控阵探头发射波形

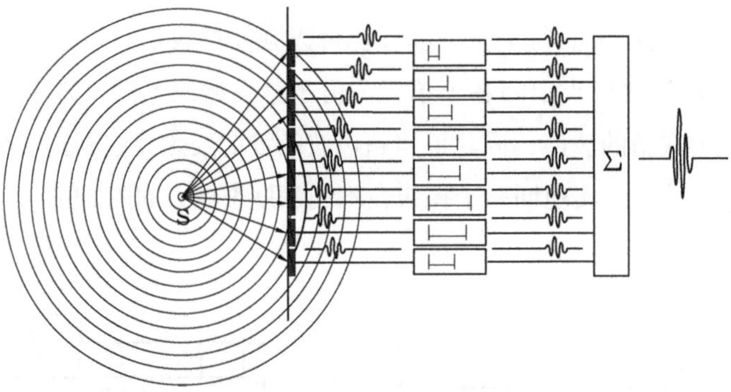

图2-11　相控阵探头接收波形

2.2.3 相控阵超声波的扫描方式

计算机控制的声束扫描模式主要有以下三种：

（1）电子线性扫描（E扫描）　以固定数量的阵元，以相同聚焦法沿着探头排列方向移动扫描，直到整个探头扫描完毕的扫描方式。即相当于在相控阵探头上加个固定大小的选择窗口，窗口内的阵元为发射接收阵元，窗口内阵元发射接收完毕后，不改变聚焦规则，而是以固定的间隔移动窗口，选择下次的发射接收阵元，依此类推，直到将整个探头选择完毕，这样探头无需移动也可以实现大面积声束覆盖，类似常规探头的直线手动扫查。扫查原理如

图2-12所示。

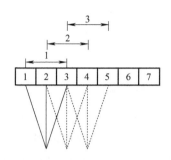

图2-12 电子线性扫描示意图（3个阵元，间隔1个阵元扫描）

（2）扇形扫描（S扫描）　以固定数量的阵元，通过改变聚焦法则的探头在某个角度范围内进行扫描的扫描方式，即相当于在相控阵探头上加个固定大小的选择窗口，窗口内的阵元为发射接收阵元，窗口内阵元发射接收完毕后，不移动窗口，改变聚焦规则，进行下次发射接收，以此类推，直到扫描完毕。扫描原理示意图如图2-13所示。

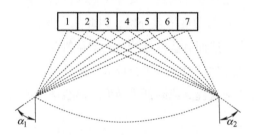

图2-13 扇形扫描原理示意图（起始角度α_1，结束角度α_2）

（3）全聚焦（TFM）　通过全矩阵捕捉（FMC）使得每个晶片都能接收所有晶片的声场回波信号，然后进行叠加，实现更高精度的分辨力和更高的检测灵敏度，减弱普通相控阵超声波检测中声场对缺陷方向的敏感程度，增强结果的可视化，使结果显示更为直观、简洁。全聚焦对仪器的性能要求高，仪器需要采集和处理更大的数据。例如，采用配置有TFM功能的某相控阵超声波检测仪，采用64阵元的探头检测50mm厚钢制对接接头，V形坡口，扫查长度2000mm，对于常规相控阵检测，扇扫角度为40°～70°，角度步进为1°，用一次波和一次反射波进行检测设置，全声程全数据（未压缩）量约为0.9GB；如用全聚焦一次波和一次反射波覆盖检测区域，其像素点248000个，扫查步进为1mm，区域宽度为50mm，TFM数据量约为1.6GB，如果数据储存方式为FMC+TFM，则数据量约为86GB。一般的仪器可能无法进行如此大数据量的处理和实时成像。

考量TFM实时全聚焦的重要指标通常有以下几个方面。

1）TFM实时全聚焦成像区域的像素点数。

2）实时成像的刷新率（f_{ps}），每秒钟成像数量。

3）FMC储存功能。

4）TCG校准功能。

TFM是一项较新的相控阵成像技术，能对缺陷形貌进行较准确的还原，对缺陷尺寸（长度、高度等）测量精度高，随着其技术的发展，已逐渐克服检测速度慢、仅适用较薄工件等局限性。

2.2.4　相控阵检测仪关键技术参数

相控阵检测仪是相控阵超声波检测的主体设备，它的作用是通过控制换能器阵列中各阵元发射（或接收）脉冲的不同延迟时间，改变声波到达（或来自）物体内某点时的相位关系，实现焦点和声束方向的变化，同时将探头送回的电信号进行放大，通过一定图像方式显示出来，从而得到被检测工件内部有无缺陷及缺陷位置和大小等信息。其关键技术参数有以下几方面。

（1）相控阵增益　超声波通过探头压电晶片得到的压电信号非常弱，需要对接收到的电压信号进行放大，超声检测仪器的增益值即代表了该仪器的信号放大能力，超声波相控阵仪器的增益一般包含硬件增益与软件增益。硬件增益为仪器硬件电路放大增益，由于相控阵技术通常需要做深度增益补偿与角度增益补偿，因此超声波相控阵仪器的最大增益值越大，其能够检测的深度范围越大。然而有些仪器的最大增益值并非有效最大增益值，有效最大增益为后续软件放大增益，通过软件对信号进行放大。软件增益有时也叫离线增益，当仪器采集完数据后，可以通过离线增益提高或降低灵敏度，离线增益值的范围对后续数据分析有较大帮助。

（2）信号溢出阀值　当超声波回波信号超过显示屏一定范围时，信号将溢出，无法再进行测量。例如，超声波相控阵仪器显示信号超过显示屏后最大测量值为800%，则溢出阀值为18dB。大的信号溢出值在实际检测应用中有很大帮助，例如，在扫查检测过程中，为了避免小缺陷漏检，提高检测灵敏度，在扫查检测时应尽量提高增益值，然而当检测灵敏度提高后，对于一些较大缺陷，如果超出了溢出阀值，则无法对该缺陷进行准确定量。

（3）数字采样率　超声波探头经压电效应得到的是模拟信号，超声波相控阵仪器首先需要将得到的模拟信号数字化，将模拟信号转换成数字信号，将模拟信号采集转换成数字信号的频率称为数字采样率。对同一个A扫描波形，数字采样率越高，得到的数据点越多，后面通过数据处理还原成A扫描时越准确。然而数字采样率越高，数据量越大，数据处理需要的时间也越长，这将影响检测扫查速度，因此为了保证扫查速度，在保证图像分辨力能够达到要求的情况下，数字采样率的设置应尽量低。

（4）带宽　超声波相控阵仪器的带宽为该仪器能够接收到的超声波频率范围，带宽越大，其能使用的探头范围越大。超声波相控阵仪器的带宽至少包含需要使用的最低频率探头与最高频率探头，一般相控阵仪器的带宽至少为1~15MHz。

（5）数据处理算法　由于使用相控阵仪器检测时，数据量非常巨大，严重影响扫查速度，因此为了提高检测速度，在不损失关键信息的前提下会使用各种数据处理算法。如使用数据压缩算法，在不丢失最大幅值信息的前提下，压缩数据点，减少数据量及数据文件大小，提高扫查速度；使用平滑算法可以在减少数据采样率的情况下尽量使信号不丢失，提高分辨力。目前，虽然各个仪器厂商使用的数据处理算法都有一定的差异，但关键是不能损失重要的缺陷信息，确保显示的数据信息真实可靠。

（6）图像刷新率　超声波相控阵仪器根据延时聚焦法则以设定好的脉冲重复频率激发各晶片，随后需要采集各晶片得到的信号，且以一定的延时聚焦法则合成得到相应的信号，并将信号转换成颜色信息，随后依次根据扫查模式完成所有延时聚焦法则的数据采集，最后合成显示为一幅扇形图像或者其他扫描图像，相控阵仪器从第一次激发晶片开始到合成图像显示完成所需时间为图像刷新时间，合成图像显示的频率为图像刷新率。图像刷新率会直接影响检测时的扫查速度，例如图像刷新率为60Hz，则1s内相控阵仪器能够显示60幅检测图像，如果要保证扫查过程中每1mm能显示一幅图像，则扫查速度必须小于60mm/s。

（7）扫查速度　当相控阵仪器使用扫查器进行扫查时，扫查速度不仅与图像刷新率有关，还与扫查步距、数据存储等因素有关，扫查步距越小，数据存储越慢时，扫查速度越慢。由于使用扫查器进行检测时，检测人员不知道数据是否存储完成，因此相控阵仪器必须能够监控数据是否存储完整，能够显示出扫查过程中是否有数据丢失。

（8）工件形状显示模式　一些相控阵仪器能够将被检工件的形状、图样导入仪器中，超声波在被检测工件中的传播信号图像能够直接在工件图样上显示，超声波传播的位置与工件尺寸一一对应，这样能够直观知道反射信号来自于工件的哪个部位。超声波图像在工件中显示位置的准确性与探头位置有很大关系，不仅必须确保探头位置精确，而且仪器中工件图样要与实际工件尺寸完全一致。

（9）深度增益补偿　由于声束扩散及传播衰减等因素，超声波在不同声程位置的声压不一致，检测灵敏度不一致，这将对缺陷定量产生影响。常规超声波检测技术通常使用DAC曲线对不同位置的信号进行定量，然而超声波相控阵技术有很多声束，如果每个声束显示一条曲线，这对缺陷分析很不方便。为了解决这个问题，超声波相控阵仪器一般会进行深度增益补偿，即将不同声程位置超声波检测灵敏度补偿到同一基准灵敏度，这样相同大小的缺陷在不同位置的反射信号幅值均一致，在仪器上显示为同一颜色，通过显示颜色即可直接知道缺陷当量的大致情况。

（10）角度增益补偿　超声波相控阵能够通过延时聚焦法则激发产生多个超声波，多个超声波以扇形模式进行扫查，或以线性模式进行电子扫查。当超声波以扇形模式进行扫查时，通过相控阵技术得到的各个角度超声波灵敏度会存在一定的差异，即同一个缺陷不同角度超声波入射时得到的回波信号幅值不一样，这也将对缺陷的定量产生影响。因此，超声波相控阵仪器也需要对各个角度的超声波进行角度增益补偿，使各个角度的超声波灵敏度一致。当进行线性电子扫查时,由于相控阵探头各晶片的灵敏度也存在一定的差异,不同晶片以相同延时聚焦法则得到的超声波灵敏度也会存在一定的差异,因此线性电子扫查也需要对各个声束进行灵敏度补偿,使其处于同一灵敏度基准。

(11)探头延迟校准 探头延迟块为探头晶片的保护层,根据不同的检测应用,不同探头的延迟块设计均不同。通过纵波检测较薄工件时,通常使用平行楔块,不仅可以保护探头晶片,也可以调节进入被检工件的声场。对于一些表面粗糙度较大,有一定曲率的表面,常使用软膜延迟块,保证较好的耦合效果,同时保护探头晶片。而对于横波检测时,需要通过延迟楔块进行波形转换,得到相应的横波。对于新的楔块,超声波在楔块中的传播时间可以根据楔块的声束和尺寸计算得到,只要已知被检工件声速,即可对缺陷准确定位,当楔块有一定磨损后,则需要进行校准,通过校准可准确测出探头延迟的时间。

2.3 超声波TOFD检测仪

超声波衍射时差技术(TOFD)是一种利用缺陷端点的衍射波信号探测和测定缺陷尺寸的自动超声波检测方法。TOFD技术利用缺陷衍射波时间差来表达缺陷高度与位置,具有可靠性好、定量精度高等优点,能全面检测工件的各种缺陷。

2.3.1 超声波TOFD检测基本原理

超声波TOFD检测方法的物理基础是惠更斯原理。惠更斯原理由荷兰物理学家惠更斯于1690年提出,该原理指出,介质中的波动传到的各点,都可以看作是发射声波的新波源(或称次波源),以后时刻的波阵面,可由这些新波源发出的子波波前的包络面做出。

超声波从探头发射进入被测工件,当超声波遇到如裂纹等线性缺陷时,会在缺陷的尖端产生衍射。根据惠更斯原理,每个缺陷的边缘都可看成超声波的信号源,向外发射超声衍射波,如图2-14所示,入射波1进入被测工件遇到缺陷,除了产生反射波2和透射波3外,还在缺陷的上下尖端产生衍射波,即上尖端衍射波4和下尖端衍射波5。超声波TOFD方法就是将这些衍射波信号记录下来,作为缺陷的检测和测量依据。

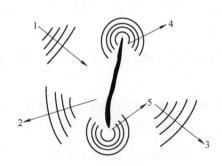

图2-14 超声波衍射原理

1—入射波 2—反射波 3—透射波 4—上尖端衍射波 5—下尖端衍射波

2.3.2 超声波TOFD检测系统构成

典型的超声波TOFD检测系统一般由5个部分构成，如图2-15所示。

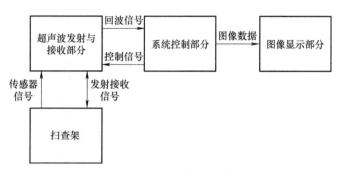

图2-15 典型超声波TOFD检测系统框图

典型超声波TOFD检测系统包括：带有位置传感器的扫查架，TOFD超声波探头，超声波发射与接收部分，系统控制部分和图像显示部分。扫查架内置位置传感器，用于固定超声波探头并与探头一起移动，记录探头的物理位置并将这些信息传送至系统控制部分。超声波TOFD探头用于产生和接收超声波，一般是两个各个参数性能完全相同的复合材料超声波探头。超声波发射部分用于产生激励脉冲，激发超声波探头产生超声波。超声波接收部分接收超声波探头转换后的超声波电信号，并进行放大、滤波和模数转换。系统控制部分完成对整个超声波系统的运行控制，响应外部人机接口控制信息。图像显示部分实现将超声波信号以二维灰度图和脉冲幅度图显示，并实现这些显示数据的分析、存储和传输。

2.3.3 超声波TOFD扫描方式

超声波TOFD检测仪的扫描方式有A扫描、B扫描和D扫描，其中A扫描信号能给出缺陷的波形及其相位特征，D扫描图像则给出了缺陷长度尺寸方面的信息，而B扫描图像能给出更为准确的缺陷信息。为了识别和准确评价缺陷，实际测量中A扫描信号，以及B、D扫描图像都是必不可少的。

（1）D扫描 实际使用的TOFD超声波衍射波检测法为：使用一对纵波斜探头置于焊缝两侧并将其固定在带有位置传感器的扫查架上，扫查架沿着焊缝方向作平行扫查（即超声波的传播方向与探头运动方向相垂直），称为D扫描，D扫描又称为纵向扫描或非平行扫描。将所得到的检测信息，使用灰度图显示出来，便得到了工件的TOFD非平行扫描图，即D扫描图。图2-16所示为非平行扫描示意图。

与一般靠直角坐标式检测波形（即A型显示）用波幅法测定的情况相比，TOFD法测定的结果是焊缝纵断面的图像显示，在显示屏上，由缺陷端部产生的微弱衍射波变换成直观的图像。D扫描是一维单向扫查方法，只要探头、设备、条件等适当，即可以迅速、高精度地对缺陷测高。

（2）B扫描　B扫描又称为横向扫描或平行扫描。它是将TOFD探头沿着垂直于焊缝或缺陷的方向移动，使超声波的传播方向和探头的运动方向平行，这种扫查方式称为B扫描。检测所得的图像为B扫描图像，如图2-17所示。

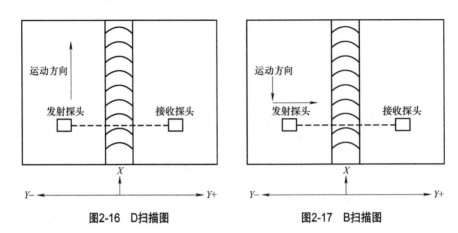

图2-16　D扫描图　　　　　　　　图2-17　B扫描图

2.4　铁路专用超声波检测设备

2.4.1　A型显示超声波自动检测机

A型显示超声波自动检测机是采用A型直接接触脉冲反射法检测铁路车辆现役轮轴（轮对）轮座镶入部、制动盘镶入部、不退卸轴承轴颈卸荷槽部位（轴颈根部）的疲劳裂纹、车轴内部缺陷的超声波检测专用设备，其结构如图2-18所示。

1. 功能和特点

1）按照设定程序自动完成检测的全过程，包括上料后的自动定位、转轮、扫查和下料等。

2）通过计算机指令控制机械设备模拟手工探测的动作；同时控制数字式超声波检测仪发射、接收超声波信号；实时切换、采集各部探头的超声波波形信号；进行A/D转换。

图2-18　A型显示超声波自动检测机示意

3）检测数据自动存储并具有缺陷识别功能，能自动报警、存储和打印。

4）具有自检功能，能自动判别探头与工件接触不良、探头线折断、探头损坏及探测通道故障情况等，并能显示、报警和存储自检结果。

2. 检测方式

1）轴端配置纵波直探头和纵波小角度探头，进行全轴穿透检查和轴颈根部或轴颈卸荷槽部位的裂纹检测。

2）货车轮轴或轮对轴身配置多晶片组合探头，进行轮座镶入部疲劳裂纹检测。

3）客车轮对轴身配置多晶片组合探头进行制动盘镶入部疲劳裂纹检测；防尘板座配置多晶片组合探头进行轮座镶入部疲劳裂纹检测。

2.4.2　铁路车辆轮轴B扫描或C扫描超声波自动检测机

铁路车辆轮轴B扫描或C扫描超声波自动检测机是采用变形的（投影的）B扫描或C扫描成像方式，通过采用超声波阵列式探头组及纵波小角度常规探头组实现对车辆轮轴轮座镶入部、制动盘镶入部、轴颈根部等部位的检测，显示车轴表面裂纹的车轴表面展开图。该设备的结构如图2-19所示。

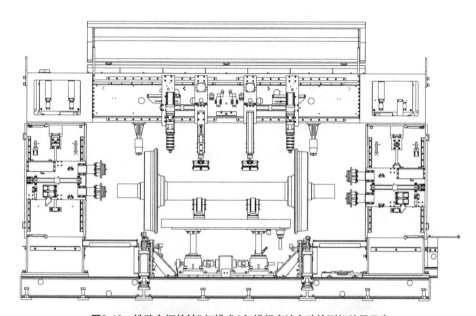

图2-19　铁路车辆轮轴B扫描或C扫描超声波自动检测机结果示意

1. 功能和特点

1）适用于铁路车辆各型轮轴全轴穿透、轴颈根部、轮座镶入部的超声波检测。

2）对轮座镶入部、制动盘镶入部采用超声波阵列式探头组，多个探头覆盖镶入部全长。

3）同时采集A型、B型或C型扫查数据，缺陷信息全面，成像直观，能够给出检测部位的展开图，检测结果可回放，具有可追溯性。

4）检测灵敏度高。

2. 检测方式

1）对于轴颈根部检测，使用固定的小角度纵波探头，从轴端入射。由于在声束的覆盖范围内存在声程差，所以可获得轴颈根部小区域内的B显图像。B扫描技术再结合一些特殊的降噪方法，降低结构噪声产生的影响，可大大提高轴颈根部的裂纹检出率。

2）对于轮座部位、制动盘座部位检测，采用多个常规斜探头组成阵列，每个探头覆盖30～50mm，探头之间的声束有部分交叉覆盖，多个探头覆盖轮座全长，如图2-20所示。每个探头提供一定宽度（大约6dB宽度）的（车轴轴向）轮座、制动盘座表面展开图，合成整个轮座、制动盘座表面展开图，图2-21为轮轴对比试样人工缺陷成像结果。

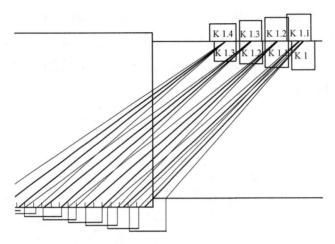

图2-20　探头阵列组声束覆盖轮座示意

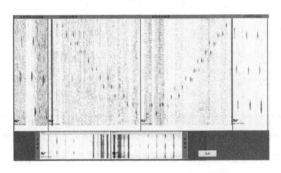

图2-21　轮轴对比试样人工缺陷成像结果

3）B扫描或C扫描成像方法，几何分辨率高，在车轴轴线方向上可达到毫米级的分辨率，并且带有直观的A扫描信息。B扫描图像的每一条水平线是由一个A扫描波形的所有细节转化而来，B扫描成像的水平坐标本质上是时间，另一维灰度代表了A扫描波形的幅度。从展开图上能恢复A扫描波形，存储了表面展开图，就存储了所有A扫描波形。

2.4.3　轮轴相控阵超声波自动检测机介绍

相控阵超声波检测技术检测车轴已在国内外获得成功应用。

1. 功能和特点

1）适用于各型轮轴全轴穿透、轴颈根部、轮座镶入部的在线超声波检测。

2）检测灵敏度高。

3）可自动生成裂纹在车轴表面的B型显示、C型显示图像，能够直观显示裂纹的大致尺寸及其相对位置。

4）可以动态存储检测过程的全部A扫描信息及B、C扫描图像，并可以查询和网络传输，增强了检测结果的可追溯性。

2. 检测方式

相控阵超声波检测系统由相控阵超声波检测仪和相控阵超声波探头组成。相控阵超声波检测系统接受操作系统指令，并在机械传动系统配合下，发射并接受超声波，实现对轮轴检测部位的超声波检测扫查，并与计算机系统进行数据及指令交互传输。

常见的探头布置如图2-22所示。

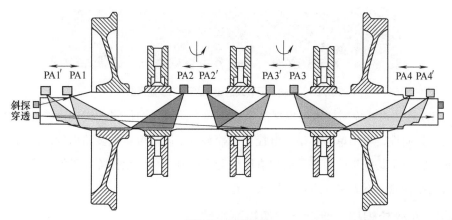

图2-22 探头布置

由于相控阵探头可通过动态电子控制声束的偏转和聚焦，通过检测声束，可以在同一位置做多角度检测，因而可以在不移动探头的情况下扫查检测工件的相关部位。对于车轴轴颈根部及轮座镶入部检测，相控阵探头在固定位置，通过声束偏转就可以覆盖检测区域的轴向长度范围，因此相控阵探头只需沿圆周方向移动一周，声束就可以覆盖整个检测区域。

3. 相控阵超声波在轮轴检测方面的技术优势

在车轴检测方面，相控阵技术与现今轨道交通行业采用的A扫描技术比较有以下优点：

1）相控阵超声波检测技术可自动生成裂纹在车轴表面的B型显示、C型显示图像，能够直观显示裂纹的大致尺寸及其相对位置。车轴表面裂纹的B型显示、C型显示图像如图2-23所示。

2）相控阵超声波探头可实现声速聚焦检测，灵敏度高。通过动态控制声束的偏转和聚焦，可实现焦点的动态控制，从而实现动态聚焦检测，这不仅可以提高检测灵敏度，又可以提高检测信噪比，使裂纹信号识别更加容易。尤其在轴颈根部及轮座压装部，相控阵在获取高灵敏度的前提下，可以有效抑制杂波干扰。

3）相控阵超声波检测缺陷定性准确，误判率低。采用相控阵探头时，因阵列小晶片能分别独立接收反射波，小晶片接收波形各不相同，因而能捕捉到反射波的扩散细节，可获得有关反射源的形状信息，方便检测人员对缺陷性质进行鉴别。

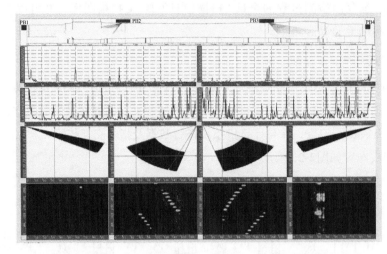

图2-23 车轴表面裂纹的B型显示、C型显示图像

4）相控阵超声波检测技术可根据需要在不同方向或不同位置上实现声场相位叠加，以控制声束的指向性，采用单个小型的电控单元探头可在同一位置做多角度检测。对于带有制动盘的轮对，由于其探头前后移动的扫查区域受到限制，所以相控阵超声波检测只需要旋转一周即可完成检测，不需要前后移动探头扫查。

2.4.4 车轮轮辋超声波数字成像检测系统

车轮轮辋超声波检测设备用于检测新造车轮的材质类缺陷和在役车轮的疲劳类缺陷。

1. 功能和特点

1）适用于在役车轮内部缺陷的检测。

2）具有A扫描、B扫描、C扫描和3D扫描成像功能。A扫描用于快速普查缺陷，B扫描、C扫描和3D扫描用于缺陷准确的定位、定量、定性判定，直观地给出缺陷平面、立体图像。

3）采用多通道超声波检测手段，采用A扫描快速发现车轮缺陷，采用C扫描对车轮缺陷进行成像。

4）采用计算机成像处理技术，实现探头扫描和画图成像同时进行，根据缺陷的有无及缺陷反射回波的幅度形成缺陷的灰度图像或彩色图像。

5）通过B扫描成像图来分析缺陷的严重程度，同时根据B扫描图中缺陷的多次反射波判断是否为近表面缺陷，解决了超声波检测近表面盲区的问题。

2. 检测方式

车轮轮辋超声波数字成像检测系统采用多通道超声波检测手段，采用A扫描快速发现车轮缺陷，采用C扫描对车轮缺陷进行成像。

（1）A扫描探头在车轮踏面上的布置 车轮踏面A扫描探头布置如图2-24所示。

第2章 超声波检测设备及器材

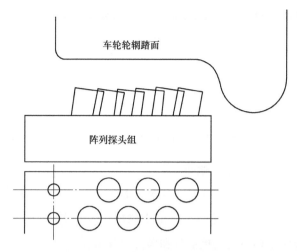

图2-24 车轮踏面A扫描探头布置示意

A扫描是在每侧车轮下方的踏面处交错排放多个探头。探头角度可调,以便尽可能地垂直于其探测区域的表面。检测时,车轮旋转一周即完成对车轮整个圆周踏面的A扫描检测,检测效率高。

(2)C扫描探头在车轮踏面上的布置　C扫描是在车轮踏面处安置1个可运动探头,如图2-25所示。在进行C扫描检测时,检测探头沿车轮踏面轴向往复运动,车轮旋转一周即完成探头对车轮踏面的二维扫查。图2-26是某车轮实际检测发现缺陷的C扫描图,图2-27是该车轮沿圆周方向的B扫描图。

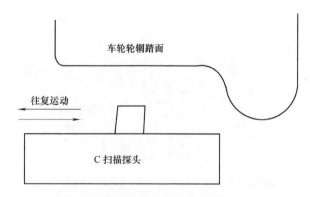

图2-25 车轮踏面C扫描探头布置及运动方式

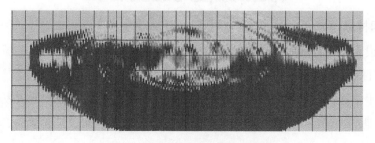

图2-26 从踏面方向看的缺陷C扫描图

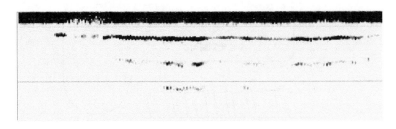

图2-27 缺陷的圆周方向剖面B扫描图

2.4.5 制动盘超声波自动检测机

制动盘超声波自动检测机主要由机械主体、超声波检测仪表和电气控制设备组成。

1）设备机械部分主体主要由机架、V形支撑架、缓冲定位机构、左右检测机械手（含探头夹持机构）、耦合液循环系统、接油盘和操作台等组成。

2）超声波检测仪表包括HSD多通道数字式超声波检测仪和探头系统，检测仪产生高压电脉冲激发探头发射超声波脉冲，超声波脉冲入射工件表面，遇到工件内的缺陷后产生反射波，超声波探头将反射的超声波脉冲转换成电信号，回到检测仪进行放大、滤波、数字化采样和数据处理，经以太网络传输到工控计算机进行报警、记录、标记、管理和输出。

3）电气控制设备包括可编程控制器PLC，摆扫控制伺服放大器，边缘跟踪伺服放大器，控制按钮面板，工件行走编码器和传感器等。制动盘超声波自动检测机结构如图2-28所示。

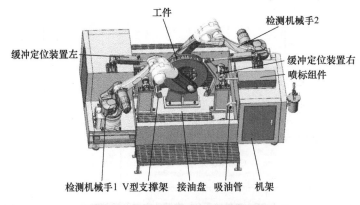

图2-28 制动盘超声波自动检测机结构

1. 功能和特点

1）按照设定程序自动完成检测的全过程，包括上料后的自动定位、机械手按预定轨迹进行扫查、下料等。

2）机械手根据工件规格，按预定的轨迹运动，同时控制超声波检测仪发射、接收超声波信号，并将遇到缺陷后产生的反射波转换成电信号，回到检测仪进行放大、滤波、数字化采样和数据处理。

3）检测时工件能实时显示检测结果,并且随时停止,随时继续检测。

4）检测数据经以太网传输到工控计算机进行缺陷定位、报警、记录、标记、管理和输出。

2. 检测方式

1）检测前根据工件规格确定左右机械手的移动轨迹(含机械手圆环步进或平行线步进)。

2）启动检测按钮,如果检测工位没有工件,旋转定位机构在气缸的作用下,缓冲部分旋转上升(缓冲部分为V形结构可初步定位)。人工将工件吊装至检测工位,触发压紧按钮,旋转定位机构旋转下降,工件被支撑在V形支撑架上,旋转定位机构对工件进行压紧,旋转定位机构、V形支撑架对工件进行初步定位。

3）工件夹紧后,油耦合系统中供油系统启动实现供油。左右机械手根据工件规格,按预定的轨迹运动,对工件进行检测。

4）检测结束后标记机构对有缺陷的工件在外圆柱面上进行标识。

5）检测完成后,探头夹持机构从运动到初始位置,左右旋转定位机构在气缸的作用下抬起工件,发出工件出料提示。人工将工件从检测位置移开,并运来新的工件,开始下一个检测循环。

2.5 超声波探头

在超声波检测中,超声波的发射和接收是通过探头来实现的。下面介绍探头的工作原理、主要性能及其结构。

2.5.1 压电效应

某些晶体等材料在交变拉压应力作用下,产生交变电场的效应称为正压电效应;反之,当晶体材料在交变电场作用下,产生伸缩变形的效应称为逆压电效应。正、逆压电效应统称为压电效应。

超声波探头中的压电晶片具有压电效应,当高频电脉冲激励压电晶片时,发生逆压电效应,将电能转换为声能(机械能),探头发射超声波。当探头接收超声波时,发生正压电效应,将声能转换为电能。不难看出超声波探头在工作时实现了电能和声能的相互转换,因此常把探头叫作换能器。

具有压电效应的材料称为压电材料,压电材料分单晶材料和多晶材料,常用的单晶材料有石英(SiO_2)、硫酸锂(Li_2SO_4)、铌酸锂($LiNbO_3$)等。常用的多晶材料有钛酸钡($BaTiO_3$)、锆钛酸铅($PbZrTiO_3$,缩写为PZT)、钛酸铅($PbTiO_3$)等,多晶材料又称压电陶瓷。单晶材料接收灵敏度较高,多晶材料发射灵敏较高。

2.5.2 压电材料的主要性能参数

1. 压电应变常数d_{33}

压电应变常数表示在压电晶体上施加单位电压时所产生的应变大小。

$$d_{33} = \frac{\Delta t}{U} (\text{m/V}) \tag{2-2}$$

式中　U——施加在压电晶片两面的电压；

　　　Δt——晶片在厚度方向的变形量。

压电应变常数d_{33}是衡量压电晶体材料发射灵敏度高低的重要参数。d_{33}值大，发射性能好，发射灵敏度高。

2. 压电电压常数g_{33}

压电电压常数表示作用在压电晶体上单位应力所产生的电压梯度大小。

$$g_{33} = \frac{U_p}{P} (\text{V} \cdot \text{m/N}) \tag{2-3}$$

式中　P——施加在压电晶片两面的应力；

　　　U_p——晶片表面产生的电压梯度，即电压U与晶片厚度t之比，$U_p = U/t$。

压电电压常数g_{33}是衡量压电晶体材料接收灵敏度高低的重要参数。g_{33}值大，接收性能好，接收灵敏度高。

3. 介电常数ε

$$\varepsilon = C \frac{t}{A} \tag{2-4}$$

式中　C——电容器电容；

　　　t——电容器极板距离；

　　　A——电容器极板面积。

由上式可知，当电容器极板距离和面积一定时，介电常数ε越大，电容C也就越大，即电容器所贮电量就越多。压电晶体的ε应根据不同用途来选取。超声波检测用的压电晶体，频率要求高时，ε应小一些，因为ε小，C小，电容器充放电时间短，频率高。频率要求低时，ε应大一些。

4. 机电耦合系数K

机电耦合系数K，表示压电材料机械能（声能）与电能之间的转换效率。

$$K = \frac{\text{转换的能量}}{\text{输入的能量}}$$

对于正压电效应：$K = \dfrac{\text{转换的能量}}{\text{输入的机械量}}$

对于逆压电效应：$K = \dfrac{\text{转换的机械能}}{\text{输入的电能}}$

探头晶片振动时，同时产生厚度和径向两个方面的伸缩变形，因此机电耦合系数分为厚度方向K_t和径向K_p。K_t大，探测灵敏度高；K_p大，低频谐振波增多，发射脉冲变宽，导致分辨力降低，盲区增大。

5. 机械品质因子θ_m

压电晶片在谐振时贮存的机械能$E_{贮}$与在一个周期内损耗的能量$E_{损}$之比称为机械品质因子θ_m。

$$\theta_m = \dfrac{E_{贮}}{E_{损}} \tag{2-5}$$

压电晶片振动损耗的能量主要是由内摩擦引起的。θ_m值对分辨力有较大的影响，θ_m值大，表示损耗小，晶片持续振动时间长，脉冲宽度大，分辨力低。反之，θ_m值小，表示损耗大，脉冲宽度小，分辨力就高。

6. 频率常数N_t

由驻波理论可知，压电晶片在高频电脉冲激励下产生共振的条件是

$$t = \dfrac{\lambda_L}{2} = \dfrac{c_L}{2f_0} \tag{2-6}$$

式中　　t——晶片厚度；

λ_L——晶片中纵波波长；

c_L——晶片中纵波波速；

f_0——晶片固有（谐振频率）。

由上式可知：

$$N_t = tf_0 = \dfrac{c_L}{2} \tag{2-7}$$

这说明压电晶片的厚度与固有频率的乘积是一个常数，这个常数叫作频率常数，用N_t表示。晶片厚度一定，频率常数大的晶片材料的固有频率高，厚度越小。

7. 居里温度T_c

压电材料与磁性材料一样，其压电效应与温度有关。它只能在一定的温度范围内产生，超过一定的温度，压电效应就会消失。使压电材料的压电效应消失的温度称为压电材料的居里温度，用T_c表示。例如，石英$T_c = 570\,\text{℃}$，钛酸钡$T_c = 115\,\text{℃}$。常用压电材料主要性能参数如表2-1所示。

表2-1 超声波探头常用压电材料主要性能参数

	名称	$d_{33}/(\times 10^{-12}\text{m/V})$	$g_{33}/(\times 10^{-3}\text{V}\cdot\text{m/N})$	K_t	$c/(\text{m/s})$	$Z/(\times 10^5\text{g/cm}^2\cdot\text{s})$	θ_m	$T_c/℃$	$N_t/\text{MHz}\cdot\text{mm}$
单晶材料	石英	2.31	5.0	0.1	5740	15.2	$10^{4\sim6}$	550	2.87
	硫酸锂	16	17.5	0.3	5470	11.2	—	75	2.73
	碘酸锂	18.1	32.0	0.51	4130	18.5	<100	256	2.06
	铌酸钡	6	2.3	0.49	7400	34.8	$>10^5$	1200	3.70
多晶材料	钛酸钡	190	1.8	0.38	5470	30.0	300	115	2.6
	钛酸铅	58	3.3	0.43	4240	32.8	1050	460	2.12
	PZT-4	289	2.6	0.51	4000	30.0	500	328	2.0
	PZT-5	374	2.48	0.49	4350	33.7	75	365	1.89
	PZT-8	225	2.5	0.48	4580	33.0	1000	300	2.07

超声波探头对晶片的要求：①机电耦合系数K较大，以便获得较高的转换效率。②机械品质因子θ_m较小，以便获得较高的分辨力和较小的盲区。③压电应变常数d_{33}和压电电压常数g_{33}较大，以便获得较高的发射灵敏度和接收灵敏度。④频率常数N_t较大，介电常数ε较小，以便获得较高的频率。⑤居里温度T_c较高，声阻抗Z适当。

2.5.3 探头的种类和结构

超声波检测用探头的种类很多，根据波形不同分为纵波探头、横波探头、表面波探头与板波探头等。根据耦合方式分为接触式探头和液（水）浸探头。根据波束分为聚焦探头与非聚焦探头。根据晶片数不同分为单晶探头、双晶探头等。此外，还有高温探头、微型探头等特殊用途探头。下面介绍几种典型探头。

1. 直探头（纵波探头）

直探头用于发射和接收纵波，故又称为纵波探头。直探头主要用于发现与探测面平行的缺陷，多用于板材、锻件等工件的检测。直探头的结构如图2-29所示，主要由压电晶片、保护膜、吸收块、电缆接头和外壳等组成。

压电晶片的作用是发射和接收超声波，实现电声换能。

保护膜的作用是保护压电晶片不致磨损或损坏。保护膜分为硬、软保护膜两类：硬保护膜用于表面较光滑的工件检测，软保护膜可用于表面较粗糙的工件检测。当保护膜的厚度为$\lambda/4$的奇数倍，且保护膜的声阻抗Z_2为晶片声阻抗Z_1和工件声阻抗Z_3的几何平均数$Z_2=\sqrt{Z_1 Z_3}$时，超声波全透射。

吸收块紧贴压电晶片，对压电晶片的振动起阻尼作用，所以又叫阻尼块。阻尼块使晶片起振后尽快停下来，从而使脉冲宽度变小，分辨力提高。另外，吸收块还可以吸收晶片背面的杂波，提高信噪比。吸收块第三个作用是支撑晶片。吸收块常用环氧树脂加钨粉制成，其声阻抗应尽可能接近压电晶片的声阻抗。外壳的作用在于将各部分组合在一起，并对其起保护作用。一般直探头上标有工作频率和晶片尺寸。

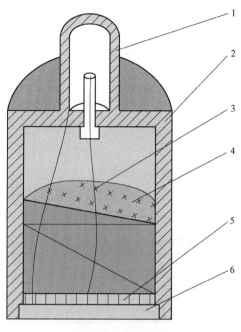

图2-29 直探头结构

1—接口 2—外壳 3—接线 4—阻尼块 5—压电晶片 6—保护膜

2. 斜探头

斜探头可分为纵波斜探头、横波斜探头和表面波斜探头。这里仅介绍横波斜探头。

横波斜探头是利用横波检测，主要用于探测与探测面垂直或成一定角度的缺陷，如焊缝检测、轮轴镶入部检测等，斜探头的结构如图2-30所示。由图可知，横波斜探头实际上是直探头加透声斜楔组成，晶片并不直接与工件接触。

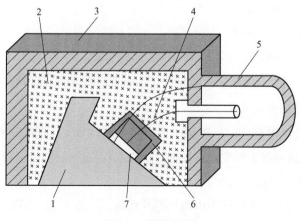

图2-30 斜探头结构

1—斜楔 2—吸声材料 3—外壳 4—接线 5—接口 6—阻尼块 7—压电晶片

透声斜楔的作用是实现波形转换，使被探工件中只存在折射横波。要求透声斜楔中的纵波声速必须小于工件中的纵波声速，透声斜楔的衰减系数适当，且耐磨、易加工。一般透声斜楔采用有机玻璃制成（近年来有些探头用尼龙、聚酯等其他新材料做斜楔，效果不错）。斜楔前面开槽，可以减少反射杂波；还可将斜楔做成牛角形，使反射波进入牛角出不来，从而减少杂波。

横波斜探头的标称方式有三种：一是以纵波入射角α_L来标称，常用$\alpha_L = 30°$、$40°$、$45°$、$50°$等，如独联体国家和我国有些探头；二是以钢中横波折射角β_S来标称，常用$\beta_S = 40°$、$45°$、$50°$、$60°$、$70°$等，如西方国家和日本；三是以K值（折射角的正切值）来标称，常用$K = 0.8$、1.0、1.5、2.0、2.5等，这是我国提出来的。

K值与α_L、β_S的换算关系如表2-2所示。注意此表只适用于有机玻璃/钢界面。

国产横波斜探头上常标有工作频率、晶片尺寸和K值。

表2-2 常用K值对应的β_S和α_L（有机玻璃/钢）

K值	1.0	1.5	2.0	2.5	3.0
β_S (°)	45	56.3	63.4	68.2	71.6
α_L (°)	36.7	44.6	49.1	51.6	53.5

3. 表面波探头

当斜探头的入射角大于或等于第二临界角时，在工件中便产生表面波。因此表面波探头是斜探头的一个特例，它用于产生和接收表面波。表面波探头的结构与横波斜探头一样，唯一的区别是斜楔块入射角不同。

表面波探头的入射角按下式计算：

$$\alpha_L = \sin^{-1} \frac{c_{L1}}{c_{R2}} \qquad (2\text{-}8)$$

式中 c_{L1}——斜楔中纵波速度；

c_{R2}——工件中表面波速度。

对于有机玻璃/钢界面，$c_{L1} = 2730\text{m/s}$，$c_{R2} = 2950\text{m/s}$，$\alpha_L = 67.7°$。

表面波探头一般标有工作频率和晶片尺寸，用于探测表面或近表面缺陷。

4. 双晶探头（分割式探头）

双晶探头有两块压电晶片，一块用于发射超声波，另一块用于接收超声波。根据入射角α_L不同，分为双晶纵波探头和双晶横波探头。双晶探头的结构如图2-31所示。

双晶探头具有以下优点：

1）杂波少、盲区小。双晶探头由两块晶片组成，一发一收，消除了发射压电晶片与延迟块之间的反射杂波。同时由于始脉冲未进入放大器，克服了阻塞现象，使盲区大大减小，为检测近表面缺陷提供了有利条件。

2）工件中近场区长度小。双晶探头采用了延迟块，缩短了工件中的近场区长度，这对检测是有利的。

3）双晶探头检测时，对于位于棱形区域（图2-31中$abcd$）内的缺陷灵敏度较高。可以通过改变入射角α_L来调整棱形区域范围。α_L增大，棱形区域向表面移动，在水平方向变扁；α_L减小，棱形区域向内部移动，在垂直方向变扁。

双晶探头主要用于检测近表面缺陷。

双晶探头上标有工作频率、晶片尺寸和探测深度。

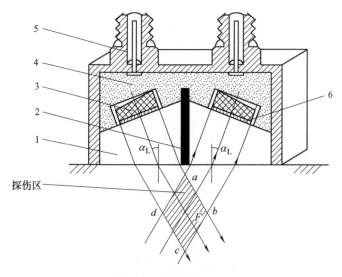

图2-31 双晶探头结构

1—延迟块 2—隔声层 3—探头芯 4—吸声材料 5—壳体 6—压电晶片

5. 聚焦探头

聚焦探头种类较多。按焦点形状不同分为点聚焦和线聚焦。点聚焦的理想焦点为一个点，其声透镜为球面；线聚焦的理想焦点为一条线，其声透镜为柱面。

按耦合情况不同分为水浸聚焦与接触聚焦。水浸聚焦以水为耦合介质，探头不与工件直接接触。接触聚焦是探头通过薄层耦合介质与工件接触。

按聚焦方式不同又分为透镜式聚焦、反射式聚焦和曲面晶片式聚焦，如图2-32所示。透镜式聚焦是平面晶片发射超声波通过声透镜和透声楔块来实现聚焦，如图2-32a所示。反射式聚焦是平面晶片发射超声波通过曲面楔块反射来实现聚焦，如图2-32b所示。曲面晶片式聚焦探头的晶片为曲面，通过曲面楔块实现聚焦，如图2-32c所示。

下面以水浸聚焦探头为例，说明聚焦探头的结构原理。

聚焦探头的结构如图2-33所示，聚焦探头由直探头和声透镜组成。声透镜的作用就是实现波束聚焦。焦距F与声透镜的曲率半径r之间关系为

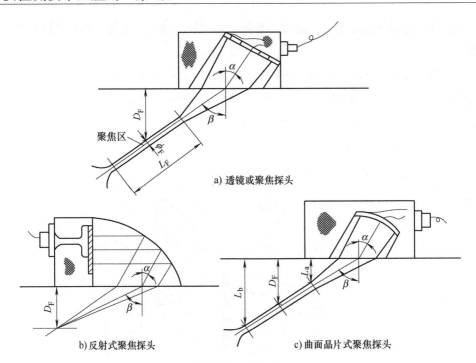

图2-32 聚焦探头

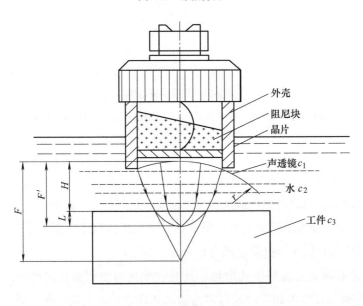

图2-33 聚焦探头结构

$$F = \frac{c_1 r}{c_1 - c_2} = \frac{nr}{n-1} \qquad (2\text{-}9)$$

式中 n——透镜与耦合介质波速比，$n = c_1/c_2$。

对于有机玻璃声透镜和水 $n = 2730/1480 = 1.84$，这时

$$F = 2.2r$$

聚焦探头检测工件时,实际焦距F'会变小。

$$F' = F - L(c_3/c_2) - 1$$

式中　L——工件中焦点至工件表面的距离;
　　　c_2——耦合剂水中波速;
　　　c_3——工件中波速。

这时水层厚度为:

$$H = F - L\frac{c_3}{c_2}$$

6. 可变角探头

可变角探头的入射角是可变的,其结构如图2-34所示。转动压电晶片可使入射角连续变化,一般变化范围为0°～70°,可实现纵波、横波、表面波和板波检测。

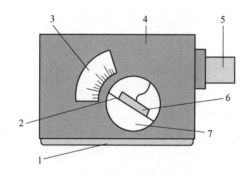

图2-34　可变角探头结构示意

1—保护膜　2—旋转杆　3—角度标尺　4—外壳　5—接口　6—压电晶片　7—耦合剂

7. 高温探头

常规探头只能用于检测常温下的工件,然而实际生产中有时需要对高温工件进行检测,如原子反应堆中的某些部件,这时必须采用高温探头来进行检测。

高温探头中的压电晶片需选用居里温度较高的铌酸锂(1200℃)、石英(550℃)、钛酸铅(460℃)来制作,外壳与阻尼块为不锈钢,电缆为无机物绝缘体高温同轴电缆,前面壳体与晶片之间采用特殊钎焊使之形成高温耦合层。这种探头可在400～700℃高温下进行检测。

8. 电磁探头

电磁探头是将通有交变电流的线圈放在导体表面附近,导体中将产生多变涡流。当该涡流处于另一恒定磁场中时,涡流中的带电质点就会受到洛伦兹力作用,由于涡流是高频交变电流,因此带电质点受到的洛伦兹力也交替变化,产生振动,这样就在工件内产生超声波。这一效应是可逆的,因此利用这一原理也可接收超声波。

改变涡流与恒定磁场的方向，可使洛伦兹力的方向垂直或平行于工件表面，从而产生超声纵波或横波。

电磁探头检测为非接触检测，因此不用耦合剂，可用于粗糙表面高温工件检测。但探头换能效率低，检测灵敏度有限，且只能探测导电材料，因此目前应用较少。

9. 爬波探头

爬波是指表面下纵波。当纵波以第一临界角 $α_1$ 附近的角度入射到截面时，就会在第二介质中产生表面下纵波，即爬波。这时第二介质中除爬波外，还有其他波形，但速度均较爬波慢。爬波与表面波不同，表面波是入射角大于或等于第二临界角时产生的，波速较低。理论研究表明，爬波在自由表面的位移有垂直分量，不是纯粹的纵波。

10. 相控阵探头

（1）阵列　用于无损检测的超声阵列就是将一系列单晶片的换能器按照一定的规律排列，可以简单地理解为以将多个探头打包放在一起检测。但不同的是相控阵探头的晶片大小实际上远小于常规探头的晶片，这些晶片被以组的形式触发产生方向可控的波阵面。这种"电子声束形式"可以用一个探头对多个区域进行快速检测，加大检测的范围并提高检测的速度。

相控阵列探头根据探头单元排列的不同，主要有线状、面状和环状，如图2-35所示。因为线形阵列编程容易，费用明显低于其他阵列，通常使用的是一维线形阵列探头。

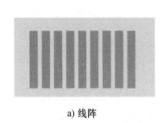
a) 线阵

b) 面阵
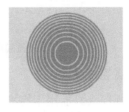
c) 环阵

图2-35　相控阵探头阵列形式

（2）相控阵探头内部结构介绍　相控阵列探头，就是由多个探头单元组合而成，各单元之间的辐射能量和相位是由计算机软件和相位控制元件联合进行控制的。

相控阵探头有很多种规格，包括不同的尺寸、形状、频率及晶片数，其内部结构是将一个整块的压电陶瓷晶片划分成多个段，这些晶片可以被独立激发。

现代用于工业NDT检测的相控阵传感器大多是压电复合材料制造的，复合材料传感器比相同结构的压电陶瓷传感器高出10～30dB的灵敏度，这些传感器大多是由微小的薄的且嵌入了压电陶瓷的条状体形成的聚合物矩阵。已分割的金属镀层用于将复合材料条划分为多个独立电子晶片，这些被分割的晶片被转入同一个传感器，在这个传感器中还包括保护晶片的匹配层、背衬材料，连接电缆及探头壳，探头结构如图2-36所示。

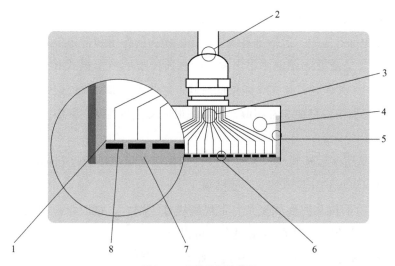

图2-36 相控阵探头截面

1—金属镀层 2—多路同轴控制电缆 3—晶片线路 4—背衬材料 5—内衬 6、8—复合压电晶片 7—匹配层

（3）相控阵探头的特性 相控阵传感器根据以下参数进行分类：

1）类型：非直接接触型（通过一个带有角度的塑料楔块或者无角度的垂直塑料楔块接触工件），直接接触型（无需楔块探头直接接触工件），浸入型（探头需要浸入到水或者其他介质中）。

2）频率：由于大多数超声检测所用的探头频率在2~10MHz之间，所以相控阵探头的频率大多在2~10MHz之间。和常规超声传感器一样，低频传感器穿透力强，高频传感器分辨率及聚焦清晰度高。

3）晶片数：大多数相控阵传感器的晶片数在16~128晶片之间，相控阵传感器晶片数最多可以达到256个。晶片数多，聚焦及声束偏转能力强，同时声束覆盖面积大。但是晶片数多的相控阵传感器价格昂贵，增加了检测成本。由于传感器中的每个晶片都可以独立触发产生波源，因此这些晶片的尺寸被看作有效方向。

4）晶片尺寸：晶片越窄，声束偏转能力越高。如果想加大一次性声束覆盖面积，就需要增加晶片数量，探头的价格也随之增加，如图2-37所示。

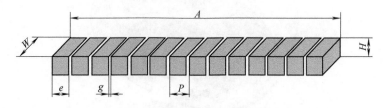

图2-37 相控阵探头晶片尺寸参数

注：N为探头中晶片总数；A为探头有效的孔径大小；H为晶片高度；W为晶片宽度；P为晶片间距或者两相邻晶片中心点的距离；e为晶片宽度；g为两相邻晶片间隔。

（4）相控阵楔块　相控阵探头除了传感器本身，通常配合楔块一起使用。楔块在横波检测和纵波检测中都有应用，包括垂直线性扫描。楔块的作用和常规单晶斜探头中的有机玻璃斜楔一样，主要是依据Snell定律将声波以检测所需要的波形模式和角度折射到工件中。当相控阵系统通过一个楔块产生多个角度的时候，这些角度都将通过这个楔块产生折射。横波楔块和常规传感器中的结构非常相似，也具有很多尺寸和类型。其中一些楔块还具有耦合剂导入孔。

0°楔块通常采用平面塑料块。在垂直线性扫描以及纵波小角度扫描时，0°楔块用于减少表面盲区，并可以保护相控阵探头不受磨损。

有些工件被检部位几何形状复杂，常规楔块难于耦合，这时可以自定义楔块的形状，以获得更好的耦合效果。楔块的规格很多，可以满足相控阵的各种扫描，它可以保证深度、距离标定的正确性以及获得合适的折射角度。

11. 轮式探头

轮式探头由探轮轴、接线、轮皮、换能器支架和内部填充的耦合液等构成，探头结构如图2-38所示。

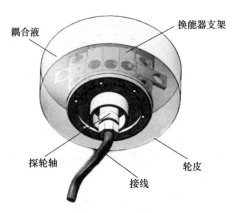

图2-38　轮式探头结构

大部分厂商生产的轮式探头有9个晶片。换能器支架正中心水平位置为0°纵波晶片，两侧依次对称分布2个折射角为37°、6个折射角为70°（2个直70°和4个斜70°）的晶片。其中，37°和直70°晶片超声波入射方向所在平面（入射面）与钢轨纵向中心面平行，斜70°晶片入射面与纵向中心面存在一定偏角。轮式探头各晶片分布如图2-39所示。

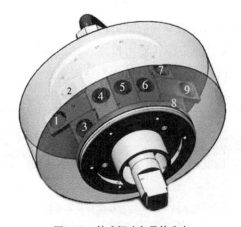

图2-39　轮式探头各晶片分布

1、9—直70°晶片　2、3、7、8—斜70°晶片　4、6—37°晶片　5—0°晶片

第2章 超声波检测设备及器材

12. 垂直入射横波接触式探头

单晶垂直入射横波接触式探头无需通过折射声波模式转换,即可直接将横波传入到被测工件中,生成可垂直于被测表面传播的横波,主要用于横波声速测量、杨氏弹性模量和剪切模量的计算,以及材料晶粒结构的表征。

13. 探头靴

探头靴是插入在探头和受检件之间具有一定形状的材料块,用以改善耦合和(或)防护探头。为避免探头摇动,以保证与工件良好的、均匀的声耦合和恒定的声束角度,在需要时,可安装仿形的探头靴。

探头靴需要在被检材料外形相似的参考试块上设定探测范围和灵敏度。在凸表面上纵向扫查时,探头靴的宽度应大于被检材料直径的1/10。横向扫查时,探头靴的长度也应大于被检材料直径的1/10。在凹表面上扫查时,也需要安装仿形探头靴,除非是凹面直径非常大,能获得合适的耦合。

常见探头靴的形式如图2-40所示。

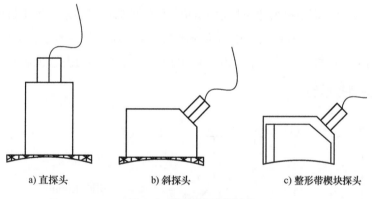

图2-40 常见的探头靴形式

斜探头、小角度探头的楔块主要作用是使声束折射进入工件。探头靴的主要作用是改善耦合的条件(接触面)、稳定探头的入射角度和(或)防护探头。但在特定条件下,探头的楔块可以起到探头靴的作用。在铁路行业实际使用探头靴的情况很多,如:轮对压装部位探伤使用的带圆弧的斜探头、轮对自动超声波检测机使用的组合探头中的机械结构就起到了探头靴的作用。

2.5.4 探头型号

1. 常规探头型号的组成项目

常规探头型号组成项目及排列顺序如下:

| 基本频率 | 晶片材料 | 晶片尺寸 | 探头种类 | 探头特征 |

基本频率：用阿拉伯数字表示，单位为MHz。

晶片材料：用化学元素缩写符号表示，如表2-3所示。

晶片尺寸：用阿拉伯数字表示，单位为mm。其中圆晶片用直径表示；方晶片用长×宽表示；分割探头晶片用分割前的尺寸表示。

探头种类：用汉语拼音缩写字母表示，如表2-4所示，直探头也可不标出。

表2-3 晶片材料代号

压电材料	代号
锆钛酸铅陶瓷	P
钛酸钡陶瓷	B
钛酸铅陶瓷	T
铌酸锂单晶	L
碘酸锂单晶	I
石英单晶	Q
其他压电材料	N

表2-4 探头种类代号

种类	代号
直探头	Z
斜探头（用K值表示）	K
斜探头（用折射角表示）	X
分割探头	FG
水浸聚焦探头	SJ
表面波探头	BM
可变角探头	KB

探头特征：斜探头钢中折射角正切值（K值）用阿拉伯数字表示。钢中折射角用阿拉伯数字表示，单位为（°）。分割探头钢中声束交区深度用阿拉伯数字表示，单位为mm。水浸探头水中焦距用阿拉伯数字表示，单位为mm。DJ表示点聚焦，XJ表示线聚焦。

2. 常规探头型号举例

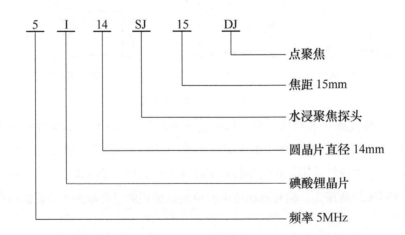

3. 相控阵探头型号的组成项目

相控阵探头型号组成项目及排列顺序如下：

基本频率	阵列类型	阵元数量	阵元中心距	阵元长度

基本频率：用阿拉伯数字表示，单位为MHz。

阵列类型：用阵列的英文首字母表示。

阵元数量：用阿拉伯数字表示。

阵元中心距：用阿拉伯数字表示，单位为mm。

阵元长度：用阿拉伯数字表示，单位为mm。

其中圆晶片用直径表示；方晶片用长×宽表示；分割探头晶片用分割前的尺寸表示。

4. 相控阵探头型号举例

例：5L64-0.8×10

表示基本频率为5MHz、阵元中心距为0.8mm、阵元长度10mm的64阵元线性阵列探头。

2.6 耦合剂

2.6.1 耦合剂的作用

超声耦合是为了改善探头与工件之间声能的传递，提高超声波在探测面上的声强往复透射率。检测时在探头与工件之间施加的一层液体透声介质称为耦合剂。

耦合剂的作用是排除探头与工件表面之间的空气间隙，使超声波能有效地进入工件。此外，耦合剂还有减少摩擦的作用，可减小探头磨损。

2.6.2 耦合剂要求

一般耦合剂应满足以下要求：

1）能润湿工件和探头表面，流动性、黏度和附着力适当，容易去除。

2）声阻抗尽量与被检材料接近，透声性能好。

3）对工件无腐蚀，对人体无害，不污染环境。

4）性能稳定，不易变质并能长期保存。

5）来源方便，价格低廉。

2.6.3 耦合剂及其声阻抗

超声波检测常用的耦合剂及它们的声阻抗（Z）如表2-5所示。

表2-5　常用耦合剂及其声阻抗（Z）

耦合剂	机油	水	水玻璃	甘油
$Z(\times 10^6 \text{kg/m}^2)$	1.28	1.5	2.17	2.43

从表2-5中可知甘油声阻抗最高，做耦合剂效果最好，但其成本较高，而且对工件有腐蚀作用。水玻璃常用于粗糙工件检测，但清洗不太方便，而且对工件也有腐蚀作用。水虽然来源广泛，常用于水浸检测，但容易使工件生锈。

2.7 试块

按一定用途设计制作的具有简单几何形状人工反射体的试样，通常称为试块。试块和仪器、探头一样，是超声波检测中的重要工具。

2.7.1 试块的作用

1. 确定检测灵敏度

超声波检测灵敏度太高或太低都不好，太高杂波多，判伤困难，太低会引起漏检。因此在超声波检测前，常用试块上某一特定的人工反射体来调整检测灵敏度。

2. 测试仪器和探头的性能

超声波检测仪和探头的一些重要性能，如：垂直线性、水平线性、动态范围、灵敏度余量、分辨力、盲区、探头的入射点及K值等都是利用试块来测试的。

3. 调整扫描速度

利用试块可以调整仪器示波屏上水平刻度值与实际声程之间的比例关系，即扫描速度，以便对缺陷进行定位。

4. 评判缺陷的大小

利用某些试块绘出的距离-波幅曲线（即DAC曲线）来对缺陷定量是目前常用的定量方法之一。特别是$3N$以内的缺陷，采用试块比较法仍然是最有效的定量方法。

此外还可利用试块来测量材料的声速、衰减性能等。

2.7.2 试块的分类

1. 按试块来历分

（1）标准试块 标准试块是由权威机构制定的试块，试块材质、形状、尺寸及表面状态都由权威部门统一规定。如：国际焊接学会IIW试块和IIW2试块。

（2）参考试块 参考试块是由各部门按某些具体检测对象制定的试块，如：CS-1试块、CSK-IA试块等。

2. 按试块上人工反射体分

（1）平底孔试块 一般平底孔试块上加工有底面为平面的平底孔，如：CS-1、CS-2试块。

（2）横孔试块 横孔试块上加工有与探测面平行的长横孔或短横孔，如：焊缝检测中CSK-IA（长横孔）和CSK-IIIA（短横孔）试块。

（3）槽形试块 槽形试块上加工有三角尖槽或矩形槽，如：无缝钢管检测中所用的试块，内、外圆表面就加工有三角尖槽。

此外还有其他分类方法，这里不再赘述。

2.7.3 国内外常用试块简介

国内外无损检测界根据不同的应用目的设计和制作了大量的试块。这些试块有国际组织推荐的，有国家或部门颁布的标准规定的，有行业或厂家自行规定的。下面选择国内外常用的几种试块加以介绍。

1. IIW试块

IIW试块是国际焊接学会标准试块（IIW是国际焊接学会的缩写），该试块是荷兰代表首先提出来的，故称荷兰试块。IIW试块结构尺寸如图2-41所示。

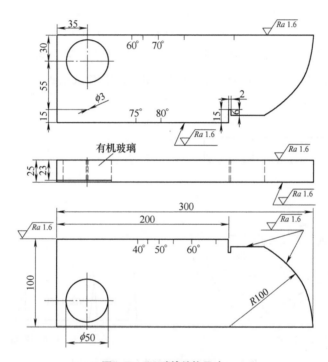

图2-41　IIW试块结构尺寸

IIW试块材质为20号钢，正火处理，晶粒度7～8级。

IIW试块的主要用途如下：

1）调整纵波探测范围和扫描速度（时基线比例）：利用试块上25mm或100mm。

2）测仪器的水平线性、垂直线性和动态范围：利用试块上25mm或100mm。

3）测直探头和仪器的分辨力：利用试块上85mm、91mm和100mm。

4）测直探头和仪器组合后的穿透能力：利用 ϕ50mm有机玻璃块底面的多次反射波。

5）测直探头与仪器的盲区范围：利用试块上 ϕ50mm有机玻璃圆弧面与侧面间距5mm和10mm。

6）测斜探头的入射点：利用试块上R100mm圆弧面。

7）测斜探头的折射角：折射角在35°～76°之间用ϕ50mm孔测，折射角在74°～80°之间用ϕ3mm圆孔。

8）测斜探头和仪器的灵敏度余量：利用试块R100mm或ϕ3mm。

9）调整横波探测范围和扫描速度：由于纵波声程91mm相当于横波声程50mm，因此可以利用试块上91mm来调整横波的探测范围和扫描速度。例如，横波1∶1，先用直探头对准91mm底面，使底波B_1、B_2分别对准5格、10格，然后换上横波探头并对准R100mm圆弧面，找到最高回波，并调至10格即可。

10）测斜探头声束轴线的偏离：利用试块的直角棱边。

2. IIW2试块

IIW2试块也是荷兰代表提出来的国际焊接学会标准试块，由于外形类似牛角，故又称牛角试块。与IIW试块相比，IIW2试块重量轻、尺寸小、形状简单、容易加工和便于携带，但功能不及IIW试块。IIW2试块的材质同IIW，IIW2试块的结构尺寸和反射特点如图2-42所示。

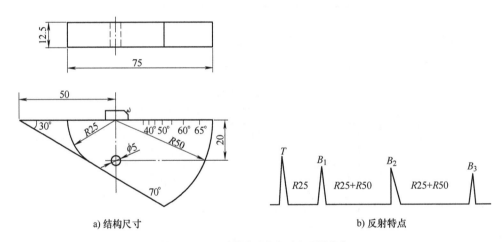

a) 结构尺寸　　　　　　　b) 反射特点

图2-42　IIW2试块的结构尺寸和反射特点

当斜探头对准R25mm时，R25mm反射波一部分被探头接收，显示B_1，另一部分反射至R50mm，然后又返回探头，但这时不能被接收，因此无回波。当此反射波再次经R25mm反射回到探头时才能被接收，这时显示B_2，它与B_1的间距为25mm+50mm。以后各次回波间距均为25mm+50mm。

IIW2试块的主要用途如下：

1）测定斜探头的入射点：利用R25mm与R50mm圆弧反射面。

2）测定斜探头的折射角：利用ϕ5mm横通孔。

3）测定仪器水平线性、垂直线性和动态范围：利用厚度12.5mm。

4）调整探测范围和扫描速度：纵波直探头利用12.5mm底面的多次反射波调整，横波斜探头利用$R25$mm和$R50$mm调整。

5）测仪器和探头的组合灵敏度：利用$\phi 5$mm或$R50$mm圆弧面。

3. CSK-IA试块

CSK-IA试块是在IIW试块基础上改进后得到的，其结构及主要尺寸如图2-43所示。

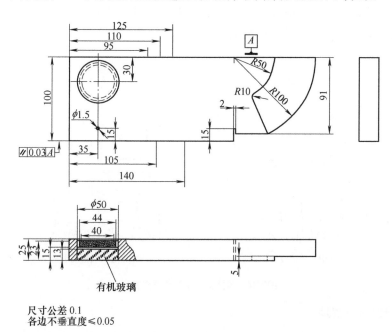

图2-43 CSK-IA试块

CSK-IA试块有以下改进：

1）在$\phi 50$mm基础上，增加了$\phi 44$mm、$\phi 40$mm两个台阶孔，主要用于测定横波斜探头的分辨力。

2）将$R100$mm改为$R100$mm、$R50$mm阶梯圆弧，主要用于调整横波扫描速度和探测范围。

CSK-IA试块的其他功能同IIW试块。

4. 半圆试块

半圆试块是目前广泛应用的一种试块，其特点是加工方便，便于携带，材质同IIW。半圆试块结构和反射特点如图2-44所示。试块圆弧部分切去一块是为了安放平稳。图中半圆试块中心切槽是为了产生多次反射，在示波屏上形成等距离的反射波。由于中心槽未切通，切槽处反射波间距均为R，而未切槽处反射波间距为R、R、R……，二者相互迭加使示波屏上奇次波高，偶次波低，如图2-44a所示。此外还一种中心不切槽的半圆试块，这种试块反射波间距为R、$2R$、$2R$……，波形如图2-44b所示。常用半圆试块的半径为$R40$mm或$R50$mm。

半圆试块的主要用途如下：

1）测斜探头的入射点：利用R50mm。

2）调整横波扫描速度和探测范围：利用R50mm。

3）调整纵波扫描速度和探测范围：利用厚度20mm。

4）测仪器的水平线性、垂直线性和动态范围：利用厚度20mm。

5）调整灵敏度：利用R50mm圆弧面。

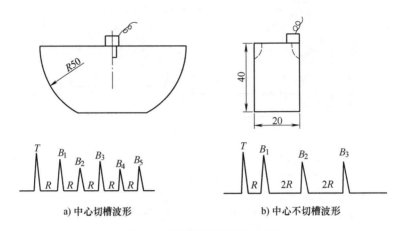

图2-44　半圆试块结构和反射特点

5. CS-1和CS-2试块

CS-1和CS-2试块是平底孔标准试块，材质一般为45号碳素钢，如图2-45所示。

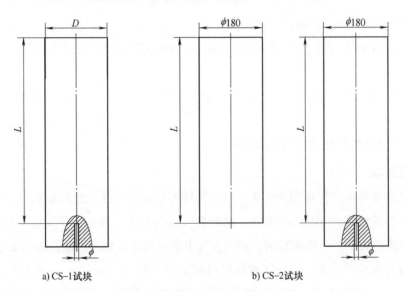

图2-45　CS-1与CS-2试块

CS-1试块结构如图2-45a所示，平底孔直径分别为ϕ2mm、ϕ3mm、ϕ4mm、ϕ6mm和ϕ8mm五种，其中ϕ2mm、ϕ3mm声程分别为50mm、75mm、100mm、150mm、200mm

各五块；φ4mm、φ6mm声程分别为50mm、75mm、100mm、150mm、200mm、250mm各六块；φ8mm声程分别为100mm、150mm、200mm、250mm四块，共26块。

CS-2试块结构如图2-45b所示，平底孔直径分别为φ2mm、φ3mm、φ4mm、φ6mm、8mm和无限大（大平底）六种，声程分别为25mm、50mm、75mm、100mm、125mm、150mm、200mm、250mm、300mm、400mm和500mm 11种，共66块。

CS-1和CS-2试块的主要用途如下：

1）测试纵波平底孔距离-波幅曲线，即DAC曲线：利用各试块的平底孔和大平底。

2）调整检测灵敏度：利用大平底或平底孔。

3）对缺陷定量：利用试块上各平底孔，多用于3N以内的缺陷定量。

4）测仪器的水平线性、垂直线性和动态范围：用大平底或平底孔。

5）测直探头与仪器的组合性能：如：灵敏度余量，可用CS-1-5试块。

6. RB试块

该试块上加工有φ3mm横通孔，试块的材质与被检工件相同或相近，形状尺寸如图2-46～图2-48所示。RB试块的主要用途与CSK-IA试块基本相同。

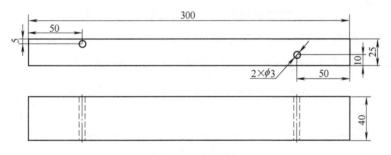

图2-46 RB-1试块

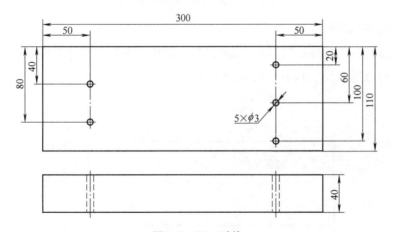

图2-47 RB-2试块

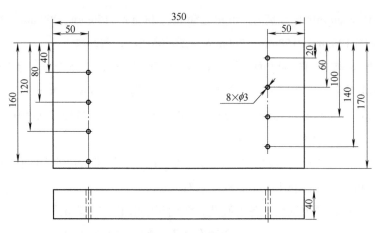

图2-48 RB-3试块

7. TS-1（W）试块

TS-1（W）试块型式尺寸如图2-49所示。TS-1试块材质为40车轴钢，TS-1W试块材质为50车轴钢。试块锻件应进行正火和回火热处理，金相组织为珠光体+铁素体，TS-1试块晶粒度为5级，TS-1W试块晶粒度为6级。试块需经超声波检测，检测灵敏度：ϕ2mm平底孔回波高度80%，以此灵敏度探测试块时，一次底波前无缺陷回波反射。试块四个侧面需经钝化处理。标准试块的透声性能应与基准试块一致。

试块主要用来确定车轴轴向透声检测灵敏度和轴向检测灵敏度。

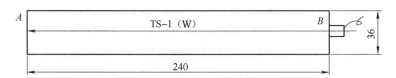

图2-49 TS-1（W）试块型式尺寸

8. 美国ASME试块

ASME试块是美国机械工程学会标准试块。试块的形状与尺寸如图2-50所示。试块厚度T由被探工件厚度t决定，其关系如表2-6所示。

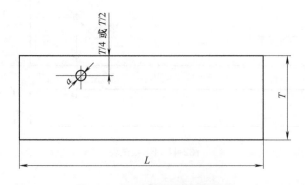

图2-50 ASME试块的形状与尺寸

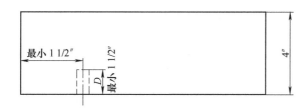

图2-50 ASME试块的形状与尺寸（续）

ASME试块的用途和使用方法与我国CSK-ⅡA试块相似。

试块上的横孔位置与工件厚度有关，当工件厚度≤1in（25.4mm）时，取$T/2$；当工件厚度＞1in（25.4mm）时，取$T/4$。

表2-6 ASME标准试块尺寸

工件厚度 t/in（mm）	试块厚度 T/in（mm）	孔的位置	孔的直径 /in（mm）
1（25.4）以下	3/4（19.1）或 T	$T/2$	3/32（2.4）
2≥t＞1 （50.8≥t＞25.4）	3/2（38.2）或 T	$T/4$	1/8（3.2）
4≥t＞2 （101.6≥t＞50.8）	3（6.2）或 T	$T/4$	3/16（4.8）
6≥t＞4 （152.4≥t＞101.6）	5（127）或 T	$T/4$	1/4（6.4）
8≥t＞6 （203.2≥t＞152.4）	7（177.8）或 T	$T/4$	5/16（8.0）
10≥t＞8 （254≥t＞203.2）	9（228.6）或 T	$T/4$	3/8（9.6）
t＞10 （t＞254）	T	$T/4$	见 ASME 规定

9. 日本JIS试块

JIS试块是日本工业标准试块。JIS试块有JIS-STB-A_1、JIS-STB-A_2、JIS-STB-A_3等几种。JIS-STB-A_1试块与IIW试块类似，不再赘述。下面仅介绍JIS-STB-A_2与JIS-STB-A_3试块。

（1）JIS-STB-A_2试块 该试块形状尺寸如图2-51所示，材质类似我国20号钢，正火回火处理。

JIS-STB-A_2试块的主要用途如下：

1）调节检测灵敏度：利用ϕ1.5mm横孔与ϕ1mm×1mm、ϕ2mm×2mm、ϕ4mm×4mm、ϕ8mm×8mm等柱孔（平底孔）。

2）测仪器与探头分辨力：利用两个ϕ1.5mm×4mm柱孔（平底孔）。

3）测仪器与探头灵敏度余量：利用ϕ1.5mm横通孔。

4）测距离-波幅曲线：常利用ϕ4mm×4mm柱孔测。探头置于A处，找到一倍跨距时ϕ4mm×4mm柱孔的最高回波，调至某一高度（如80%）后，移探头分别找到不同跨距时的最高回波，然后绘制距离-波幅曲线。

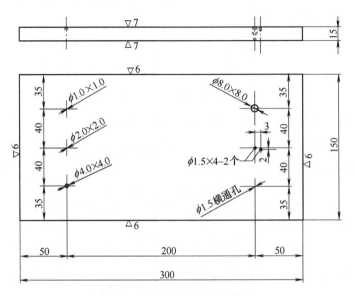

图2-51 JIS-STB-A₂试块形状尺寸

（2）JIS-STB-A₃试块 该试块形状与IIW试块类似，如图2-52所示。但尺寸较小，因此重量轻，携带方便，适用于现场检测。材质、用途与IIW试块相似。

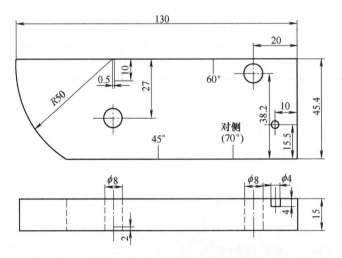

图2-52 JIS-STB-A₃试块形状尺寸

10. 相控阵试块

（1）相控阵A型试块 试块结构示意图如图2-53所示，试块的主要用途如下：

1）扇扫成像横向分辨力：将探头放置在试块A中A-1区一系列通孔的下端面，调节设备实现扇形扫查，确保A-1区中的人工缺陷都在显示区域中。成像中所能分开的最小间距即为该工作状态下的成像横向分辨力。

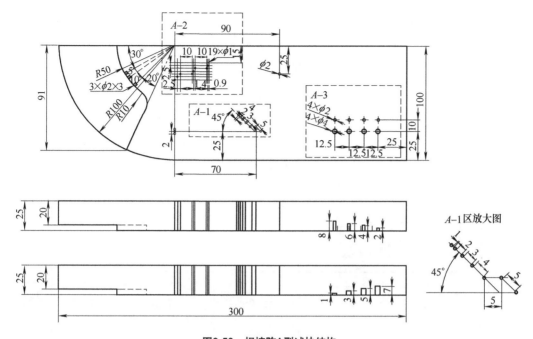

图2-53 相控阵A型试块结构

2)扇扫成像纵向分辨力：将探头放置在试块A中A-2区一系列通孔的下端面，调节设备实现扇形扫查，确保A-2区中的人工缺陷都在显示区域中。成像中所能分开的最小间距即为该工作状态下的成像纵向分辨力。

3)短缺陷分辨力：放置在试块A中A-3区一系列通孔的下端面，调节设备实现扫查成像。图像所能清晰显示的最小长度的人工缺陷的长度即为该设备对短缺陷的分辨力。

(2)相控阵B型试块 试块结构如图2-54所示，试块的主要用途如下：

1)成像横向几何尺寸测量误差：将探头放置在试块B中B-1区一系列通孔的左端面及B-2区一系列通孔的下端面，调节设备实现线性扫查或扇形扫查得到清晰图像。在图像上，依次选择不同孔的中心并进行横向间距测量，读取不同孔图像之间的横向距离测量值。用试块上该两孔之间的标称值减去测量值，即为设备对该两个孔横向几何尺寸测量的误差。

2)成像纵向几何尺寸测量误差：将探头放置在试块B中B-1区一系列通孔下端面，调节设备实现线性扫查或扇形扫查得到清晰图像。在图像上，依次选择不同孔图像的中心并进行纵向间距测量，读取不同孔图像之间的纵向距离测量值。用试块上该两孔之间的标称值减去测量值，即为设备对该两个孔纵向几何尺寸测量的误差。

3)扇扫角度范围测量误差：将探头放置在试块B中B-3区一系列通孔的上端面。对于直探头，推荐采用3个扫描角度范围，该扫描角度范围的选取以垂直于探头阵元分布方向并通过探头中心的线为0°参考左右对称，故推荐选取的角度范围如下：30°±15°、60°±30°、80°±40°。对于斜探头，由于偏转角度及扫描范围差异较大，推荐根据客户要求或根据仪器情况由实验室指定角度范围。设定不同的扇形扫查角度范围，调节设备实现扇形扫查得到清晰的图像。在图像中数出缺陷图像的数目,并根据试块中人工缺陷的示意图,计算出实际扫查角度。如果在同一个扇扫角度范围内,无法全部显示扫查范围内所有人工缺陷的图像,应适当调节增益,使得在该图像中尽可能同时显示出该区域所有的人工缺陷。

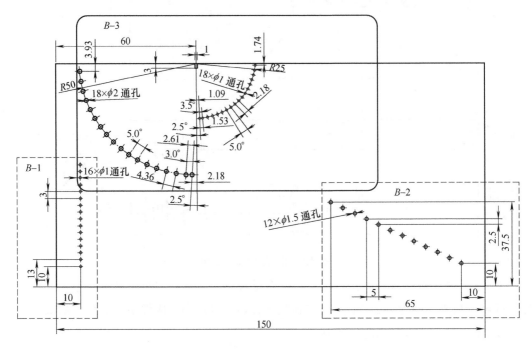

图2-54 相控阵B型试块结构

4)扇扫角度分辨力:将探头放置在试块B中B-3区一系列通孔的上端面,调节设备实现扇形扫查。图像中所能分开的最小角度间距即为该工作状态下的扇扫角度分辨力。

11. CSK-ⅡA试块

CSK-ⅡA试块是能源行业对比试块。CSK-ⅡA试块有CSK-ⅡA-1、CSK-ⅡA-2和CSK-ⅡA-3等几种。除可以在斜面制作直探头DAC曲线外,其余功能与RB试块基本相同。几种试块结构如图2-55～图2-57所示。

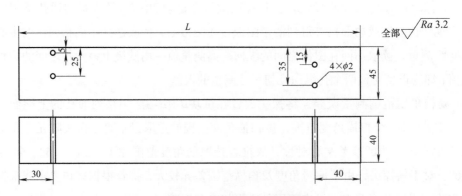

图2-55 CSK-ⅡA-1试块结构

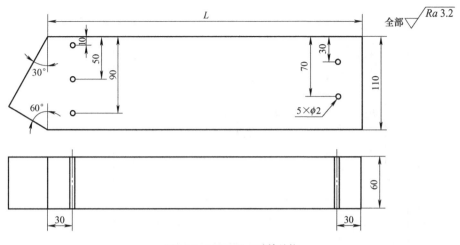

图2-56 CSK-ⅡA-2试块结构

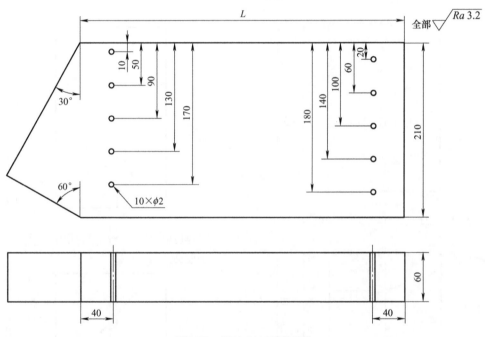

图2-57 CSK-ⅡA-3试块结构

12.锻件阶梯平底孔试块

锻件阶梯平底孔试块是锻件检测常用的对比试块,可以进行直探头DAC曲线的制作。这种试块结构如图2-58所示。

13.轨道交通典型实物试块

(1) LG试块 LG试块为车轮检测专用试块,包含LG-1～LG-9等几种,可以设定检测灵敏度,或制作DAC曲线。试块结构如图2-59～图2-67所示。

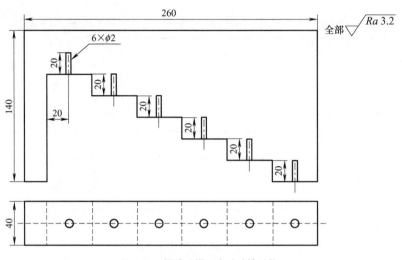

图2-58 锻件阶梯平底孔试块结构

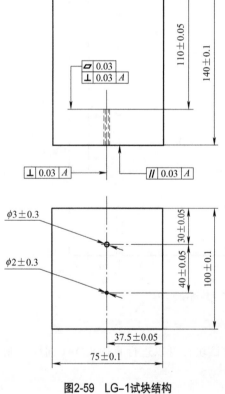

图2-59 LG-1试块结构

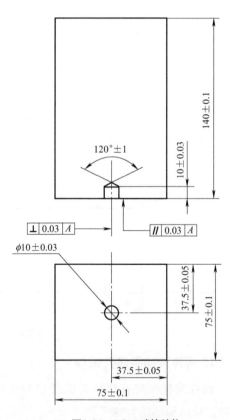

图2-60 LG-2试块结构

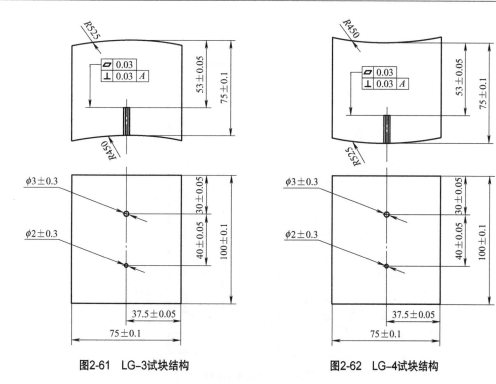

图2-61　LG-3试块结构　　　　　图2-62　LG-4试块结构

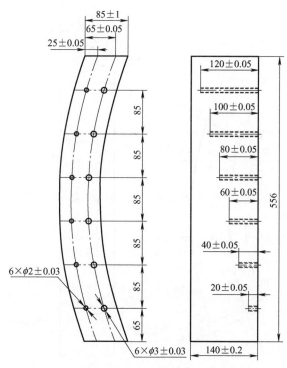

图2-63　LG-5试块结构

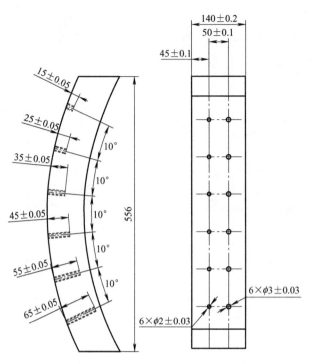

图2-64 LG-6试块结构

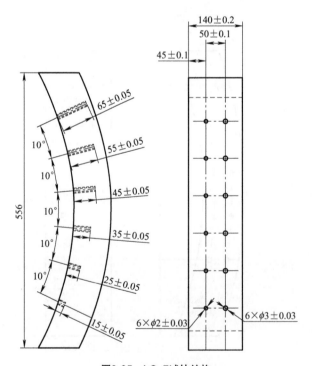

图2-65 LG-7试块结构

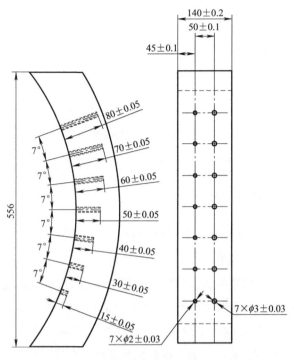

图2-66　LG-8试块结构

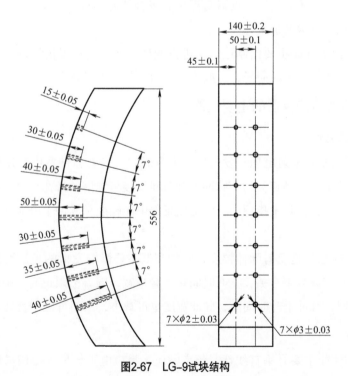

图2-67　LG-9试块结构

（2）TS-2试块　TS-2试块为车轴径向检测专用试块，可以设定检测灵敏度，或制作DAC曲线。TS-2试块结构如图2-68所示。

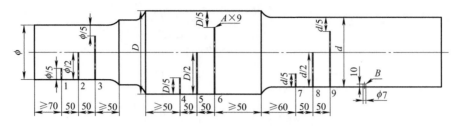

图2-68 TS-2试块结构

A—直径2mm的平底孔 B—直径7mm、钻孔角度120°的锥孔 ϕ—轴颈直径 D—轮座直径 d—轴身直径

2.8 仪器和探头的性能

对工件的超声检测是通过超声仪器和探头的组合来进行的。因此,了解两者及其组合的性能是极为重要的。例如,仪器的发射电脉冲的频率和接收放大电路的带宽以及与探头频率响应的不匹配,就可能直接影响到检测结果的真实性、可比性,这是需要特别注意的。

仪器和探头的性能包括仪器的性能、探头的性能以及仪器与探头的组合性能。仪器的性能仅与仪器有关,如:仪器的水平线性、垂直线性、衰减器精度、脉冲重复频率和动态范围等。探头的性能仅与探头有关,如:探头回波频率、声场结构(主声束偏斜角、双峰)、空载始波宽度、入射点和K值等。仪器与探头的组合性能不仅与仪器有关,还与探头有关,如:分辨力、盲区及灵敏度余量等。

仪器性能和探头性能主要由制造厂家进行测试,并向用户提供结果,仪器、探头组合性能指标往往随检测工件不同而异,一般均在专用规范中进行规定。

2.8.1 超声波检测仪器的主要性能

1. 脉冲发射部分

这部分性能主要有发射电压、发射脉冲上升时间、发射脉冲宽度和发射脉冲频谱,其中脉冲频谱与前几个参数是相关的。脉冲上升时间直接与频谱的带宽相关,脉冲上升时间越短,则频带越宽。在仪器技术指标中,常给出发射电压幅度和脉冲上升时间,作为发射部分的性能指标。

发射电压幅度也就是发射脉冲幅度,它的高低主要影响发射的超声波能量;脉冲上升时间则与可用的超声波频率有关,上升时间短,频带宽,频率上限也高,则可配用的探头频率相应也高。同时,脉冲上升时间短,脉冲宽度也可减小,从而可减小盲区,提高分辨力。

2. 接收部分

接收部分的性能主要有垂直线性、频率响应、噪声电平、最大使用灵敏度、衰减器准确度以及与示波管结合的性能,包括垂直偏转极限、线性范围和动态范围。

垂直线性:是指输入到超声波检测仪器接收放大电路的信号幅度与其在仪器显示器上

所显示的幅度成正比关系的程度。在用波幅评定缺陷尺寸的时候，垂直线性对测试准确度影响较大。

频率响应：又称接收放大电路带宽，常用频带的上、下限频率表示。采用宽带探头时，接收放大电路的频带要包含探头的频带，才能保证波形不失真。

噪声电平：是指空载时最大灵敏度下的电噪声幅度。它的大小会限制仪器可用的最大灵敏度。

最大使用灵敏度：是指信噪比＞6dB时可检测的最小信号的峰值电压。它表示的是系统接收微弱信号的能力。

衰减器准确度：反映的是衰减器读数的增减与显示的信号幅度变化之间的对应关系。它对仪器灵敏度调整、缺陷当量的评定均有重要意义。

垂直偏转极限：是指示波管上Y轴偏转最大时，对应的刻度值。通常要求大于满刻度值（100%）。

垂直线性范围：是在规定了垂直线性误差值后，垂直线性在误差范围内的显示屏上的信号幅度范围。通常用上、下限刻度值（%）表示。

动态范围：是指在增益不变的情况下，仪器可运用的一段信号幅度范围，在此范围内信号不过载或畸变，也不至过小而难以观测。动态范围通常用满足上述条件的最大输入信号与最小输入信号之比的分贝值表示。

3. 时基部分

时基部分的性能包括水平线性、脉冲重复频率以及与示波管结合的性能，包括水平偏转极限和线性范围。

水平线性又称时基线性，或者扫描线性。水平线性指的是输入到仪器中的不同回波的时间间隔与仪器显示屏时基线上回波的间隔成正比关系的程度。水平线性主要取决于扫描电路产生的锯齿波的线性。水平线性影响缺陷位置确定的准确度。

脉冲重复频率在上面章节已有相应描述。

水平偏转极限是示波管上X轴偏转最大时，对应的刻度值。通常要求大于满刻度值（100%）。

水平线性范围是水平线性在规定误差范围内的时基线刻度范围。在使用时可根据水平线性范围调整仪器的时基线，使要测量的信号位于该范围内。

2.8.2 探头的主要性能

探头的主要性能包括频率响应、相对灵敏度、时间域响应、电阻抗、距离幅度特性、声束扩散特性、斜探头的入射点和折射角、声轴偏斜角和双峰等。

频率响应：是在给定的反射体上测得的探头的脉冲回波频率特征。在用频谱分析仪测试频率特性时，从所得频谱图中可得到探头的中心频率、峰值频率、高低截止频率带宽等参数。

相对灵敏度：是以脉冲回波方式，在规定的介质、声程和反射体上，衡量探头电声转换效率的一种度量。其表达式在不同标准中有不同的规定，如GB/T 18694—2002《无损检测 超声检验 探头及其声场的表征》中规定为探头输出的回波电压峰-峰值与施加在探头上的激励电压峰-峰值之比；而JB/T 10062—1999《超声检测用探头性能测试方法》中则规定为被测探头在规定的反射体上的回波幅度与石英晶片固定试块回波幅度之比。

时间域响应：是通过回波脉冲的形状、脉冲宽度（长度）、峰数等特征来评价探头的性能。脉冲宽度与峰数是以不同形式来表示所接收回波信号的持续时间。脉冲宽度为在低于峰值幅度的规定水平上所测得的脉冲（回波）前沿和后沿之间的时间间隔。峰数为在所接收信号的波形持续时间内，幅度超过最大幅度的20%（-14dB）的周数。脉冲宽度越窄，峰数越少，则探头阻尼效果越好。这样的探头分辨力好，但灵敏度略低。

距离幅度特性、声束扩散特性、声轴偏斜角和双峰，均属于探头的声场特性。由于介质衰减以及探头频率成分的非单一性等原因，实际声场测量结果与理论计算结果会有所差异，因此，进行声场的实际测量是有必要的。

距离幅度特性：是探头声轴上规定反射体回波声压随距离变化的曲线。距离幅度特性可测出声场的最大峰值距探头的距离、远场区幅度随距离下降的快慢等。

声束扩散特性：是指不同距离处横截面上声压下降至声轴上声压值的-6dB时的声束宽度。由于声束扩散，所以不同距离处声束宽度也不同。相同距离处不同探头的声束宽度变化情况与半扩散角有关。

声轴偏斜角：反映的是声束轴线与探头的几何轴线偏斜的程度。双峰是指声束轴线沿横向移动时，同一反射体产生两个波峰的现象。声轴偏斜角和双峰均是与声束横截面上的声压分布相关的性能，反映的是最大峰值偏离探头中心轴线的情况。此性能将会影响到缺陷水平位置的确定。

斜探头的入射点和折射角是实际超声检测中经常用到的参数，每次检测时均要进行测量。入射点指斜楔中纵波声轴入射到探头底面的交点；折射角的标称值指钢中横波的折射角，由斜楔的角度决定。两者均是探头制作完成时的固定参数，但随着使用中探头斜楔的磨损，两个参数均会改变。

2.8.3 超声波检测仪器和探头的组合性能

组合性能包括灵敏度（或灵敏度余量）、分辨力、信噪比和频率等。

（1）灵敏度 超声检测中灵敏度广义的含义是指整个检测系统（仪器与探头）发现最小缺陷的能力，发现的缺陷越小，灵敏度就越高。

仪器与探头的灵敏度常用灵敏度余量来衡量。灵敏度余量是指仪器最大输出时（增益、发射强度最大，衰减和抑制为零），使规定反射体回波达到基准高所需衰减的衰减总量。灵敏度余量大，说明仪器与探头的灵敏度高。灵敏度余量与仪器和探头的综合性能有关，因此又叫仪器与探头的综合灵敏度。

（2）分辨力 超声波检测系统的分辨力是指能够对一定大小的两个相邻反射体提供可分离指示时两者的最小距离。由于超声脉冲自身有一定宽度，所以在深度方向上分辨两个相邻信号的能力有一个最小限度（最小距离），称为纵向分辨力。在工件的入射面和底面附近，可分辨的缺陷和相邻界面间的距离，称为入射面分辨力和底面分辨力，又称上表面分辨力和下表面分辨力。实际检测时，入射面分辨力和底面分辨力与所用的检测灵敏度有关，检测灵敏度高时，界面脉冲或始波宽度会增大，使得分辨力变差。探头平移时，分辨两个相邻反射体的能力称为横向分辨力。横向分辨力取决于声束的宽度。

（3）信噪比 信噪比是指示波屏上有用的最小缺陷信号幅度与无用的最大噪声幅度之比。由于噪声的存在会掩盖幅度低的小缺陷信号，所以容易引起漏检或误判，严重时甚至无法进行检测。因此，信噪比对缺陷的检测起关键作用。

（4）频率 频率是超声波检测仪器和探头组合后的一个重要参数，很多物理量的计算都与频率有关，例如，超声场近场区长度、半扩散角、规则反射体的回波声压等。探头的公称频率是制造厂在探头上标出的频率，该频率是根据驻波共振理论设计的，由 $f_0 = N_t/t = c_L/2t$ 计算得到。

仪器和探头的组合频率取决于仪器的发射电路与探头的组合性能，与公称频率之间往往存在一定的差值。为衡量该差值，实践中往往采用回波频率误差来表征。回波频率误差是指当仪器与探头组合使用时，经工件底面反射回的超声波的频率与探头公称频率间的误差极限。

2.8.4 超声波检测仪、探头及其组合性能的测试方法

1. 直探头灵敏度余量的测试方法

1）测试时使用DB-P（Z20-2）试块，检测仪的抑制置于"0"或"断"，其他调整取适当值。

2）将仪器的增益调至最大，但如电噪声较大时应降低增益，使电噪声电平降至10%满刻度。设此时衰减器的读数为S_0。

3）将探头压在试块上，中间加适当耦合剂，以保持稳定的声耦合，移动探头，使平底孔回波最大，调节衰减器，使平底孔回波高度降至50%满刻度。设此时衰减器的读数为S_i。

4）超声波检测系统的灵敏度余量（单位为dB）由式（2-10）给出，即

$$S = S_i - S_0 \tag{2-10}$$

2. 垂直线性的测试方法

1）测试时使用DB-P（Z20-2或Z20-4）试块，检测仪的抑制置于"0"或"断"，其他调整取适当值。

2）将探头压在试块上，中间加适当的耦合剂，以保持稳定的声耦合，并将平底孔的回波调至屏幕上时基线的适当位置。

3）调节衰减器或探头位置，使孔的回波高度恰好为100%满刻度，此时衰减器至少应有30dB的衰减余量。

4）以每次2dB的增量调节衰减器，每次调节后用满刻度的百分值记下回波幅度，一直继续到衰减值为26dB，测量准确度为0.1%。并将测试结果列入表2-7。测试值与波高理论值之差为偏差值，从表中取最大正偏差$d(+)$和最大负偏差$d(-)$的绝对值之和为垂直线性误差Δd（以百分值计），其由式（2-11）给出，即

$$\Delta d = |d(+)|+|d(-)| \tag{2-11}$$

5）按4）的方法将衰减值增加到30dB，判定这时是否能清楚地确认回波的存在。回波的消失情况代表检测系统的动态范围。

表2-7 垂直线性测试记录

衰减值/dB	波高理论值（%）	测试值（%）	偏差（%）	回波的消失情况
2	100			
4	79.4			
6	63.1			
8	50.1			
10	39.8			
12	31.6			
14	25.1			
16	20.0			
18	15.8			
20	12.5			
22	10.0			
24	7.9			
26	6.3			
28	5.0			
30				

3. 水平线性的测试方法

1）测试时使用检测面与底片平行而表面光滑的任何试块，试块的厚度原则上相当于探测声程的1/5。检测仪的抑制置于"0"或"断"，其他调整取适当值。

2）将探头压在试块上，中间加适当的耦合剂，以保持稳定的声耦合。调节检测仪器的增益和扫描控制器，使屏幕上显示出第6次底波。

3）当底波B_1和B_6的幅度分别为50%满刻度时，将它们的前沿分别对准刻度0和100

（设水平全刻度为100格）。B_1和B_6的前沿位置在调整中如相互影响，则应反复进行调整。

4）再依次分别将底波B_2、B_3、B_4、B_5调到50%满刻度，并分别读出底波B_2、B_3、B_4、B_5的前沿与刻度20、40、60、80的偏差α_2、α_3、α_4、α_5（以格数计），然后取其中最大的偏差值α_{max}。图2-69中的B1～B6是分别调到同一幅度，而不是同时达到此幅度。水平线性误差ΔL（以百分值计）由式（2-12）给出，即

$$\Delta L = |\alpha_{max}|\% \tag{2-12}$$

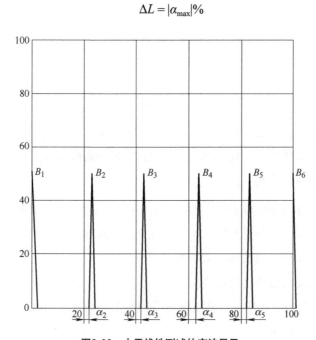

图2-69 水平线性测试的底波显示

4. 直探头分辨力的测试方法

1）测试时使用GB/T 19799.1—2015的1号试块或JB/T 8428—2015的CSK-IB试块，检测仪的抑制置于"0"或"断"，其他调整取适当值。

2）将探头压在试块上如图2-70所示的位置，中间加适当的耦合剂，以保持稳定的声耦合。调整仪器的增益并左右移动探头，使来自A、B两个面的回波幅度相等并为20%～30%的满刻度，如图2-70所示中h_1。

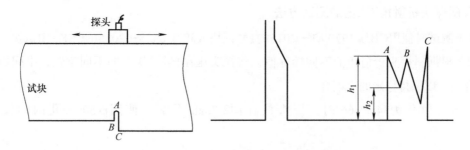

图2-70 直探头分辨力的测试和回波显示

3）调节衰减器：使A、B两波峰间的波谷上升到原来波峰高度，此时衰减器所释放的dB数（等于用衰减器的缺口深度h_1/h_2之值）即为以dB值表示的超声波检测系统的分辨力X。

5. 直探头盲区的测试方法

1）测试时使用DZ-1试块。检测仪的抑制置于"0"或"断"，除灵敏度调节外，其他调整取适当值。

2）调节超声波检测仪灵敏度，使其符合检测规范的要求。作为参考，可以采用ϕ20mm直探头，并调整仪器灵敏度,使来自DB-P(Z20-2或Z20-4)试块的平底孔回波达50%满刻度。

3）将探头压在DZ-1试块上，中间加适当耦合剂，以保持稳定的声耦合。选择能够分辨得开的最短探测距离的ϕ2mm横孔，并将孔的回波幅度调至大于50%满刻度，如回波的前沿和始波后沿相交的波谷低于10%满刻度，则此最短距离即为盲区。

6. 斜探头入射点的测试方法

1）测试时使用GB/T 19799.1—2015的1号试块或JB/T 8428—2015的CSK-IB试块。

2）将斜探头压在试块上如图2-71所示的位置，中间加适当的耦合剂，以保持稳定的声耦合。使声束朝向R100mm的曲面，并在探头声束轴线与试块侧面保持平行的情况下前后移动探头，至曲面回波的幅度达到最大。

3）读出试块上R100mm圆心标记线所对应的探头侧面刻度，此刻度位置即斜探头的入射点，读数应精确到0.5mm。

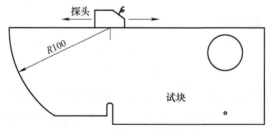

图2-71 斜探头入射点的测试

7. 斜探头折射角或K值的测试方法

1）测试时使用GB/T 19799.1—2015的1号试块或JB/T 8428—2015的CSK-IB试块。

2）根据斜探头折射角的不同标称值，将探头压在1号试块上的不同位置，中间加适当的耦合剂，以保持稳定的声耦合。

a.当折射角为34°～66°时，探头放在图2-72a的位置，使用ϕ50mm孔的回波进行测定。

b.当折射角为60°～75°时,探头放在图2-72b的位置，使用ϕ50mm孔的回波进行测定。

c.当折射角为74°～80°时，探头放在图2-72c的位置，使用ϕ1.5mm孔的回波进行测定。

在探头声束轴线与试块侧面保持平行的情况下前后移动探头，使回波达到最大。

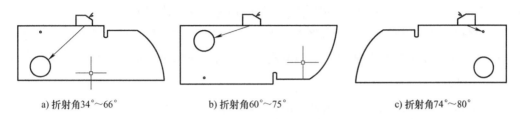

a) 折射角34°～66°　　　　b) 折射角60°～75°　　　　c) 折射角74°～80°

图2-72　斜探头折射角或K值的测试

3）读出探头入射点在试块侧面上所对应的角度刻度值，此刻度值即为斜探头的折射角β，读数应精确到0.5°。

4）也可使用CSK-IB试块直接测定斜探头的K值。将斜探头压在试块上的不同位置，如图2-72a和图2-72b，中间加适当的耦合剂，以保持稳定的声耦合。

a.当K值为1.0～1.5时，探头放在图2-72a的位置，使用ϕ50mm孔的回波进行测定。

b.当K值为2.0～3.0时，探头放在图2-72b的位置，使用ϕ50mm孔的回波进行测定。

在探头声束轴线与试块侧面保持平行的情况下前后移动探头，使回波达到最大。从探头入射点在试块侧面所对应的刻度值即可直接读出斜探头的K值。

8. 探头分辨力的测试方法

1）测试时使用JB/T 8428—2015的CSK-IB试块，检测仪的抑制置于"0"或"断"，其他调整取适当值。

2）根据斜探头的折射角或K值，将探头压在CSK-IB试块上，其位置如图2-72a或图2-72b所示，中间加适当的耦合剂，以保持稳定的声耦合。移动探头位置使来自ϕ50mm和ϕ44mm两孔的回波A、B高度相等，并为20%～30%满刻度，如图2-73中h_1。

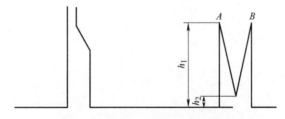

图2-73　斜探头分辨力测试的回波显示

3）调节衰减器，使A、B两波峰间的波谷上升到原来波峰高度，此时衰减器所释放的dB数（等于用衰减器读出的缺口深度h_1/h_2之值），即为以dB值表示的超声波检测系统（斜探头）分辨力Z。

9.斜探头灵敏度余量的测试方法

1）测试时使用GB/T 19799.1—2015的1号试块或JB/T 8428—2015的CSK-IB试块。检测仪的抑制置于"0"或"断",其他调整取适当值。

2）将超声波检测仪的增益调至最大,但如电噪声较大时应降低增益（调节增益控制器或衰减器）,使电噪声电平降至10%满刻度。设此时衰减器的读数为$α_0$。

3）将探头压在试块上,位置如图2-72所示,中间加适当的耦合剂,以保持稳定的声耦合。移动探头,使平底孔回波最大,调节衰减器使来自R100mm曲面的回波高度降至50%满刻度。设此时衰减器的读数为$α_1$。

4）斜探头灵敏度余量（单位为dB）由式（2-13）给出,即

$$α = α_1 - α_0 \tag{2-13}$$

2.8.5 周期性能校验

轨道交通等行业对于超声波探头、超声波检测仪及组合系统的性能要求较高,规定了周期性能校验的要求。根据性能重要性、产生数据漂移的可能性,通常分为日常性能校验和季度性能检查。

日常性能校验通常为每日每班开工前、完工后,以及每4h进行,校验项目主要为:探头入射点、折射角、灵敏度和时基范围等。

季度性能检查通常为每3个月进行,检查项目主要为:水平线性、垂直线性、灵敏度余量、分辨力和动态范围等。

第3章 超声波检测方法和通用检测技术

3.1 超声波检测方法概述

3.1.1 按原理分类

超声波检测方法按原理分类,可分为脉冲反射法、穿透法、共振法和TOFD法。

1. 脉冲反射法

超声波探头发射脉冲波到被检试件内,根据反射波的情况来检测试件缺陷的方法,称为脉冲反射法。脉冲反射法包括缺陷回波法、底波高度法和多次底波法。

(1)缺陷回波法 根据仪器示波屏上显示的缺陷波形进行判断的方法,称为缺陷回波法。该方法是反射法的基本方法。

图3-1是缺陷回波法的基本原理,当试件完好时,超声波可传播到达底面,检测图形中只有发射脉冲T及底面回波B两个信号,如图3-1a所示。

若试件中存在缺陷,在检测图形中,底面回波前有缺陷回波F,如图3-1b所示。

(2)底波高度法 当试件的材质和厚度不变时,底面回波高度应是基本不变的。如果试件内存在缺陷,底面回波高度会下降甚至消失,如图3-2所示。

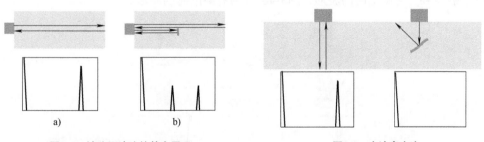

图3-1 缺陷回波法的基本原理　　　　　图3-2 底波高度法

这种依据底面回波的高度变化判断试件缺陷情况的检测方法,称为底波高度法。

底波高度法的特点在于同样投影大小的缺陷不仅可以得到同样的指示,而且不出现盲区,但是要求被探试件的探测面与底面平行,耦合条件一致。该方法检出缺陷灵敏度较低,定位定量不便。

（3）多次底波法　当透入试件的超声波能量较大，而试件厚度较小时，超声波可在探测面与底面之间往复传播多次，示波屏上出现多次底波 B_1、B_2、B_3……。如果试件存在缺陷，则由于缺陷的反射以及散射而增加了声能的损耗，底面回波次数减少，同时也打乱了各次底面回波高度依次衰减的规律，并显示出缺陷回波，如图3-3所示。这种依据底面回波次数，判断试件有无缺陷的方法，即为多次底波法。

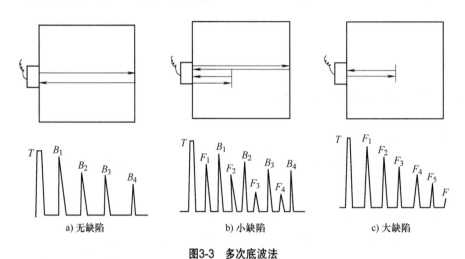

图3-3　多次底波法

多次底波法主要用于厚度不大、形状简单、探测面与底面平行的试件检测，缺陷检出的灵敏度低于缺陷回波法。

2. 穿透法

穿透法是依据脉冲波或连续波穿透试件之后的能量变化来判断缺陷的一种方法，如图3-4所示。

穿透法常采用两个探头，一个作发射用，另一个作接收用，分别放置在试件的两侧进行探测。图3-4a为无缺陷时的波形，图3-4b、c为有缺陷时的波形。

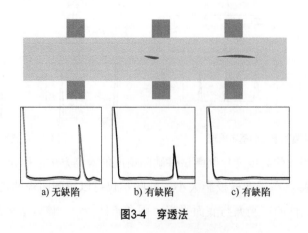

图3-4　穿透法

3. 共振法

若声波（频率可调的连续波）在被检工件内传播，当试件的厚度为超声波半波长的整数倍时，将引起共振，仪器显示出共振频率，用相邻的两个共振频率之差，由以下公式算出试件厚度。

$$\delta = \frac{\lambda}{2} = \frac{c}{2f_0} = \frac{c}{2(f_m - f_{m-1})} \tag{3-1}$$

式中　　f_0——工件的固有频率；

f_m、f_{m-1}——相邻两共振频率；

c——被检试件的声速；

λ——波长；

δ——试件厚度。

当试件内存在缺陷或工件厚度发生变化时，将改变试件的共振频率。依据试件的共振特性，来判断缺陷情况和工件厚度变化情况的方法称为共振法。共振法常用于试件测厚。

常用的测厚仪为双晶直探头脉冲反射法，与A型脉冲反射式超声波检测仪原理相同。

4. TOFD法

TOFD是Time of Flight Diffraction的第一个英文字母的缩写，中文简称衍射时差法。是20世纪70年代由英国哈威尔无损检测中心根据超声波衍射现象首先提出来的，检测时使用一对或多对宽声束纵波斜探头，每对探头相对焊缝对称布置（一发一收），如图3-5所示。声束覆盖检测区域，遇到缺陷时产生反射波和衍射波。探头同时接收反射波和衍射波，通过测量衍射波传播时间，可确定出缺陷的尺寸和位置。

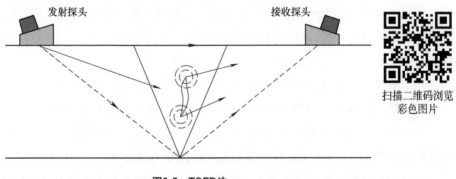

图3-5　TOFD法

TOFD检测技术中使用的探头为纵波斜探头，工件中既有纵波也有横波。但是，纵波传播速度快，几乎是横波的两倍，最先到达接收探头，容易识别缺陷，以纵波波速计算缺陷深度，不会与横波信号混淆。

3.1.2 按波形分类

根据检测采用的波形，可分为纵波法、横波法、表面波法、板波法及爬波法等。

1. 纵波法

使用纵波进行检测的方法，称为纵波法。

（1）纵波直探头 使用纵波直探头进行检测的方法，称为纵波直探头法。此法波束垂直入射至试件探测面，以不变的波形和方向透入试件，所以又称为垂直入射法，简称垂直法，如图3-6所示。

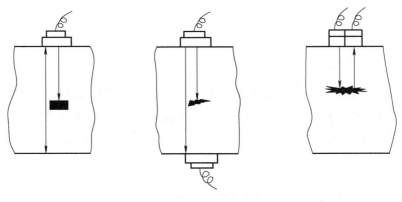

图3-6 垂直法

垂直法分为单晶探头反射法、双晶探头反射法和穿透法。常用的是单晶探头反射法。

垂直法主要用于铸造、锻压、轧材及其制品的检测，该法对于探测面平行的缺陷检出效果最佳。由于盲区和分辨力的限制，所以反射法只能发现试件内部离探测面一定距离以外的缺陷。

在同一介质中传播时，由于纵波速度大于其他波形的速度，穿透能力强，晶界反射或散射的敏感性较差，所以可探测工件的厚度是所有波形中最大的，而且可用于粗晶材料的检测。

由于垂直法检测时，波形和传播方向不变，所以缺陷定位比较方便。

（2）纵波斜探头 使用纵波斜探头进行检测的方法，称为纵波斜探头法。

小角度纵波斜探头常用来检测探头移动范围较小、检测范围较深的一些部件，如从螺栓端部检测螺栓、从车轴端面检测车轴轴颈根部疲劳裂纹等。

对于粗晶材料，如奥氏体型不锈钢焊接接头的检测，常采用纵波斜探头检测。

2. 横波法

将纵波通过楔块、水等介质倾斜入射至试件探测面，利用波形转换得到横波进行检测的方法，称为横波法。由于透入试件的横波束与探测面成锐角，所以又称斜射法，如图3-7所示。

此方法主要用于焊缝、管材的检测。其他试件检测时，则作为一种有效的辅助手段，用以发现垂直检测法不易发现的缺陷。

3. 表面波法

使用表面波进行检测的方法，称为表面波法，如图3-8所示。这种方法主要用于表面光滑的试件。

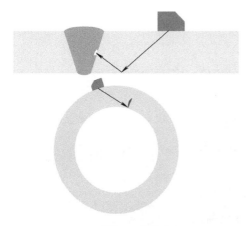

图3-7　横波法

图3-8　表面波法

表面波波长比横波波长还短，因此衰减也大于横波。同时，它仅沿表面传播，对于表面上的覆层、油污、不光洁等杂质反应敏感，并被大量地衰减。利用此特点，可以通过手沾油在声束传播方向上进行触摸并观察缺陷回波高度的变化，对缺陷定位。

4. 板波法

使用板波进行检测的方法，称为板波法，如图3-9所示。板波法主要用于薄板、薄壁管等形状简单的试件检测，板波充塞于整个试件，可以发现内部和表面缺陷。但是检出灵敏度除取决于仪器工作条件外，还取决于波的形式。

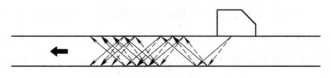

图3-9　板波法

5. 爬波法

爬波是指表面下纵波，它是当第一介质中的纵波入射角位于第一临界角附近时，在第二介质中产生的表面下纵波。这时第二介质中除了表面下纵波外，还存在折射横波。这种表面下纵波不是纯粹的纵波，还存在有垂直方向的位移分量，如图3-10所示。

爬波对于检测表面比较粗糙的工件的表层缺陷，如铸钢件、有堆焊层的工件等，其灵敏度和分辨力均比表面波高。

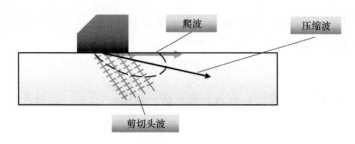

图3-10 爬波法

3.1.3 按探头数目分类

根据检测用探头数目，可分为单探头法、双探头法、多探头法几种。

1. 单探头法

使用一个探头兼作发射和接收超声波的检测方法称为单探头法。单探头法操作方便，可以检出大多数缺陷，是目前最常用的一种方法，如图3-11所示。

单探头法检测，对于与波束轴线垂直的片状缺陷和体积型缺陷的检出效果最好（见图3-11①）。与波束轴线平行的片状缺陷难以检出。当缺陷与波束轴线倾斜时，则根据倾斜角度的大小，能够收到部分回波或者因反射波束全部反射在探头之外而无法检出（见图3-11②）。

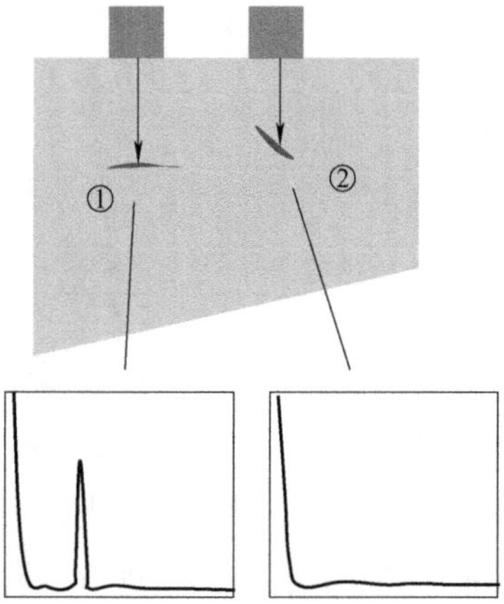

图3-11 单探头法检测

2. 双探头法

使用两个探头（一个发射，另一个接收）进行检测的方法称为双探头法，主要用于发现单探头法难以检出的缺陷。

双探头法又可根据两个探头排列方式和工作方式进一步分为并列式、交叉式、V形串列式、K形串列式及串列式等。

（1）并列式 两个探头并列放置，检测时两者作同步同向移动。但直探头作并列放置时，通常是一个探头固定，另一个探头移动，以便发现与探测面倾斜的缺陷，如图3-12a所示。分割式探头的原理，就是将两个并列的探头组合在一起，具有较高的分辨能力和信噪比，适用于薄试件、近表面缺陷的检测。

（2）交叉式 两个探头轴线交叉，交叉点为要探测的部位，如图3-12b所示。此种检测方法可用来发现与探测面垂直的片状缺陷，在焊缝检测中，常用用来发现横向缺陷。

（3）V形串列式 两探头相对放置在同一面上，一个探头发射的声波被缺陷反射，反射的回波刚好落在另一个探头的入射点上，如图3-12c所示。此种检测方法主要用来发现与探测面平行的片状缺陷。

（4）K形串列式 两探头以相同的方向分别放置于试件的上下表面上。一个探头发射声波被缺陷反射,反射回波被另一个探头接收,如图3-12d所示。此种检测方法主要用来发现与探测面垂直的片状缺陷。

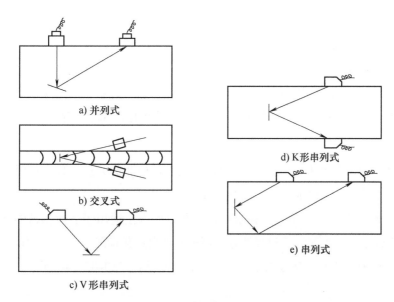

图3-12 双探头的排列方式

（5）串列式 两探头一前一后,以相同方向放置在同一表面上,一个探头发射声波被缺陷反射至底面,经底面反射进入另一个探头,如图3-12e所示。此种检测方法用来发现与探测面垂直的片状缺陷,如厚焊缝的中间未焊透、窄间隙焊缝的坡口面未熔合等。

这种检测方法的特点是:不论缺陷是处在焊缝的上部、中部或根部,其缺陷声程始终相等,从而使缺陷信号在荧光屏上的水平位置固定不变;但上、下表面存在盲区。两个探头在一个表面上沿相反的方向移动,用手工操作是困难的,需要设计专用的扫查装置。

3. 多探头法

使用两个以上的探头成对地组合在一起进行检测的方法,称为多探头法。多探头法的应用,主要是通过增加声束来提高检测速度或发现各种取向的缺陷。通常与多通道仪器和自动扫描装置配合,如图3-13所示。

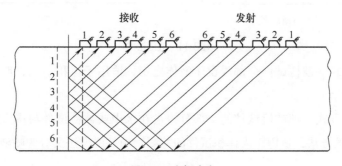

图3-13 多探头法

3.1.4 按探头接触方式分类

依据检测时探头与试件的接触方式,可以分为直接接触法与液浸法。

1. 直接接触法

探头与试件探测面之间,涂有很薄的耦合剂层,因此可以看作为两者直接接触,这种检测方法称为直接接触法。

此方法操作方便,检测图形较简单,判断容易,检出缺陷灵敏度高,是实际检测中用的最多的方法。但是,直接接触法检测的试件,要求探测面粗糙度较高。

2. 液浸法

将探头和工件浸于液体中以液体作为耦合剂进行检测的方法,称为液浸法。耦合剂可以是水,也可以是油。当以水为耦合剂时,称为水浸法。

液浸法检测,由于探头不直接接触试件,所以此方法适用于表面粗糙的试件,探头也不易磨损,耦合稳定,探测结果重复性好,便于实现自动化检测。

液浸法按检测方式不同又分为全浸没式和局部浸没式,如图3-14所示。

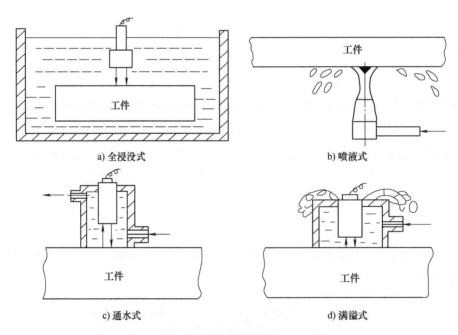

图3-14 液浸法

(1)全浸没式 被检试件全部浸没于液体之中,适用于体积不大,形状复杂的试件检测,如图3-14a所示。

(2)局部浸没式 把被检试件的一部分浸没在水中或被检试件与探头之间保持一定的水层而进行检测的方法,适用于大体积试件的检测。局部浸没法又分为喷液式、通水式和满溢式。

1)喷液式。超声波通过以一定压力喷射至探测表面的方法,如图3-14b所示。

2)通水式。借助于一个专用的有进水、出水口的液罩,以使罩内经常保持一定容量的液体,这种方法称为通水式,如图3-14c所示。

3)满溢式。满溢罩结构与通水式相似,但只有进水口,多余液体在罩的上部溢出,这种方法称为满溢式,如图3-14d所示。

根据探头与试件探测面之间液层的厚度,液浸法又可分为高液层法和低液层法。

3.2 仪器与探头的选择

探测条件的选择首先是指仪器和探头的选择。正确选择仪器和探头对于有效地发现缺陷,并对缺陷定位、定量和定性是至关重要的。实际检测中,要根据工件结构形状、加工工艺和技术要求来选择仪器与探头。

3.2.1 检测仪的选择

超声波检测仪是超声波检测的主要设备。目前国内外检测仪种类繁多,性能各异,检测前应根据探测要求和现场条件来选择检测仪。

一般根据以下情况来选择仪器:

1)对于定位要求高的情况,应选择水平线性误差小的仪器。
2)对于定量要求高的情况,应选择垂直线性好,衰减器精度高的仪器。
3)对于大型零件的检测,应选择灵敏度余量高、信噪比高、功率大的仪器。
4)为了有效地发现近表面缺陷和区分相邻缺陷,应选择盲区小、分辨力好的仪器。
5)对于室外现场检测,应选择重量轻,荧光屏亮度好,抗干扰能力强的携带式仪器。

此外要求选择性能稳定、重复性好和可靠性高的仪器。

3.2.2 探头的选择

超声波检测中,超声波的发射和接收都是通过探头来实现的。探头的种类很多,结构形式也不一样。检测前应根据被检对象的形状、衰减和技术要求来选择探头。探头的选择包括探头的形式、频率、晶片尺寸和斜探头K值等。

1. 探头形式的选择

常用的探头形式有纵波直探头、横波斜探头、纵波斜探头、表面波探头、双晶探头和聚焦探头等。一般根据工件的形状和可能出现缺陷的部位、方向等条件来选择探头的形式,使声束轴线尽量与缺陷垂直。

纵波直探头只能发射和接收纵波,波束轴线垂直于探测面,主要用于探测与探测面平行的缺陷,如锻件、钢板中的夹层、折叠等缺陷。

横波斜探头是通过波形转换来实现横波检测的。主要用于探测与探测面垂直或成一定角度的缺陷,如焊缝中的未焊透、夹渣、未熔合等缺陷。

纵波斜探头在工件中既有纵波也有横波，但由于纵波和横波的速度不同加以识别。主要用于探测与探测面垂直或成一定角度的缺陷，如焊缝中的裂纹、未熔合、未焊透及夹渣等缺陷。

表面波探头用于探测工件表面缺陷，双晶探头用于探测工件近表面缺陷，聚焦探头用于水浸探测管材或板材。

2. 探头频率的选择

超声波检测频率在0.5～10MHz之间，选择范围大。

一般选择频率时应考虑以下因素：

1）由于波的绕射，使超声波检测灵敏度约为$\lambda/2$，因此提高频率，有利于发现更小的缺陷。

2）频率高，脉冲宽度小，分辨力高，有利于区分相邻缺陷。

3）由$\theta_0 = \arcsin 1.22\dfrac{\lambda}{D}$可知，频率高，波长短，则半扩散角小，声束指向性好，能量集中，有利于发现缺陷并对缺陷定位。

4）由$N = \dfrac{D^2}{4\lambda}$可知，频率高，波长短，近场区长度大，对检测不利。

5）由$a_3 = C_2 F d^3 f^4$可知，频率增加，衰减急剧增加。

由以上分析可知，频率的高低对检测有较大的影响。频率高，灵敏度和分辨力高，指向性好，对检测有利。但频率高，近场区长度大，衰减大，又对检测不利。实际检测中要全面分析考虑各方面的因素，合理选择频率。一般在保证检测灵敏度的前提下尽可能选用较低的频率。对于晶粒较细的锻件、轧制件和焊接件等，一般选用较高的频率，常用2.5～5.0MHz。对晶粒较粗大的铸件、奥氏体钢等宜选用较低的频率，常用0.5～2.5MHz。如果频率过高，就会引起严重衰减，示波屏上出现林状回波，信噪比下降，甚至无法检测。

3. 探头晶片尺寸的选择

探头圆晶片尺寸一般为$\phi 10$～$\phi 30$mm，晶片大小对检测也有一定的影响。

选择晶片尺寸时要考虑以下因素：

1）由$\theta_0 = \arcsin 1.22\dfrac{\lambda}{D}$可知，晶片尺寸增加，半扩散角减少，波束指向性变好，超声波能量集中，对检测有利。

2）由$N = \dfrac{D^2}{4\lambda}$可知，晶片尺寸增加，近场区长度迅速增加，对检测不利。

3）晶片尺寸大，辐射的超声波能量大，探头未扩散区扫查范围大，远距离扫查范围相对变小，发现远距离缺陷能力增强。

以上分析说明，晶片大小对声束指向性、近场区长度、近距离扫查范围和远距离缺陷检出能力有较大影响。实际检测中，检测面积范围大的工件时，为了提高检测效率宜选用大晶片探头。检测厚度大的工件时，为了有效地发现远距离的缺陷宜选用大晶片探头。检测小型工件时，为了提高缺陷定位精度宜选用小晶片探头。检测表面不太平整，曲率较大的工件时，为了减少耦合损失宜选用小晶片探头。

4. 横波斜探头折射角的选择

在横波检测中，探头的折射角对检测灵敏度、声束轴线的方向、一次波的声程（入射点至底面反射点的距离）有较大的影响。由图1-40可知，对于用有机玻璃斜探头检测钢制工件，$\beta_s = 40°$（$K = 0.84$）左右时，声压往复透射率最高，即检测灵敏度最高。β_s大（K值大），一次波的声程大。因此在实际检测中，当工件厚度较小时，应选用较大的β_s（K值），以便增加一次波的声程，避免近场区检测。当工件厚度较大时，应选用较小的β_s（K值），以减少声程过大引起的衰减，便于发现深度较大处的缺陷。在焊缝检测中，还要保证主声束能扫查整个焊缝截面。对于单面焊根部未焊透，还要考虑端角反射问题，应尽量使β_s在35°～55°之间（$K = 0.7～1.5$）。

3.3 表面耦合损耗的测定和补偿

在实际检测中，当调节检测灵敏度用的试块与工件表面粗糙度、曲率半径不同时，往往会因工件耦合损耗大而使检测灵敏度降低。为了弥补耦合损耗，必须增大仪器的输出来进行补偿。

3.3.1 耦合损耗的测定

为了恰当地补偿耦合损耗，应首先测定工件与试块表面耦合损耗的分贝差。

一般测定耦合损耗差的方法为：在表面耦合状态不同，其他条件（如材质、反射体、探头和仪器等）相同的工件和试块上测定二者回波或穿透波高分贝差。

首先制作两块材质与工件相同、表面状态不同的试块，如图3-15所示。一块为对比试

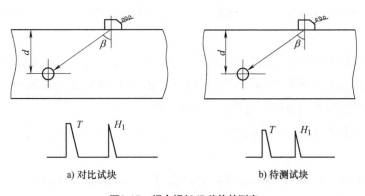

图3-15 耦合损耗dB差值的测定

块，粗糙度同试块，另一块为待测试块，表面状态同工件。分别在两试块同深度处加工相同的长横孔反射体，然后将探头分别置于两试块上，测出二者长横孔回波高度的ΔdB差，此ΔdB即为二者耦合损耗差。

以上是一次波检测时耦合损耗差的测定法。当用二次波检测时，常用一发一收的双探头穿透法测定。

当工件与试块厚度、底面状态相同时，只需在同样探测条件下用穿透法测定二者反射波高的ΔdB即可。

3.3.2 补偿方法

设测得的工件与试块表面耦合差补偿是ΔdB。具体补偿方法如下：

先用"衰减器"衰减ΔdB，将探头置于试块上调好检测灵敏度，然后再用"衰减器"增益ΔdB，即减少ΔdB衰减量，这时耦合损耗恰好得到补偿，试块和工件上相同反射体回波高度相同。

3.4 检测仪扫描速度（范围）的调节及缺陷的定位

在实际检测中，为了在确定的探测范围内发现规定大小的缺陷，并对缺陷定位和定量，就必须在探测前调节好仪器的范围（扫描速度）和灵敏度。

3.4.1 基于模拟式检测仪扫描速度的调节

仪器示波屏上时基扫描线的水平刻度值τ与实际声程x（单程）的比例关系，即$\tau:x=1:n$称为扫描速度或时基扫描线比例。它类似于地图比例尺，如扫描速度1：2表示仪器示波屏上水平刻度1mm表示实际声程2mm。

检测前应根据探测范围来调节扫描速度，以便在规定的范围内发现缺陷并对缺陷定位。

调节扫描速度的一般方法是根据探测范围利用已知尺寸的试块，或工件上的两次不同反射波的前沿，分别对准相应的水平刻度值来实现。不能利用一次反射波和始波来调节，因为始波与一次反射波的距离，包括超声波通过保护膜、耦合剂（直探头）或有机玻璃斜楔（斜探头）的时间，这样调节扫描速度误差大。下面重点介绍横波检测时扫描速度的调节方法。

一般横波扫描速度的调节方法有3种：声程调节法、水平调节法和深度调节法。

（1）声程调节法　声程调节法是使示波屏上的水平刻度值τ与横波声程x成比例，即$\tau:x=1:n$。这时仪器示波屏上直接显示横波声程。

按声程调节横波扫描速度可在IIW、CSK-IA、IIW2、半圆试块以及其他试块或工件上进行。

我国的CSK-IA试块在R100mm圆弧处增加了一个R50mm的同心圆弧面，这样就可以将横波探头直接对准R50mm和R100mm圆弧面，使回波B_1（R50mm）对准50mm、B_2

(R100mm）对准100mm，于是横波扫描速度1∶1和"0"点同时调好校准。

（2）水平调节法　水平调节法是指示波屏上水平刻度值τ与反射体的水平距离l成比例，即$\tau∶l = 1∶n$。这时示波屏水平刻度值直接显示反射体的水平投影距离（简称水平距离），多用于薄板工件焊缝横波检测。

按水平距离调节横波扫描速度可在CSK-IA试块、半圆试块、横孔试块上进行。

1）用CSK-IA试块调节时，先计算R50mm、R100mm对应的水平距离l_1、l_2：

$$l_1 = \frac{\text{tg}\beta \cdot R50}{\sqrt{1+\text{tg}^2\beta}}$$
$$l_2 = \frac{\text{tg}\beta \cdot R100}{\sqrt{1+\text{tg}^2\beta}} = 2l_1 \quad (3\text{-}2)$$

式中　β——斜探头的折射角（实测值）。

然后将探头对准R50mm、R100mm，调节仪器使B_1、B_2分别对准水平刻度l_1、l_2。当$\text{tg}\beta = 1.0$时，$l_1 = 35\text{mm}$，$l_2 = 70\text{mm}$，若使B_1-35，B_2-70，则水平距离扫描速度为1∶1。

2）用R50mm半圆试块调节时，先计算B_1、B_2对应的水平距离l_1、l_2：

$$l_1 = \frac{\text{tg}\beta \cdot R}{\sqrt{1+\text{tg}^2\beta}}$$
$$l_2 = \frac{\text{tg}\beta \cdot 3R}{\sqrt{1+\text{tg}^2\beta}} = 3l_1 \quad (3\text{-}3)$$

式中　β——斜探头的折射角（实测值）。

然后将探头对准R50mm圆弧，调节仪器使B_1、B_2分别对准水平刻度值l_1、l_2，当$\text{tg}\beta = 1.0$时，$l_1 = 35\text{mm}$，$l_2 = 105\text{mm}$。先使B_1、B_2分别对准0、70，再调"脉冲移位"使B_1-35，则水平距离扫描速度为1∶1。

3）利用横孔试块调节时，以RB-2试块为例说明之。

设探头的$\text{tg}\beta = 1.5$，并计算深度为20mm、60mm的ϕ3mm横通孔对应的水平距离l_1、l_2：

$$l_1 = \text{tg}\beta \cdot d_1 = 1.5 \times 20 = 30\text{mm}$$
$$l_2 = \text{tg}\beta \cdot d_2 = 1.5 \times 60 = 90\text{mm}$$

式中　β——斜探头的折射角（实测值）。

调节仪器使深度为20mm、60mm的ϕ3mm横通孔的回波H_1、H_2分别对准水平刻度30、90，这时水平距离扫描速度1∶1就调好了。需要指出的是，这里H_1、H_2不是同时出现的，当H_1对准30时，H_2不一定正好对准90，因此往往要反复调试，直至H_1对准30，H_2正好对准90。

（3）深度调节法　是使示波屏上的水平刻度值τ与反射体深度d成比例，即$\tau∶d = 1∶n$，这时示波屏水平刻度值直接显示深度距离。深度调节法常用于较厚工件焊缝的横波检测。

按深度调节横波扫描速度，可在CSK-IA试块、半圆试块和横孔试块等上调节。

1）用CSK-IA试块调节时，先计算R50mm、R100mm圆弧反射波B_1、B_2对应的深d_1、d_2：

$$d_1 = \frac{R50}{\sqrt{1+\text{tg}^2\beta}}$$
$$d_2 = \frac{R100}{\sqrt{1+\text{tg}^2\beta}} = 2d_1 \quad (3\text{-}4)$$

式中　β——斜探头的折射角（实测值）。

然后调节仪器，使B_1、B_2分别对准水平刻度值d_1、d_2。当$K = 2.0$时，$d_1 = 22.4$mm、$d_2 = 44.8$ mm，调节仪器使B_1、B_2分别对准水平刻度22.4、44.8，则深度1：1就调好了。

2）用$R50$mm半圆试块调节时，先计算半圆试块B_1、B_2对应的深度d_1、d_2：

$$d_1 = \frac{R}{\sqrt{1+\text{tg}^2\beta}}$$
$$d_2 = \frac{3R}{\sqrt{1+\text{tg}^2\beta}} = 3d_1 \quad (3\text{-}5)$$

式中　β——斜探头的折射角（实测值）。

然后调节仪器，使B_1、B_2分别对准水平刻度值d_1、d_2即可，这时深度1：1调好。

3）利用横孔试块调节：探头分别对准深度$d_1 = 40$mm，$d_2 = 80$mm的RB-2试块上的3mm横孔，调节仪器使d_1、d_2对应的$\phi 3$mm横孔回波H_1、H_2分别对准水平刻度40、80，这时深度1：1就调好了。这里同样需要反复调试，使H_1对准40时，H_2正好对准80。

3.4.2　基于数字式检测仪的调校

1. 纵波直探头自动调校

将探头对准CSK-IA试块上厚为25mm的底面，通过仪器上"自动调校"等按钮或菜单，输入起始距离25mm和终止距离50mm，分别使底波B_1、B_2的显示如图3-16所示。点击"确认"按钮后完成自动调校。

2. 表面波探头自动调校

将表面波探头置于图3-17所示位置，通过仪器上"自动调校"等按钮或菜单，输入起始距离50mm和终止距离100mm，调节仪器使棱边$R50$mm和$R100$mm的反射波分别对准水平刻度值50mm、100mm。点击"确认"按钮后完成自动调校。

3. 横波斜探头自动调校

将表面波探头置于图3-18所示位置，通过仪器上"自动调校"等按钮或菜单，输入起

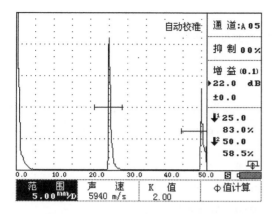

图3-16 用CSK-IA试块自动调校纵波直探头

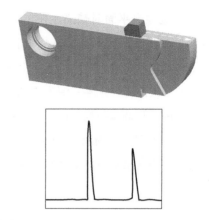

图3-17 用CSK-IA试块自动调校表面波探头

始距离50mm和终止距离100mm，调节仪器使R50mm和R100mm的反射波分别对准水平刻度值50mm、100mm。点击"确认"按钮后完成自动调校。

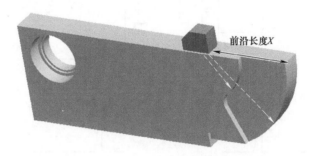

图3-18 用CSK-IA试块自动调校横波斜探头

3.4.3 缺陷位置的测定

超声波检测中缺陷位置的测定是确定缺陷在工件中的位置，简称定位。一般可根据示波屏上缺陷波的水平刻度值与扫描速度来对缺陷定位。

1. 纵波（直探头）检测时缺陷定位

对于模拟式检测仪器按1∶n调节纵波扫描速度，缺陷波前沿所对的水平刻度值为τ_f、测缺陷至探头的距离x_f为：

$$x_f = n\tau_f \tag{3-6}$$

若探头波束轴线不偏离，则缺陷正位于探头中心轴线上。

对于数字式检测仪，在仪器调校完成后，使用闸门套住缺陷信号，读取位置数据即可。

2. 表面波检测时缺陷定位

表面波检测时，缺陷位置的确定方法基本同纵波。只是缺陷位于工件表面，并正对探头中心轴线。

3. 横波检测平面时缺陷定位

横波斜探头检测平面时，波束轴线在探测面处发生折射，工件中缺陷的位置由探头的折射角和声程确定或由缺陷的水平和垂直方向的投影来确定。对于模拟式检测仪，由于横波扫描速度可按声程、水平、深度来调节，因此定位方式不同。下面分别加以介绍。

（1）按声程调节扫描速度　仪器按声程1：n调节横波扫描速度，缺陷波水平刻度为τ_f。

一次波检测时，如图3-19a所示，缺陷至入射点的声程$x_\mathrm{f} = n\tau_\mathrm{f}$，如果忽略横孔直径，则缺陷在工件中的水平距离$l_\mathrm{f}$和深度$d_\mathrm{f}$：

$$\begin{cases} l_\mathrm{f} = x_\mathrm{f} \sin\beta = n\tau_\mathrm{f} \sin\beta \\ d_\mathrm{f} = x_\mathrm{f} \cos\beta = n\tau_\mathrm{f} \cos\beta \end{cases} \quad (3\text{-}7)$$

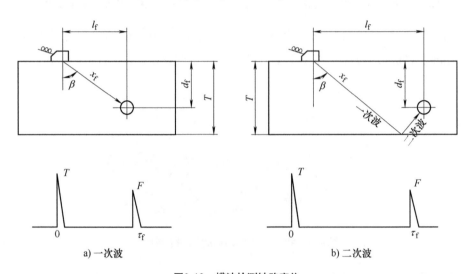

a) 一次波　　　　　　　　　　b) 二次波

图3-19　横波检测缺陷定位

二次波检测时，如图3-19b缺陷至入射点的声程$x_\mathrm{f} = n\tau_\mathrm{f}$，则缺陷在工件中的水平距离$l_\mathrm{f}$和深度$d_\mathrm{f}$为

$$\begin{cases} l_\mathrm{f} = x_\mathrm{f} \sin\beta = n\tau_\mathrm{f} \sin\beta \\ d_\mathrm{f} = 2T - x_\mathrm{f} \cos\beta = 2T - n\tau_\mathrm{f} \cos\beta \end{cases} \quad (3\text{-}8)$$

式中　T——工件厚度；

　　　β——探头横波折射角。

（2）按水平调节扫描速度　仪器按水平距离1：n调节横波扫描速度，缺陷波的水平刻度值为τ_f，采用K值探头检测。

一次波检测时，缺陷在工件中的水平距离l_f和深度d_f为：

$$\begin{cases} l_\mathrm{f} = n\tau_\mathrm{f} \\ d_\mathrm{f} = \dfrac{l_\mathrm{f}}{K} = \dfrac{n\tau_\mathrm{f}}{K} \end{cases} \quad (3\text{-}9)$$

二次波检测时，缺陷波在工件中的水平距离l_f和深度d_f为。

$$\begin{cases} l_f = n\tau_f \\ d_f = 2T - \dfrac{l_f}{K} = 2T - \dfrac{n\tau_f}{K} \end{cases} \quad (3\text{-}10)$$

例如，用K2横波斜探头检测厚度$T=15$mm的钢板焊缝，仪器按水平1∶1调节横波扫描速度，检测中在水平刻度$\tau_f=45$处出现一缺陷波，求此缺陷的位置。

由于$KT=2\times15=30$，$2KT=60$，$KT<\tau_f=45<2KT$，因此可以判定此缺陷是二次波发现的。那么缺陷在工件中的水平距离l_f和深度d_f为：

$$l_f = n\tau_f = 1\times 45 = 45\text{mm}$$

$$d_f = 2T - l_f/K = 2\times 15 - 45/2 = 7.5\text{mm}$$

（3）按深度调节扫描速度时　仪器按深度1∶n调节横波扫描速度，缺陷波的水平刻度值为τ_f，采用K值探头检测。一次波检测时，缺陷在工件中的水平距离l_f和深度d_f为：

$$\begin{cases} l_f = Kn\tau_f \\ d_{f_0} = n\tau_f \end{cases} \quad (3\text{-}11)$$

二次波检测时，缺陷在工件中的水平距离l_f和深度d_f为：

$$\begin{aligned} l_f &= Kn\tau_f \\ d_f &= 2T - n\tau_f \end{aligned} \quad (3\text{-}12)$$

对于数字式检测仪，在仪器调校完成后，使用闸门套住缺陷信号，读取位置数据即可。

（4）横波周向探测圆柱曲面时缺陷定位　前面讨论的是横波检测中探测面为平面时的缺陷定位问题。当横波探测圆柱面时，若沿轴向探测，缺陷定位与平面相同；若沿周向探测，缺陷定位则与平面不同。下面分外圆和内壁探测两种情况加以讨论。

1）外圆周向探测。如图3-20所示，外圆周向探测圆柱曲面时，缺陷的位置由深度H和弧长$\hat{L}$来确定，显然H、$\hat{L}$与平板工件中缺陷的深度d和水平距离l是有较大差别的。

图3-20中：

$AC=d$（平面工件中缺陷深度）

$BC=d\text{tg}\beta=Kd=l$（平板工件中缺陷水平距离）

$AO=R$，$CO=R-d$

$$\text{tg}\theta = \frac{BC}{OC} = \frac{Kd}{R-d}, \quad \theta = \text{tg}^{-1}\frac{Kd}{R-d}$$

$$BO = \sqrt{(Kd)^2 + (R-d)^2}$$

从而可得：

$$\begin{cases} H = OD - OB = R - \sqrt{(Kd)^2 + (R-d)^2} \\ \hat{L} = \dfrac{R\pi\theta}{180} = \dfrac{R\pi}{180}\mathrm{tg}^{-1}\dfrac{Kd}{R-d} \end{cases} \quad (3\text{-}13)$$

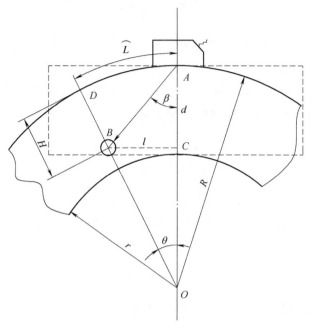

图3-20 外圆周向探测定位法

由式（3-13）算出，用K1.0探头外圆周向探测$\phi 2388\mathrm{mm} \times 148\mathrm{mm}$（外径×壁厚）圆柱曲面时，不同$d$值所对应的$H$和$\hat{L}$列于表3-1所示。

表3-1　外圆周向探测定位修正表　　　　　　　　　　（单位：mm）

$d\,(l)$	10	20	30	40	50	100	150
$\hat{L}$	10	20	31	41	52	109	170
H	10	20	30	39	49	95	139

从表3-1可以看出，当探头从圆柱曲面外壁作周向探测时，弧长$\hat{L}$总比水平距离l值大，但深度H却总比d值小，而且差值随d值增加而增大。

2）内壁周向探测。如图3-21所示，内壁周向探测圆柱曲面时，缺陷的位置由深度h和弧长$\hat{l}$来确定，这里的h和$\hat{l}$与平板工件中缺陷深度d和水平距离l是有较大差别的。

图3-21中：

$AC = d$（平板工件中缺陷的深度）

$BC = d\mathrm{tg}\beta = Kd = l$（平板工件中缺陷的水平距离）

$AO = r$，$CO = r + d$

$$\mathrm{tg}\theta = \dfrac{BC}{OC} = \dfrac{Kd}{r+d}, \quad \theta = \mathrm{tg}^{-1}\dfrac{Kd}{r+d}$$

$$BO = \sqrt{(Kd)^2 + (r+d)^2}$$

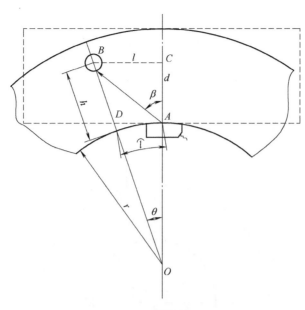

图3-21 内壁周向探测

从而可得：

$$\begin{cases} h = OB - OD = \sqrt{(Kd)^2 + (r+d)^2} - r \\ \hat{l} = \dfrac{r\pi\theta}{180} = \dfrac{r\pi}{180}\mathrm{tg}^{-1}\dfrac{Kd}{r+d} \end{cases} \quad (3\text{-}14)$$

由式（3-14）算出用K1.0探头内壁周向探测 ϕ2388mm×148mm圆柱曲面时，不同d值所对应的K和$\hat{l}$值列于表3-2所示。

表3-2 内孔周向探测定位修正表 （单位：mm）

d (l)	50	60	70	80	90	100	110	120	130
$\hat{l}$	48	57	65	74	82	91	99	107	115
H	51	62	72	83	94	104	115	126	137

由表3-2可以看出，当探头从圆柱曲面内壁作周向探测时，弧长$\hat{l}$总比水平距离l小，但深度h却总比d值大。

3）最大探测壁厚。如图3-22所示，当用横波外圆周向探测筒体工件时，对应于每一个确定的斜探头，都有一个对应的最大探测厚度。当波束轴线与筒体内壁相切时，对应的壁厚为最大探测厚度t_m，波束轴线将扫查不到内壁。折射角不同的斜探头最大探测壁厚t_m与工件外径D之比t_m/D可由下述方法导出。

$$\sin\beta = \frac{r}{R} = \frac{R-t_m}{R} = 1 - \frac{2t_m}{D}$$

$$\frac{t_m}{D} \leq \frac{1}{2}(1-\sin\beta) = \frac{1}{2}\left(1 - \frac{\text{tg}\beta}{\sqrt{1+\text{tg}^2\beta}}\right) \tag{3-15}$$

式中 t_m——可探测的最大壁厚；

D——工件外径；

β——探头的折射角。

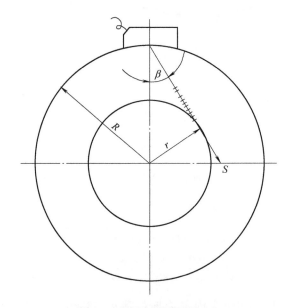

图3-22 斜探头K值范围的确定

探头的K值越小，可探测的最大壁厚就越大，K值越大，可探测的最大壁厚就越小。当K值取最小值时，对应的可探测壁厚最大，从理论上讲，$\beta = 33.2°$，$K = 0.65$时，可探测的壁厚最大为$t_m/D = 0.2262$，$r/R = 0.5476$。但由于这时的横波声压往复透射率低，容易漏检，所以，实际检测中K值应选得大一些。例如，我国一般的焊缝超声波检测标准都规定K值最小为K1.0。当$K = 1.0$时，可探测的最大壁厚与外径之比$t_m/D = 0.1465$，内外半径之比$r/R = 0.7071$。但随着r/R接近临界值，将会产生表面波，使声程偏差急剧增大。考虑到缺陷定位、定量的准确性，故一般把筒体可探测的内外半径范围定为$r/R \geq 80\%$。

3.5 检测灵敏度的调节及缺陷的定量

3.5.1 检测灵敏度的调节

检测灵敏度是指在确定的声程范围内发现文件中规定大小缺陷的能力。

调整检测灵敏度的目的在于发现工件中规定大小的缺陷，并对缺陷定量。检测灵敏度太高或太低都对检测不利。灵敏度太高，示波屏上杂波多，判伤困难；灵敏度太低，容易引起漏检。

一般根据产品技术要求或有关标准确定。可通过调节仪器上的【增益】、【衰减器】、【发射强度】等灵敏度旋钮来实现。

实际检测中，在粗探时为了提高扫查速度而又不致引起漏检，常常将检测灵敏度适当提高，这种在检测灵敏度的基础上适当提高后的灵敏度叫作扫查灵敏度。

调整检测灵敏度的常用方法有：试块调整法、工件底波调整法、DAC曲线法、AVG曲线法和TCG校准法。

1. 试块调整法

根据工件对灵敏度的要求选择相应的试块，将探头对准试块上的人工缺陷，调整仪器上的有关灵敏度旋钮，使示波屏上人工缺陷的最高反射回波达基准波高，这时灵敏度就调好了。

例如，超声波检测厚度为100mm的锻件，检测灵敏度要求是：不允许存在φ2mm平底孔当量大小的缺陷。检测灵敏度的调整方法是：先加工一块材质、表面粗糙度、声程与工件相同的φ2mm平底孔试块，将探头对准φ2mm平底孔，仪器保留一定的衰减余量，【抑制】调至"0"，调【增益】使φ2mm平底孔的最高回波达到基准波高（例如，80%或50%），这时检测灵敏度就调好了。

2. 工件底波调整法

利用试块调整灵敏度，操作简单方便，但需要加工不同声程不同当量尺寸的试块，成本高，携带不便。同时还要考虑工件与试块因耦合和衰减不同进行补偿。如果利用工件底波来调整检测灵敏度，那么既不要加工任何试块，又不需要进行补偿。

利用工件底波调整检测灵敏度，是根据工件底面回波与同深度的人工缺陷（如：平底孔）回波分贝差为定值，这个定值可以由下述理论公式计算出来。

$$\Delta = 20\lg \frac{P_B}{P_f} = 20\lg \frac{2\lambda x}{\pi D_f^2} (x \geqslant 3N) \qquad (3\text{-}16)$$

式中　　x——工件厚度；

D_f——要求检出的最小平底孔尺寸。

利用底波调整检测灵敏度时，将探头对准工件底面，仪器保留足够的余量，一般大于Δ+（6~10）dB（考虑扫查灵敏度），【抑制】调至"0"，调整仪器使底波B_1达基准波高（如：80%），然后增益ΔdB（即余量减少ΔdB），这时检测灵敏度就调好了。

由于理论公式只适用于$x \geqslant 3N$的情况，因此利用工件底波调灵敏度的方法也只能用于厚度尺寸$x \geqslant 3N$的工件，同时要求工件具有平行底面或圆柱曲底面，且底面光洁干净。当底面粗糙或有水、油时，将使底面反射率降低，底波下降，这样调整的灵敏度将会偏高。

利用试块和底波调整检测灵敏度的方法应用条件不同。利用底波调整灵敏度的方法主要用于具有平底面或曲底面大型工件的检测,如:锻件检测。利用试块调整灵敏度的方法主要用于无底波和厚度尺寸小于3N的工件检测,如:焊缝检测、钢板检测、钢管检测等。

此外,还可以利用工件某些特殊的固有信号来调整检测灵敏度,例如,在螺栓检测中常利用螺纹波来调整检测灵敏度。

3. DAC曲线法

DAC是根据在同一材料中的相同大小反射体位于距探头不同距离处的峰值幅度响应之间的关系而构建的参考曲线。同一当量的缺陷随着深度的增大,受信号的衰减、声束的扩散及其他因素的影响,其回波幅度呈指数下降趋势,将不同深度的同一当量的人工缺陷的反射回波幅度连成一条曲线,这条曲线就是DAC曲线。

(1)直探头平底孔DAC曲线法 根据工件对灵敏度的要求选择相应的试块,将探头放置于试块上的人工缺陷,找出要求声程人工缺陷的最高反射波并自动增益至80%,依次记录各平底孔的反射波幅度,将各点平滑连接,完成DAC曲线的制作。

例如,超声波检测厚度为100mm的锻件,检测灵敏度要求是:不允许存在ϕ2mm平底孔当量大小的缺陷,使用直探头进行检测时DAC曲线制作方法如下。

1)加工一块材质、表面粗糙度与工件相同的ϕ2mm平底孔试块,试块必须覆盖多种检测声程,可根据验收条件确定平底孔最小声程,如无特殊规定可为10mm、20mm、40mm、60mm、80mm、100mm。

2)首先将直探头放置于10mm声程的平底孔上方,移动探头找到该平底孔的最大反射回波,移动闸门套住平底孔反射回波后可使用自动增益辅助寻找最高回波,找到最高回波后记录10mm声程的最高波。

3)依次重复以上步骤完成20mm、40mm、60mm、80mm、100mm声程的ϕ2mm平底孔最高回波记录,将各个最高回波的点平滑连接形成了DAC曲线。

4)当DAC曲线不够平滑时,表示某一点的最高回波不准确,可将探头再次放置于该点上寻找最高回波并进行调整后完成DAC曲线的制作。

DAC曲线制作完成后调节增益,使所需的100mm处声程的DAC曲线调整至屏幕的80%高度或者标准所要求的基准波高,这时检测灵敏度就调好了。

(2)斜探头横孔技术DAC曲线法 在完成斜探头的声速校准、前沿值测量和K值测定后进行横孔技术DAC曲线的制作,该方法一般采用RB-1、RB-2、RB-3对比试块。以RB-2对比试块为例,制作方法如下。

1)将探头放置于试块上,移动探头找到最浅的横孔(见图3-23中①)最高反射波,记录该最高反射波。

2)如图3-23所示,重复以上步骤,依次寻找不同声程的横通孔的最高反射回波(见

图3-23中②、③、④),如有必要可采用二次波进行检测,以确保达到所需要的声程,将各个最高回波的点平滑连接形成了DAC曲线。

3)当DAC曲线不够平滑时,表示某一点的最高回波不准确,可将探头再次放置于试块上寻找该点对应声程横通孔的最高回波并进行调整后完成DAC曲线的制作。

4)DAC曲线制作完成后进入参数调节所需DAC曲线的基准,如H_0-14dB,并按照标准要求调整增益大小和表面补偿,完成检测灵敏度的设置。

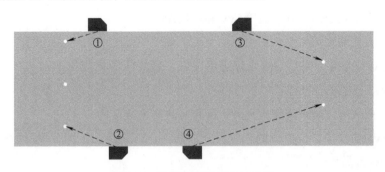

图3-23 用横孔试块制作DAC曲线

(3)斜探头矩形槽DAC曲线法 斜探头矩形槽DAC曲线法常用于薄壁板或焊缝的大角度横波检测,在完成斜探头的声速校准、前沿值测量和K值测定后进行矩形槽DAC曲线的制作,制作方法如下。

1)将斜探头放置于矩形槽试块上,前后移动探头找到矩形槽一次反射最高波并进行记录(见图3-24中①)。

2)将斜探头放置于矩形槽试块的反面,前后移动探头找到矩形槽二次反射最高波并进行记录(见图3-24中②)。

3)将斜探头放置于矩形槽试块上,前后移动探头找到矩形槽三次反射最高波并进行记录(见图3-24中③),各个最高回波的点平滑连接形成了DAC曲线,如范围需要,则继续步骤,得到矩形槽第四次反射最高波。

4)DAC曲线制作完成后进入参数调节所需DAC曲线的基准,如H_0-14dB,并按照标准要求调整增益大小和表面补偿,完成检测灵敏度的设置。

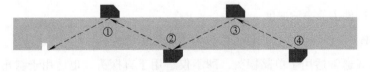

图3-24 用矩形槽试块制作DAC曲线

4. AVG曲线法

(1)AVG方法概述 AVG方法是基准线方法,模拟平底孔反射体的直径作为当量反射体的尺寸,该基准线根据声学原理制定,大多数情况下经过试验验证。AVG曲线是描述规则反射体距离、回波高度及当量尺寸之间关系的曲线，A、V、G是德文中距离、增益和大小（尺寸）字头的缩写，英文中缩写为DGS，AVG曲线可用于灵敏度调整和缺陷定量。

AVG曲线的A表示反射体，即缺陷或背面至工件探测表面的距离；V表示dB为单位的反射体回波高度；G表示缺陷回波相当圆盘形反射体的尺寸。

在该方法中，距离可以为声程，为水平距离及简化水平距离，但也可以用一标准距离"A"描述。

AVG曲线根据其通用性分为通用AVG和实用AVG。

（2）AVG方法的种类

1）通用AVG方法。该AVG曲线，通用性好，适用于不同规格的探头，因为它采用了归一化距离和归一化缺陷的当量大小。

通用AVG曲线可以用来调整检测灵敏度和对缺陷进行定量。

在通用AVG曲线中，反射体的当量尺寸以归一化方式给出，即替代反射体的大小为平底孔的直径比有效晶片直径：

$$G = \frac{D_{\text{KSR}}}{D_{\text{eff}}}$$

距离A为声程与近场长度之比：$A = \dfrac{S_{\text{ges}}}{N}$

在这里，声程是指晶片至反射体的总的声程。如用斜角探头检测，必须考虑楔块中的声程折算值。

$$S_{\text{ges}} = l_{\text{v}} \frac{c_{\text{LK}}}{c_{\text{pg}}} + S_{\text{pg}} = S_{\text{v}} + S_{\text{pg}}$$

式中 S_{ges}——计算A用的总声程（mm）；

l_{v}——晶片至声波入射点距离（mm）；

S_{v}——延时等效声程（mm）；

S_{pg}——试件中声程；

c_{LK}——探头楔块中的纵波波速；

c_{pg}——试件中的声波速度。

增益V（dB）是相对值，与仪器上的仪器增益数值无关。

该AVG曲线通常适用于单晶探头，即不仅适用于直探头，也适用于斜角探头，这意味着，该曲线可用于各种晶片尺寸和频率的探头，但也可用于不同材料及不同的声速。

使用通用AVG曲线（见图3-25）时，应提供有效晶片尺寸及探头楔块中的距离或延时声程（查探头参数表），通用AVG曲线不适用于双晶探头（使用特定的曲线）、聚焦探头、高阻尼探头及经过修磨的探头。

由于使用这种曲线要求进行归一化计算，所以只有当无实用AVG曲线，或按AVG曲线评定非钢材料时使用它。实用AVG曲线是为低合金钢制作的。这里，近场区长度是起决定性作用的，对于相应材料（如：铸铁、铝等）必须计算近场长度。

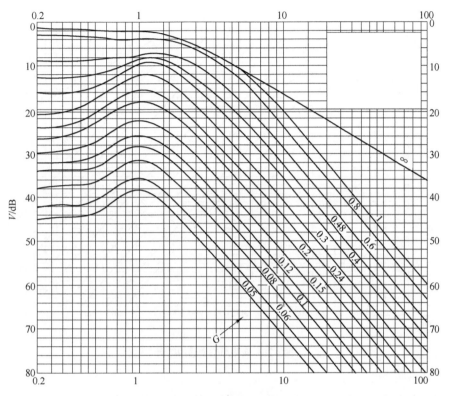

图3-25　通用AVG曲线

2）实用（专用）AVG曲线。实用AVG曲线是以横坐标表示实际声程，纵坐标表示规则反射体的相对波高，来描述距离、波幅、当量大小之间的关系曲线。

实用AVG曲线适用于某种类探头，并且通常适用于低合金钢。因此，探头的频率及尺寸是固定的，但入射角不是固定的。也就是说，对于各种入射角，通常只用一种实用AVG曲线。

距离坐标上为试件中的声程（声波入射点至反射体）。在制造者提供的曲线中有时绘出简化水平距离，当然这样必须列出探头角度，并保持。如果角度误差＞±2°，在远距离处是不适用的，否则误差将太大。

AVG这三个大写的字母一般只能在实用AVG曲线图表中找到（见图3-26），当给定频率检测时，A和G均取决于探头晶片直径，故是一种相对值。在实用AVG曲线图表中，距离和缺陷直径直接用绝对值（毫米或米）表示，即用a（S）代替A，D_f代替G。

实用AVG曲线图表是所有实用AVG曲线图表的基础，将三个字母综合起来所构成的评价方法，就是所谓的AVG法。

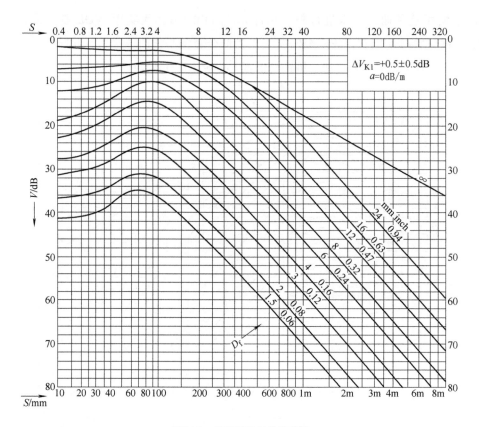

图3-26 实用AVG曲线的范例

（3）AVG曲线的应用

用基准高度评定。预先给定记录极限（如：某一尺寸的平底孔用KSR表示），所有达到或超过该KSR波高的缺陷应予记录。记录灵敏度的调节是这样的，使得所有探测范围应记录的缺陷波均达到或超过某一示波屏高度（BSH），则称为基准波高。

a.记录灵敏度的确定。首先，必须选择一个适当的反射体作为参考，可使用以下的参考反射体作为校正反射体。

• 标准参考试块的底波——直探头

• IIW2试块的25mm圆弧——高频4MHz小晶片探头

• IIW试块100mm圆弧——对应其他的斜探头

• 横通孔——所有探头

其次，记录灵敏度值不像直接法那样直接从调节试块实测得到，而是按步骤计算得出。

第一，反射体类型修正。AVG曲线仅包括了平底孔和底波反射。如果采用曲面圆弧或横通孔（常用于斜探头）作为参考基准，则必须要考虑不同反射体之间的差别，比如底波与曲面圆弧、平底孔与横通孔的反射差异，必须进行修正。

圆弧的修正由探头制造商提供；根据平底孔与横通孔的转换公式可用来进行横通孔的

标定；如使用试件的底波进行标定，可不考虑反射体类型的差异。

第二，校正点与基准点的修正。根据AVG曲线查出校正点的额外增益，即最大声程记录要求与参考反射体回波的差异。

首先使超声波入射到所选择的校正反射体上，并将回波波高达到基准波高（如：40%BSH），为此需要的增益值称为校正基础增益V_j，测得的声程称为S_j，如图3-27所示。

在AVG曲线图中S_j处引一平行于纵轴（V轴）的直线交于校正反射体对应的KSR曲线（平底孔曲线）上校正点P_j。通过校正点引一平行横轴（S轴）的直线而得到校正高度。

记录极限确定的KSR曲线为基准曲线，基准点在该曲线上。基准点P_B为最大距离处的平行于纵轴，交于该曲线上。穿过P_B引一条平行于S轴得到基准高度。记录灵敏度为校正基础增益V_j与增益附加值ΔV之和，即为校正高度与基准高度之间的dB值，从AVG曲线中获取，如图3-28所示。

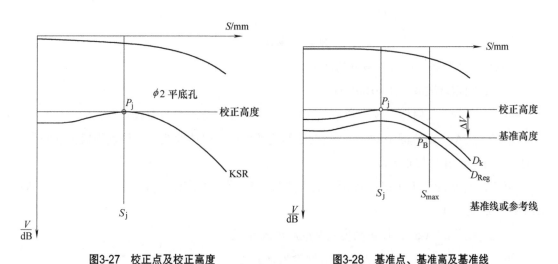

图3-27　校正点及校正高度　　　　图3-28　基准点、基准高及基准线

$$V_R = V_j + \Delta V$$

b.缺陷回波评定。当仪器的增益调节到记录灵敏度时，所有达到或者超过示波屏上基准波高的缺陷反射波，必须对其进行检查。将每个缺陷反射波调节到基准波高，记下对应的增益值V_U，如图3-29所示，然后计算出增益差ΔV_U。

$$\Delta V_U = V_U - V_R$$

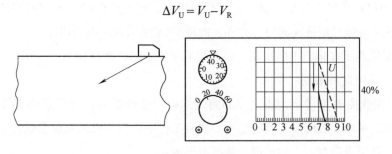

图3-29　V_U的确定

在AVG曲线图中，在缺陷波声程处，从基准高度向上作出ΔV_U。如果达到或超过基准线，该缺陷应记录，必须记下所有参数，特别是要记录超出记录极限部分的ΔH_U，如图3-30所示。

根据ΔH_U，即可确定当量尺寸(ERG)，就可得出该缺陷的平底孔当量。

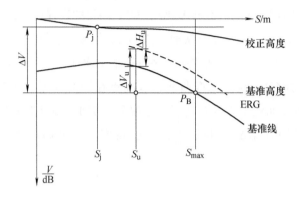

图3-30 缺陷波评定

c.具体工作步骤。记录灵敏度的确定：

第一，确定基准波高（40%BSH）。

第二，将校正反射体回波调到基准波高，记下校正基础增益V_j及校正声程S_j。

第三，在AVG曲线图中S_j处引直线交于给定的校正反射体曲线上，该点为校正点并作上记号，并在图中作出校正高度。

第四，在基准线上（记录极限）最大声程处S_{max}作上标记，这便是基准点P_B，在AVG图中作出基准高度。

第五，记下ΔV（ΔV：校正高度到基准高度的dB差）。

第六，$V_R = V_j + \Delta V$，在仪器上调节好检测灵敏度。

第七，把缺陷波调节到基准波高，记下增益值及相应声程S_U。

第八，计算$\Delta V_U = V_U - V_R$，记录下来。

第九，在AVG图中从基准高度作出ΔV_U。如果该缺陷波达到或超过基准曲线，然后记录ΔH_U或ERG（平底孔当量尺寸）。

该方法的优点是操作简单。缺点是声程较近时，组织产生的波超过基准波高，不应记录的反射波甚至可超过示波屏满幅。此外，需将ΔV_U值在AVG图中作出。

这些缺点限制了在检测中的应用，因为只有个别缺陷波需评定。

（4）AVG曲线图的限制

1）AVG曲线图的可评定范围。AVG曲线图中的基准线，在理想条件下描述了规则反射体的距离及当量尺寸对回波高度的影响。实际工作中出现的检测系统及试件的影响，使得按照AVG方法评定限制在一定的声程及波高范围内。

a.底波高度,由AVG曲线图中底波曲线表示。

b.发射脉冲对靠近探头的反射体回波高度的影响,由发射脉冲影响区。

c.微小缺陷及远处缺陷回波与试件组织反射波及仪器本身的电噪声波重叠。

2)物理学方面的限制。

a.大平底。当声波垂直入射到一个平面,其面积大于声束横截面,产生全反射,这时出现最大回波高度,这在AVG曲线中由大平底回波曲线表示。这类反射体的评定已不再可能用测量波高,而是必须探查缺陷的边缘来进行。

b.波长。对于非常小的缺陷的评定极限取决于波长的量级。在理想条件下,反射体的尺寸至少要达到波长的十分之一,才认为能够探测到。

3)仪器技术方面的限制。

a.发射脉冲影响区。发射脉冲影响区是指靠近探测表面的区域,这里靠近探头的反射体的回波高度由于发射脉冲的作用误差大于2dB,如图3-31所示。

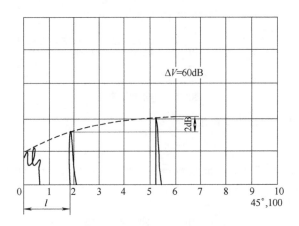

图3-31 发射脉冲影响区的测量

b.电噪声。电噪声反射如图3-32,电噪声波高度图3-33所示。

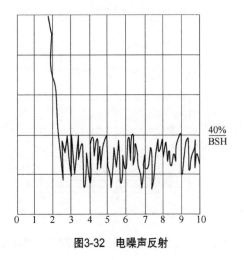

图3-32 电噪声反射

4）由试件条件导致的限制。

a.声波衰减。由于声波的衰减，试件中反射的回波高度随声程增加而下降，以致于在较大声程处可能进入到电噪声反射波中。

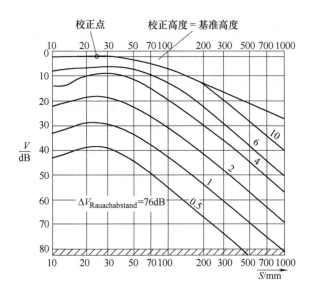

图3-33 电噪声波高度

衰减曲线公式：$V_K = 2ks$ 计算得出。

例题：

根据图3-34所示测定试件的声波衰减系数，得：$k = 70 \text{dB/m}$，如图3-35所示出在AVG曲线图中的衰减曲线。

$\dfrac{s}{\text{mm}}$	$\dfrac{V_k}{\text{dB}}$
10	1.4
25	3.5
50	7
100	14
200	28
400	56

图3-34 V_K 的计算

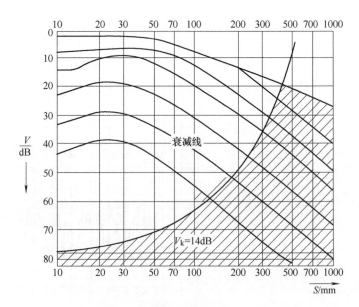

图3-35 衰减曲线

b.组织反射波。组织反射波也称为散射波或"草状波"。

例题：

图3-36中测定的散射曲线绘入图3-37中的AVG曲线中。

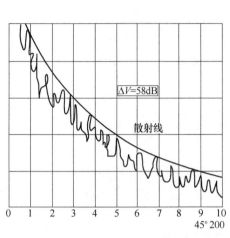

图3-36　组织反射波

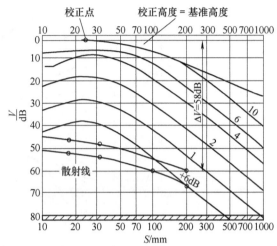

图3-37　散射曲线

增益差ΔV给出，在测量散射曲线时，仪器灵敏度应比灵敏度调节高出多少dB值。

5）信噪比。衰减曲线及散射曲线给出干扰波，这是由电噪声及晶界散射产生的。

电噪声与声程无关，在荧光屏上保持一定的高度，而晶界散射引起的噪声会随着声程的增加而降低（由于声程增加，噪声信号被衰减）。

如果缺陷波与干扰波波高相同，即信噪比为0dB，则缺陷波无法发现。

为了允许用AVG方法评定缺陷波，信噪比的最小值必须为何值，在超声波检测规程中有不同的规定。常见值为6dB。

因此，在AVG曲线图中由声波衰减及散射限定的界限取决于：在小声程处为信噪比最小值，在大声程处为衰减曲线。

例题：

如图3-38所示AVG曲线的界限，信噪比最小值为6dB。

在图3-38中考虑了所有AVG曲线的界限，通过这种方法对某一检测系统设计的可评价区示出了声程及波高范围，在该区试件内缺陷可以用AVG方法评定。

5. TCG校准法

TCG又称时间增益修正或距离幅度补偿，有两个含义：①检测仪中通过改变来自相同尺寸，但不同距离处的反射体的回波的放大倍数，从而使这些回波在显示器上具有同样高度的功能；②针对由于声程增加而引起的信号幅度降低，使所有参考回波幅度达到同一高度的补偿方法。仪器对不同声程处相同尺寸反射体的回波进行增益修正，使之达到相同幅值。修

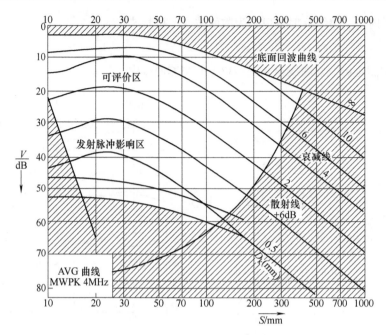

图3-38 对于某一检测系统及试件的可评价区

正后得到的是一条直线，即所有深度的相同反射体的反射波幅都一样。TCG曲线可以通过理论计算或采集不同深度的相同反射体的回波信号来绘制。TCG校准采用RB系列对比试块或其他等效试块。分别选择不同深度的横孔，通过闸门自动锁定最大反射回波，并采集该回波信号。通过系统增益补偿让声束回波达到相同幅值，绘制TCG曲线。

在相控阵超声波检测中，无论是线扫描还是扇扫描，最终都会通过二维彩图的方式显示被波束覆盖的区域，从而识别出检测区域内不同位置的缺陷回波信号，也可通过颜色判断反射回波的高度，但前提是检测范围内的灵敏度一致；另一方面，相控阵超声波检测通常会连接编码器，通过一次单线扫查的方式采集存储每个位置的数据，因此无法像常规超声波一样在检测过程中实时调节仪器的增益值，这就要求其检测范围内所有深度处的初始灵敏度不宜过低，以免较深位置的反射回波过低，无法分析评定数据。鉴于此，在相控阵超声波检测中，通常会使用TCG校准替代DAC曲线进行灵敏度的调节设置。

经研究发现，对壁厚较大的试件进行相控阵超声波检测，按照TCG方式设置的检测灵敏度高于DAC方式，缺陷检出率高，扫描图像清晰匀称、噪声小。这是由于TCG方式通过对A扫描回波幅度进行深度补偿后，使得同一尺寸反射体回波幅度与其在被检材料中的深度无关，声程远处的检测灵敏度自动提高，更有利于发现位于声程较远位置缺陷。而DAC方式只是将不同深度相同尺寸反射体的反射回波幅度连成一条曲线作为缺陷评定依据。因此，对于壁厚较大试件建议采用TCG方式设置检测灵敏度。

由于超声波近场内存在极值变化，衰减的非线性会直接影响TCG校准补偿的精确度和有效性。目前，无论是相控阵超声波检测设备还是波束模拟软件均没有说明当前设置下的近场，且检测标准中也没有对TCG添加点深度间隔的要求，实际检测中通常仅对TCG校准点的灵敏度进行核查，因此极易忽略TCG曲线在非校准点深度的补偿有效性。在相控阵超声波检测工艺制定时，了解并计算选用设置下的近场深度是十分必要的。当检测区域在近场以外，而聚焦深度设置在检测区域附近时，会造成检测区域内声场能量分布的变化，添加TCG点的深度间隔不应过大；当检测区域在近场以内时，不应局限于3个TCG点的最少添加要求，应结合检测厚度控制TCG校准点的间隔，确保TCG校准曲线能够有效补偿到检测区域的各个深度，保证相控阵超声波检测灵敏度的一致性。

TCG校准过程中受偏转角度、激发孔径、试块及人员等各种因素的影响，同时仪器聚焦深度的选择也会影响结果的分辨力。随着激发晶片数量的增加，TCG可调节的检测深度范围增加。当偏转角度设置为40°～70°，激发8晶片进行TCG校准时，由于激发孔径较小，探头的发射能量较低，对30mm深孔进行大角度（60°～70°）TCG校准时，由于超声波衰减严重导致不能进行校准。为避免该现象，必须对初始偏转角度进行重新设置，当晶片数量增大时，探头发射能量提高，大角度TCG校准超声波衰减减弱，角度偏转范围增大，检测深度也随之增大，但在一定数量的激发晶片情况下，其适宜进行TCG校准的偏转角度和检测深度只能通过试验确定，对某一厚度工件进行加楔块扇扫描检测时，晶片数量选取全激发能够取得良好的检测效果。

TCG校准过程中，还应注意对比试块的选取。如采用CSK-IIA-2试块对深度为60mm的横通孔进行TCG校准，当小角度扫描到60mm横通孔时，观察S扫显示会发现同等深度区域内大角度处存在一个反射能量很高的回波，导致TCG不能有效校准。通过声束仿真软件进行仿真表明，该回波主要由端部斜面反射造成。因此在TCG校准过程中，应选择合理的对比试块，避免对检测结果造成影响。

3.5.2 缺陷大小的测定

缺陷定量包括确定缺陷的大小和数量，而缺陷的大小指缺陷的面积和长度。

目前，在工业超声波检测中，对缺陷的定量的方法很多，但均有一定的局限性。常用的定量方法有当量法、底波高度法和测长法三种。当量法和底波高度法用于缺陷尺寸小于声束截面的情况，测长法用于缺陷尺寸大于声束截面的情况。

1. 当量法

采用当量法确定的缺陷尺寸是缺陷的当量尺寸。常用的当量法有当量试块比较法、当量计算法和当量AVG曲线法。

（1）当量试块比较法 当量试块比较法是将工件中的自然缺陷回波与试块上的人工缺陷回波进行比较，来对缺陷定量的方法。

加工制作一系列含有不同声程、不同尺寸的人工缺陷（如：平底孔）试块，检测中发现缺陷时，将工件中自然缺陷回波与试块上人工缺陷回波进行比较。当同声程处的自然缺陷回波与某人工缺陷回波高度相等时，该人工缺陷的尺寸就是此自然缺陷的当量大小。

利用试块比较法对缺陷定量要尽量使试块与被探工件的材质、表面粗糙度和形状一致，并且其他探测条件不变，如：仪器、探头，灵敏度旋钮的位置，对探头施加的压力等。

当量试块比较法是超声波检测中应用最早的一种定量方法，其优点是直观易懂，当量概念明确，定量比较稳妥可靠。但这种方法需要制作大量试块，成本高，同时操作也比较繁琐，现场检测要携带很多试块，很不方便。因此当量试块比较法应用不多，仅在 $x<3N$ 的情况下或特别重要零件的精确定量时应用。

（2）当量计算法 当 $x \geqslant 3N$ 时，规则反射体的回波声压变化规律基本符合理论回波声压公式。当量计算法就是根据检测中测得的缺陷波高的dB值，利用各种规则反射体的理论回波声压公式进行计算来确定缺陷当量尺寸的定量方法。应用当量计算法对缺陷定量不需要任何试块，是目前广泛应用的一种当量法。下面以纵波检测为例来说明平底孔当量计算法。

当 $x \geqslant 3N$ 时，

大平底回波声压公式： $P_B = \dfrac{P_0 F_s}{2\lambda x_B} e^{-\dfrac{2\alpha x_B}{8.68}}$

平底孔回波声压公式： $P_f = \dfrac{P_0 F_s F_f}{\lambda^2 x_f^2} e^{-\dfrac{2\alpha x_f}{8.68}}$

不同距离处的大平底与平底孔回波分贝差为

$$\Delta_{B_f} = 20\lg\dfrac{P_B}{P_f} = 20\lg\dfrac{2\lambda x_f^2}{\pi D_f^2 x_B} + 2\alpha(x_f - x_B) \tag{3-17}$$

式中 Δ_{B_f} ——底波与缺陷波的dB差；

x_f——缺陷至探测面的距离；

x_B——底面至探测面的距离；

D_f——缺陷的当量平底孔直径；

λ——波长；

α——材质衰减系数（单程）。

不同平底孔回波分贝差为

$$\Delta_{12} = 20\lg\dfrac{P_{f_1}}{P_{f_2}} = 40\lg\dfrac{D_{f_1} x_2}{D_{f_2} x_1} + 2\alpha(x_2 - x_1) \tag{3-18}$$

式中 Δ_{12} ——平底孔1、2的dB差；

D_{f_1}、D_{f_2}——平底孔1、2的当量直径；

x_1、x_2——平底孔1、2的距离。

利用以上两式和测试结果可以算出缺陷的当量平底孔尺寸。不考虑材质衰减时，可令式（3-17）和式（3-18）中衰减系数α为0。

（3）当量AVG曲线法　当量AVG曲线法是利用通用AVG或实用AVG曲线来确定工件中缺陷的当量尺寸。

2. 测长法

当工件中缺陷尺寸大于声束截面时，一般采用测长法来确定缺陷的长度。

测长法是根据缺陷波高与探头移动距离来确定缺陷的尺寸。按规定的方法测定的缺陷长度称为缺陷的指示长度。由于实际工件中缺陷的取向、性质、表面状态等都会影响缺陷回波高度，因此缺陷的指示长度总是小于或等于缺陷的实际长度。

根据测定缺陷长度时的灵敏度基准不同，将测长法分为相对灵敏度法、绝对灵敏度法和端点峰值法。

（1）相对灵敏度测长法　相对灵敏度测长法是以缺陷最高回波为相对基准，沿缺陷的长度方向移动探头，降低一定的dB值来测定缺陷的长度。降低的分贝值有3dB、6dB、10dB、12dB和20dB等几种。常用的是6dB法和端点6dB法。

1）6dB法（半波高度法）。由于波高降低6dB后正好为原来波高的一半，因此6dB法又称为半波高度法，如图3-39所示。

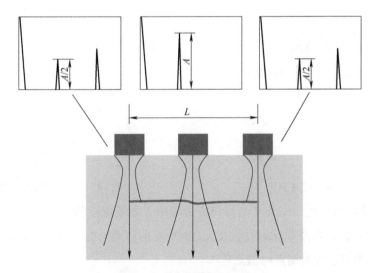

图3-39　半波高度法（6dB法）

半波高度法具体做法是：移动探头找到缺陷的最大反射波（不能达到满屏），然后沿缺陷方向左右移动探头，当缺陷波高降低一半时，探头中心线之间距离就是缺陷的指示长度。

6dB法的具体做法是：移动探头找到缺陷的最大反射波后，调节衰减器，使缺陷波高降至基准波高。然后用衰减器将仪器灵敏度提高6dB，沿缺陷方向移动探头，当缺陷波高降至基准波高时，探头中心线之间距离就是缺陷的指示长度。

半波高度法（6dB法）是用来对缺陷测长较常用的一种方法。适用于测长扫查过程中缺陷波只有一个高点的情况。

2）端点6dB法（端点半波高度法）。当缺陷各部分反射波高有很大变化时，测长采用端点6dB法。

端点6dB法测长的具体做法是：当发现缺陷后，探头沿着缺陷方向左右移动，找到缺陷两端的最大反射波，分别以这两个端点反射波高为基准，继续向左、向右移动探头，当端点反射波高降低一半时（或6dB时），探头中心线之间的距离即为缺陷的指示长度，如图3-40所示。这种方法适用于测长扫查过程中缺陷反射波有多个高点的情况。

半波高度法和端点6dB法都属于相对灵敏度法，因为它们是以被测缺陷本身的最大反射波或以缺陷本身两端最大反射波为基准来测定缺陷长度的。

（2）绝对灵敏度测长法　绝对灵敏度测长法是在仪器灵敏度一定的条件下，探头沿缺陷长度方向平行移动，当缺陷波高降到规定位置时（见图3-41B线），探头移动的距离即为缺陷的指示长度。

绝对灵敏度测长法测得的缺陷指示长度与测长灵敏度有关。测长灵敏度高，缺陷指示长度大。在自动检测中常用绝对灵敏度法测长。

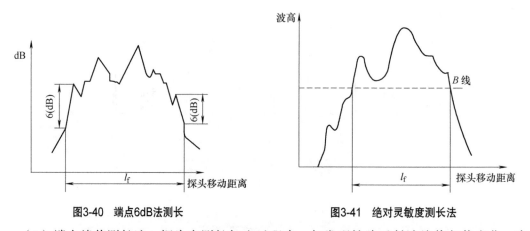

图3-40　端点6dB法测长　　　　图3-41　绝对灵敏度测长法

（3）端点峰值测长法　探头在测长扫查过程中，如发现缺陷反射波峰值起伏变化，有多个高点时，则可以缺陷两端反射波极大值之间探头的移动长度来确定为缺陷指示长度，如图3-42所示。这种方法称为端点峰值测长法。

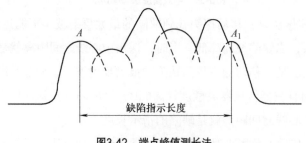

图3-42　端点峰值测长法

端点峰值法测得的缺陷长度比端点6dB法测得的指示长度要小一些。端点峰值法也只适用于测长扫查过程中,缺陷反射波有多个高点的情况。

3. 底波高度法

底波高度法是利用缺陷波与底波的相对波高来衡量缺陷的相对大小。

当工件中存在缺陷时,由于缺陷反射,使工件底波下降。缺陷愈大,缺陷波愈高,底波就愈低,缺陷波高与底波波高之比就愈大。

底波高度法常用以下几种方法来表示缺陷的相对大小。

(1)F/B_F法 F/B_F法是在一定的灵敏度条件下,以缺陷波高F与缺陷处底波高B_F之比来衡量缺陷的相对大小,如图3-43a所示。

(2)F/B_G法 F/B_G法是在一定的灵敏度条件下,以缺陷波高F与无缺陷处底波高B_G之比来衡量缺陷的相对大小,如图3-43b所示。

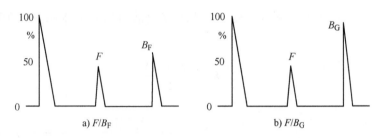

图3-43　底波高度法

(3)B_G/B_F法 B_G/B_F法是在一定的灵敏度条件下,以无缺陷处底波B_G与缺陷处底波B_F之比来衡量缺陷的相对大小。

底波高度法不用试块,可以直接利用底波调节灵敏度和比较缺陷的相对大小,操作方便。但不能给出缺陷的当量尺寸,同样大小的缺陷,距离不同,F/B_F不同,距离小时F/B_F大,距离大时F/B_F小。因此F/B_F相同的缺陷当量尺寸并不一定相同。此外底波高度法只适用于具有平行底面的工件。

最后还要指出:对于较小的缺陷底波B_1往往饱和;对于密集缺陷往往缺陷波不明显,这时底波高度法就不适用了,但这时可借助于底波的次数来判定缺陷的相对大小和缺陷的密集程度。底波次数少,缺陷尺寸大或密集程度严重。

底波高度法可用于测定缺陷的相对大小、密集程度、材质晶粒度和石墨化程度等。

3.6　缺陷自身高度的测定

设备的安全可靠性除与缺陷长度有关外,还与缺陷自身高度有关。在脆性断裂破坏中,有时缺陷高度比长度更为重要。然而缺陷高度测定比长度困难更大。迄今为止,缺陷高度测定,还处于研究阶段。虽然测定方法较多,但实际应用时,测量精度不高,误差较大。下面介绍几种用得较多的方法。

这里的缺陷包括表面开口和未开口缺陷,表面开口缺陷又分为上表面开口和下表面开口两种情况。

3.6.1 表面波波高法

如图3-44所示,表面波入射到上表面开口缺陷时,会产生一个反射回波,其波高与缺陷深度有关。当缺陷深度较小时,波高随缺陷深度增加而升高。实际探测中,常加工一些具有不同深度的人工缺陷试块,利用试块比较法来确定缺陷的深度。

这种方法只适用于测试深度较小的表面开口缺陷。当缺陷深度超过两倍波长时,测试误差大。

3.6.2 表面波时延法

(1)单探头法 如图3-45所示,仪器按表面波声程1∶n调节比例,表面波在缺陷开口A处和尖端B处产生A、B两个反射回波。根据A、B波前沿所对的水平刻度值τ_A、τ_B确定缺陷深度h

$$h = \frac{n(\tau_B - \tau_A)}{2} \qquad (3\text{-}19)$$

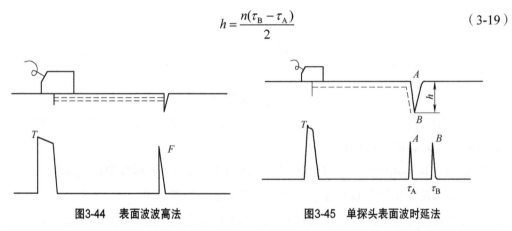

图3-44 表面波波高法　　图3-45 单探头表面波时延法

这种方法只适用于深度较大的开口缺陷。深度太小,难以分辨。缺陷表面过于粗糙,测试误差增加。如果缺陷中充满了油或水,误差会更大。

(2)双探头法 如图3-46所示,仪器按表面波声程1∶n调节比例,先将两个一发一收的表面波探头置于无缺陷处的工件表面,这时示波屏上出现一个波H_1,记录该波前沿的刻度值τ_1和两探头之间距离a,然后将两探头置于缺陷两侧,间距保持不变,这时探头发出的表面波绕过缺陷被接收探头接收,示波屏上出现一个波H_2,其水平刻度值为τ_2,这时缺陷的深度h为:

$$h = \frac{n(\tau_2 - \tau_1)}{2} \qquad (3\text{-}20)$$

这种方法只适用于测量表面开口缺陷,试验室测试误差可达±1mm。但当缺陷内含油或水等液体时，表面波有可能跨越缺陷开口，使测试误差大大增加。此外，缺陷端部太尖锐，接收到的波低甚至接收不到。还有缺陷表面过于粗糙，接收回波低，且误差增大。

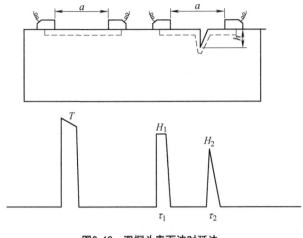

图3-46 双探头表面波时延法

3.6.3 横波串列式双探头法

如图3-47所示，对于表面光洁且垂直于探测面的缺陷，单探头接收不到缺陷反射波。需用两个折射角相同的斜探头进行串列式探测来测定缺陷的高度。这时两个探头作一发一收，当工件中无缺陷时，接收探头接收不到回波。当工件中存在缺陷时，发射探头发出的波从缺陷反射到底面，再从底面反射至接收探头，在示波屏上产生一个回波。该回波位置固定不动。两探头前后平行扫查，确定声束轴线入射到缺陷上下端点时的位置A、A'和B、B'。然后根据探头A、B处的距离$\overline{AB}$和$K(\beta)$值求得h

$$h = \frac{\overline{AB}}{\text{tg}\beta} = \frac{\overline{AB}}{K} = \frac{H_1 - H_2}{2K} \quad (3\text{-}21)$$

式中 H_1——探头A、A'位置的间距；

H_2——探头B、B'位置的间距。

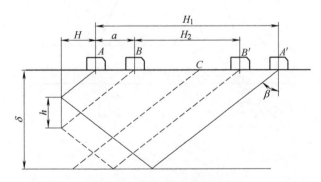

图3-47 横波串列式双探头法

串列式双探头法测定缺陷下端点时,存在一个探测不到的盲区,如图3-48所示。盲区高度h'取决于两探头靠在一起时两入射点的距离b(即探头长度)。

$$h' = \frac{b}{2\text{tg}\beta} = \frac{b}{2K} \qquad (3-22)$$

式中 β——探头的折射角,$K=\text{tg}\beta$。

这种方法用于测试表面未开口缺陷高度。

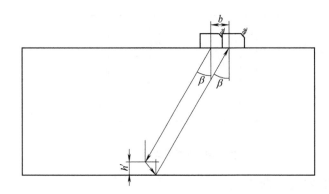

图3-48 串列式扫查盲区

3.6.4 相对灵敏度20dB法

如图3-49所示,先用一次波找到缺陷最高回波,前后移动探头,确定缺陷回波下降20dB时探头的位置A、B。最后根据A、B位置的声程x_1、x_2和$K(\beta)$求得h

$$h = x_2\cos\beta_2 - x_1\cos\beta_1 \qquad (3-23)$$

式中 β_1、β_2——声束轴线声压下降20dB时的折射角,可用试块上的人工缺陷测定。

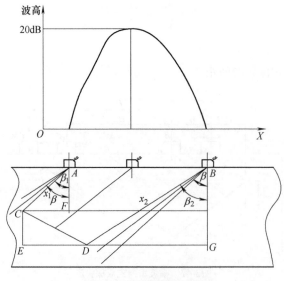

图3-49 相对灵敏度20dB

相对灵敏度法也可采用6dB、10dB法测定，测试方法同20dB法。

3.6.5 衍射波法

如图3-50所示，将两个折射角相同的斜探头置于缺陷两侧，作一发一收，发射探头发出的波在缺陷端部产生衍射。被接收探头接收，平行对称移动探头找到最高回波。这时缺陷深度h为

$$h = \frac{a}{2\text{tg}\beta} = \frac{a}{2K} \tag{3-24}$$

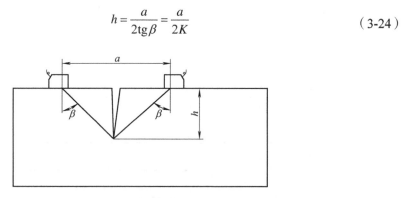

图3-50 衍射波法

3.6.6 端部最大回波法

如图3-51所示，当横波斜探头主声束轴线打到缺陷端部时，产生一个较高的回波F，根据探头前沿至缺陷的距离a和探头的$K(\beta)$值可得缺陷深度h为

$$h = \frac{a + l_0}{\text{tg}\beta} = \frac{a + l_0}{K} \tag{3-25}$$

式中　l_0——探头前沿长度。

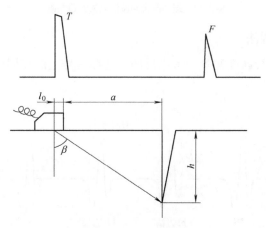

图3-51 横波端部最大回波法

利用端部最大回波法还可测定表面未开口缺陷的高度，如图3-52所示。当声波主声束轴线入射到缺陷中部时，由于缺陷表面凹凸不平，示波屏上将产生回波F_0，探头前后移动波

束轴线打到缺陷上、下端点，产生较强的回波F_1、F_2，当F_1、F_2降为半波高度（6dB法）时，探头位于1、2处。根据1、2处的声程x_1、x_2和探头的$K(\beta)$值可求得缺陷自身高度h：

$$h_1 = x_1\cos\beta, \quad h_2 = x_2\cos\beta$$
$$h = h_2 - h_1 = (x_2 - x_1)\cos\beta \tag{3-26}$$

利用探头1、2处的间距a也可求得h：

$$h = \frac{a}{\mathrm{tg}\beta} = \frac{a}{K} \tag{3-27}$$

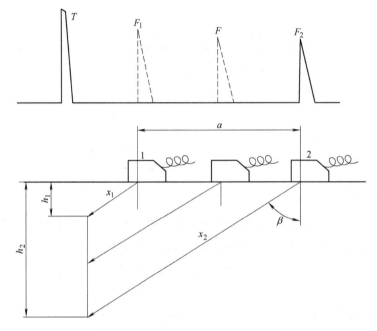

图3-52 端部最大回波法测未开口缺陷

3.6.7 TOFD检测法

应以A扫描信号进行高度测量，考虑反向，选择信号上的相同位置。建议使用以下方法之一（见图3-53）。

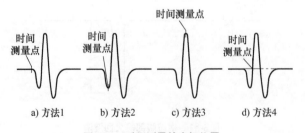

图3-53 时间测量的光标位置

方法1：通过测量信号前沿之间的传输时间来确定。
方法2：通过测量第一峰之间的传输时间来确定。

方法3：通过测量最高波幅之间的传输时间来确定。

方法4：通过测量信号起始零交叉点之间的传输时间来确定。

3.6.8 相控阵检测法

如图3-54、图3-55所示，选择确认的衍射信号（3和4）。将光标放在对应的衍射信号最大幅度上，所测的高度h是Z坐标上的差异。

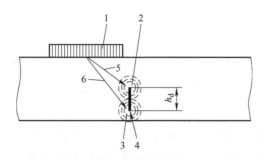

图3-54 用于确定高度的衍射信号（可使用E扫描或/和S扫描）

1—相控阵探头 2—上尖端衍射信号 3—下尖端衍射信号 4—不连续 5—定量时到上尖端的声程（半跨距）
6—定量时到下尖端的声程（半跨距） h_d—不连续的高度

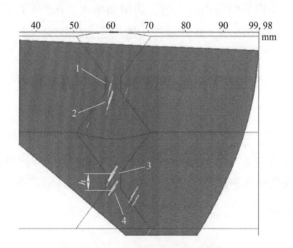

图3-55 内部不连续的扇扫描成像

1—半跨距内上尖端衍射信号的显示 2—半跨距内下尖端衍射信号的显示 3—全跨距内下尖端衍射信号的显示
4—全跨距内上尖端衍射信号的显示 h—测量的高度

3.7 影响缺陷定位、定量的主要因素

目前A型脉冲反射式超声波检测仪是根据荧光屏上缺陷波的位置和高度来评价被检工件中缺陷的位置和大小，然而影响缺陷波位置和高度的因素很多。了解这些影响因素，对于提高定位、定量精度是十分有益的。

3.7.1 影响缺陷定位的主要因素

1. 仪器的影响

（1）仪器水平线性　仪器水平线性的好坏对缺陷定位有一定的影响。当仪器水平线性不佳时，缺陷定位误差大。

（2）仪器水平刻度精度　仪器时基线比例是根据示波屏上水平刻度值来调节的，当仪器水平刻度不准时，缺陷定位误差增大。

2. 探头的影响

（1）声束偏离　无论是垂直入射还是倾斜入射检测，都假定波束轴线与探头晶片几何中心重合，但实际上这两者往往难以重合。当实际声束轴线偏离探头几何中心轴线较大时，缺陷定位精度就会下降。

（2）探头双峰　一般探头发射的声场只有一个主声束，远场区轴线上声压最高。但有些探头性能不佳，存在两个主声束。发现缺陷时，不能判定是哪个主声束发现的，因此也就难以确定缺陷的实际位置。

（3）斜楔磨损　横波探头在检测过程中，斜楔将会磨损。当操作者用力不均时，探头斜楔前后磨损不同。当斜楔后面磨损较大时，折射角增大，探头K值增大；当斜楔前面磨损较大时，折射角减小，K值也减小。此外，探头磨损还会使探头入射点发生变化，影响缺陷定位。

（4）探头指向性　探头半扩散角小，指向性好，缺陷定位误差小，反之定位误差大。

3. 工件的影响

（1）工件表面粗糙度　工件表面粗糙时不仅耦合不良，而且会因表面凹凸不平，使声波进入工件的时间产生差异。当凹槽深度为$\lambda/2$时，则进入工件的声波相位正好相反，这样就犹如一个正负交替变化的次声源作用在工件上，使进入工件的声波互相干涉形成分叉（见图3-56），从而使缺陷定位困难。

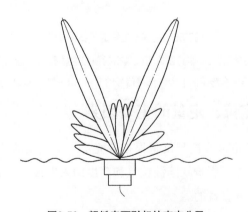

图3-56　粗糙表面引起的声束分叉

（2）工件材质　工件材质对缺陷定位的影响可从声速和内应力两方面来讨论。当工件与试块的声速不同时，就会使探头的K值发生变化。另外，工件内应力较大时，将使声波的传播速度和方向发生变化。当应力方向与波的传播方向一致时，若应力为压缩应力，则应力作用使试件弹性增加，这时声速加快。反之，若应力为拉伸应力，则声速减慢。当应力与波的传播方向不一致时，波动过程中质点振动轨迹受应力干扰，使波的传播方向产生偏离，影响缺陷定位。

（3）工件表面形状　探测曲面工件时，探头与工件接触有两种情况：一种是平面与曲面接触，这时为点或线接触，握持不当，探头折射角容易发生变化；另一种是将探头斜楔磨成曲面，探头与工件曲面接触，这时折射角和声束形状将发生变化，影响缺陷定位。

（4）工件边界　当缺陷靠近工件边界时，由于侧壁反射波与直接入射波在缺陷处产生干涉，使声场声压分布发生变化，声束轴线发生偏离，使缺陷定位误差增加。

（5）工件温度　探头的K值一般是在室温下测定的。当探测的工件温度发生变化时，工件中的声速发生变化，使探头的折射角随之发生变化，如图3-57所示。图中曲线表示$\beta>45°$的探头折射角变化情况。当温度低于20℃时，$\beta<45°$。当温度高于20℃时，$\beta>45°$。

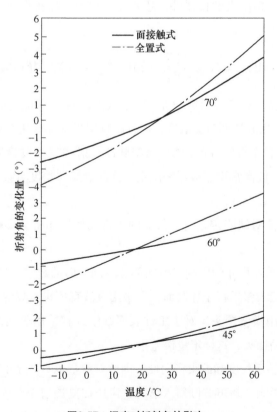

图3-57　温度对折射角的影响

（6）工件中缺陷情况　工件内缺陷方向也会影响缺陷定位。缺陷倾斜时，扩散波未入射至缺陷时回波较高；而定位时误认为缺陷在轴线上，从而导致定位不准。

4. 操作人员的影响

（1）仪器时基线比例　仪器时基线比例一般在试块上调节，当工件与试块的声速不同时，仪器的时基线比例发生变化，影响缺陷定位精度。另外，调节比例时，回波前沿没有对准相应水平刻度或读数不准，使缺陷定位误差增加。

（2）入射点、K 值　横波探测时，当测定探头的入射点、K 值误差较大时，也会影响缺陷定位。

（3）定位方法不当　横波周向探测圆筒形工件时，缺陷定位与平板不同，若仍按平板工件处理，那么定位误差将会增加，要用曲面试块修正，否则定位误差大。

3.7.2 影响缺陷定量的因素

1. 仪器及探头性能的影响

仪器和探头性能的优劣，对缺陷定量精度影响很大。仪器的垂直线性、衰减器精度、频率、探头形式、晶片尺寸及折射角大小等都直接影响回波高度。因此，在检测时除了要选择垂直线性好、衰减器精度高的仪器外，还要注意频率、探头形式、晶片尺寸和折射角的选择。

（1）频率的影响　由 $\Delta_{\text{Bf}} = 20\lg\dfrac{2\lambda x_{\text{f}}^2}{\pi D_{\text{f}}^2 x_{\text{B}}} = 20\lg\dfrac{2c x_{\text{f}}^2}{\pi f D_{\text{f}}^2 x_{\text{B}}}$ 可知，超声波频率 f 对于大平底与平底孔回波高度的分贝差 Δ_{Bf} 有直接影响。f 增加，Δ_{Bf} 减少，f 减少，Δ_{Bf} 增加。因此在实际检测中，频率 f 偏差不仅影响利用底波调节灵敏度，而且影响用当量计算法对缺陷定量。

（2）衰减器精度和垂直线性的影响　A 型脉冲反射式超声波检测仪是根据相对波高来对缺陷定量的，而相对波高常用衰减器来度量。因此衰减器精度直接影响缺陷定量，衰减器精度低，定量误差大。

当采用面板曲线图对缺陷定量时，仪器的垂直线性好坏将会影响缺陷定量精度。垂直线性差，定量误差大。

（3）探头形式和晶片尺寸的影响　不同部位不同方向的缺陷，应采用不同形式的探头，如锻件、钢板中的缺陷大多平行于探测面，宜采用纵波直探头。焊缝中危险性大的缺陷大多垂直于探测面，宜采用横波探头。对于工件表面缺陷，宜采用表面波探头。对于近表面缺陷，宜采用分割式双晶探头，这样定量误差小。

晶片尺寸影响近场区长度和波束指向性，因此对定量也有一定的影响。

（4）探头 K 值的影响　超声波倾斜入射时，声压往复透射率与入射角有关。对于横波 K 值斜探头而言，不同 K 值的探头的灵敏度不同，因此探头 K 值的偏差也会影响缺陷定量。特别是横波检测平板对接焊缝根部未焊透等缺陷时,不同K值探头探测同一根部缺陷,其回波高相差较大,当$K=0.7 \sim 1.5 (\beta_s = 35° \sim 55°)$时,回波较高;当$K=1.5 \sim 2.0 (\beta_s = 55° \sim 63°)$时,回波很低,容易引起漏检。

2. 耦合与衰减的影响

(1)耦合的影响 超声波检测中,耦合剂的声阻抗和耦合层厚度对回波高度有较大的影响。

由式(1-37)可知,当耦合层厚度等于半波长的整数倍时,声强透射率与耦合剂性质无关。当耦合层厚度等于$\lambda/4$的奇数倍,声阻抗为两侧介质声阻抗的几何平均值($Z_2 = \sqrt{Z_1 Z_3}$)时,超声波全透射。因此,实际检测中耦合剂的声阻抗,对探头施加的压力大小都会影响缺陷回波高度,进而影响缺陷定量。

此外,当探头与试块和被探工件表面耦合状态不同时,而又没有进行恰当的补偿,也会使定量误差增加,精度下降。

影响耦合的主要因素有:耦合层厚度、耦合剂的声阻抗、工件表面状态。

1)耦合层厚度的影响。耦合层厚度对耦合有较大影响,由图3-58可知,当耦合层厚度为$\lambda/2$的整数倍或很薄时,透声效果好,反射回波高。

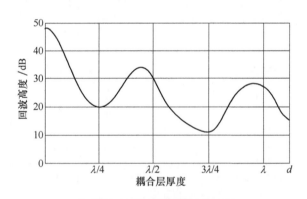

图3-58 耦合层厚度对耦合的影响

2)耦合剂声阻抗的影响。从图3-59可以看出,耦合剂的声阻抗对耦合效果有较大影响,对于同一探测面,耦合剂声阻抗越大,耦合效果越好,反射回波越高。例如,当表面粗糙度为100μm时,甘油的耦合回波比水的耦合回波高(6~7)dB。

3)工件表面状态对耦合的影响。工件的表面粗糙度和工件形状对耦合都有影响。

第一,工件表面粗糙度的影响。对于同一耦合剂表面粗糙度高,耦合效果差,反射回波低。从图3-59也可看出,随着粗糙度增大,甘油和水的波高降低。声阻抗低的耦合剂,随着粗糙度的变化,耦合效果降低更快。

从图3-60可知,距离、尺寸相同的反射体,因工件检测面粗糙度不同,也可引起回波高度的变化。

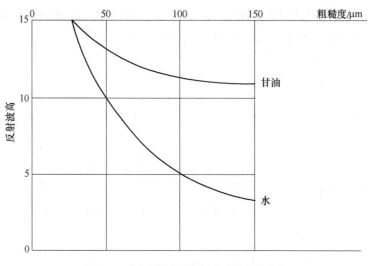

图3-59 声阻抗及表面粗糙度对耦合的影响

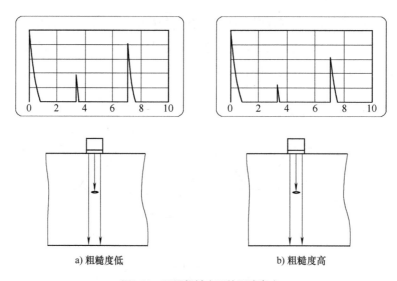

图3-60 不同粗糙度下的回波高度

第二，工件形状对耦合的影响。工件形状不同，耦合效果也不一样，其中平面耦合效果最好，凸曲面次之，凹曲面最差。因为我们常用的探头表面为平面，与曲面接触为点接触或线接触，声强透射率低，特别是凹曲面，探头中心不接触，因此耦合效果更差。

（2）衰减的影响 实际工件是存在介质衰减的，由介质衰减引起的分贝差$\Delta = 2\alpha x$可知，当衰减系数α较大或距离x较大时，由此引起的衰减Δ也较大。这时如果仍不考虑介质衰减的影响，那么定量精度势必受到影响。因此在检测晶粒较粗大和大型工件时，应测定材质的衰减系数α，并在定量计算时考虑介质衰减的影响，以便减少定量误差。

3. 试件几何形状和尺寸的影响

试件底面形状不同，回波高度不一样，凸曲面使反射波发散，回波降低；凹曲面使反射波会聚,回波升高。对于圆柱体而言,外圆径向探测实心圆柱体时,入射点处的回波声压理论上同平底面试件,但实际上由于圆柱面耦合不及平面,因而其回波低于平底面。实际检测中应综合考虑以上因素对定量的影响,否则会使定量误差增加。

试件底面与探测面的平行度以及底面的粗糙度、干净程度也对缺陷定量有较大的影响。当试件底面与探测面不平行、底面粗糙或沾有水迹、油污时将会使底波下降,这样利用底波调节的灵敏度将会偏高,缺陷定量误差增加。

当探测试件侧壁附近的缺陷时,因侧壁干涉的结果而使定量不准,误差增加。侧壁附近的缺陷,靠近侧壁探测回波低,远离侧壁探测反而回波高。为了减少侧壁的影响,宜选用频率高、晶片直径大、指向性好的探头探测或采用横波探测。必要时还可采用试块比较法来定量,以便提高定量精度。

试件尺寸的大小对定量也有一定的影响。当试件尺寸较小,缺陷位于$3N$以内时,利用底波调节灵敏度并定量,将会使定量误差增加。

4. 缺陷的影响

(1)缺陷形状的影响　试件中实际缺陷的形状是多种多样的,缺陷的形状对其回波波高有很大影响。平面形缺陷波高与缺陷面积成正比,与波长的平方和距离的平方成反比;球形缺陷波高与缺陷直径成正比,与波长的一次方和距离的平方成反比;比圆柱形缺陷波高与缺陷直径的1/2次方成正比,与波长的一次方和距离的3/2次方成反比。

对于各种形状的点状缺陷,当尺寸很小时,缺陷形状对波高的影响就变得很小。当点状缺陷直径远小于波长时,缺陷波高正比于缺陷平均直径的3次方,即随缺陷大小的变化十分剧烈。缺陷变小时,波高急剧下降,很容易下降到检测仪不能发现的程度。

(2)缺陷方位的影响　前面谈到的情况都是假定超声波入射方向与缺陷表面是垂直的,但实际缺陷表面相对于超声波入射方向往往不垂直,因此对缺陷尺寸估计偏小的可能性很大。

声波垂直缺陷表面时缺陷波最高。当有倾角时,缺陷波高随入射角的增大而急剧下降。图3-61给出一光滑面的回波波高随声波入射角变化的情况。声波垂直入射时,回波波高为1,当声波入射角为2.5°时,波幅下降到1/10,倾斜12°时,下降至1/1000,此时仪器已不能检出缺陷。

(3)缺陷波的指向性　缺陷波高与缺陷波的指向性有关,缺陷波的指向性与缺陷大小有关,而且差别较大。

对于垂直入射于圆平面形缺陷,当缺陷直径为波长的2~3倍以上时,具有较好的指向性,缺陷回波较高。当缺陷直径低于上述值时,缺陷波指向性变坏,缺陷回波降低。

当缺陷直径大于波长的3倍时,不论是垂直入射还是倾斜入射,都可把缺陷对声波的反射看成是镜面反射。当缺陷直径小于波长的3倍时,缺陷反射不能看成镜面反射,这时缺陷波能量呈球形分布。垂直入射和倾斜入射都有大致相同的反射指向性，表面光滑与否，对反射波指向性已无影响。因此，检测时倾斜入射也可能发现这种缺陷。

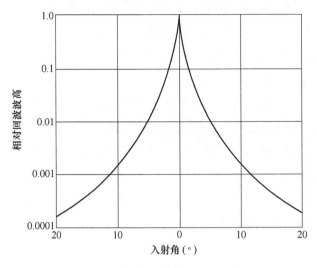

图3-61　光滑面回波波高与入射角的关系

（4）缺陷表面粗糙度的影响　缺陷表面光滑与否，用波长衡量。如果表面凹凸不平的高度差小于1/3波长，就可认为该表面是平滑的，这样的表面反射声束类似于镜面反射。否则就是粗糙表面。

对于表面粗糙的缺陷，当声波垂直入射时，声波散乱反射，同时各部分反射波因有相位差而产生干涉，使缺陷回波波高随粗糙度的增大而下降。当声波倾斜入射时，缺陷回波波高随着凹凸程度与波长的比值增大而增高。当凹凸程度接近波长时，即使入射角较大，也能接收到回波。

（5）缺陷性质的影响　缺陷回波波高受缺陷性质的影响。声波在界面的反射率是由界面两边介质的声阻抗决定的，当两边声阻抗差异较大时，近似地可认为是全反射，反射声波强。当差异较小时，就有一部分声波透射，反射声波变弱，所以试件中缺陷性质不同，大小相同的缺陷波高也不同。

通常含气体的缺陷，如钢中的白点、气孔等，其声阻抗与钢声阻抗相差很大，可以近似地认为声波在缺陷表面是全反射。但是，对于非金属夹杂物等缺陷，缺陷与材料之间的声阻抗差异较小，透射的声波已不能忽略，缺陷波高相应降低。

另外，金属中非金属夹杂的反射与夹杂层厚度有关。一般地说，层厚小于1/4波长时，随层厚的增加反射相应增加。层厚超过1/4波长时，缺陷回波波高保持在一定水平上。

（6）缺陷位置的影响　缺陷波高还与缺陷位置有关。缺陷位于近场区时，同样大小的缺陷随位置起伏变化，定量误差大。

3.8 缺陷性质分析

超声波检测除了确定工件中缺陷的位置和大小外,还应尽可能判定缺陷的性质。不同性质的缺陷危害程度不同,例如,裂纹就比气孔、夹渣危害大得多,因此缺陷定性十分重要。

缺陷定性是一个很复杂的问题,目前的A型超声波检测仪只能提供缺陷回波的时间和幅度两方面的信息。检测人员根据这两方面的信息来判定缺陷的性质是有困难的。实际检测中常常是根据经验结合工件的加工工艺、缺陷特征、缺陷波形和底波情况,来分析估计缺陷的性质。

3.8.1 根据加工工艺分析缺陷性质

工件内所形成的各种缺陷与加工工艺密切相关。例如,焊接过程中可能产生气孔、夹渣、未熔合、未焊透和裂纹等缺陷。铸造过程中可能产生气孔、缩孔、疏松和裂纹等缺陷。锻造过程中可能产生夹层、折叠、白点和裂纹等缺陷。在检测前应查阅有关工件的图样和资料,了解工件的材料、结构特点、几何尺寸和加工工艺,这对于正确判定缺陷的性质是十分有益的。

3.8.2 根据缺陷特征分析缺陷性质

缺陷特征是指缺陷的形状、大小和密集程度。

对于平面形缺陷,在不同的方向上探测,其缺陷回波高度显著不同。在垂直于缺陷方向探测,缺陷回波高;在平行于缺陷方向探测,缺陷回波低,甚至无缺陷回波。一般的裂纹、夹层、折叠等缺陷就属于平面形缺陷。

对于点状缺陷,在不同的方向探测,缺陷回波无明显变化。一般的气孔、夹渣等属于点状缺陷。

对于密集型缺陷,缺陷波密集互相彼连,在不同的方向上探测,缺陷回波情况类似。一般白点、疏松、密集气孔等属于密集型缺陷。

3.8.3 根据缺陷波形分析缺陷性质

缺陷波形分为静态波形和动态波形两大类。静态波形是指探头不动时缺陷波的高度、形状和密集程度。动态波形是指探头在探测面上的移动过程中,缺陷波的变化情况。

1. 静态波形

缺陷内含物的声阻抗对缺陷回波高度有较大的影响,白点、气孔等内含气体,声阻抗很小反射回波高。非金属或金属夹渣声阻抗较大,反射回波低。另外,不同类型缺陷反射波的形状也有一定的差别。例如,气孔与夹渣,气孔表面较平滑,界面反射率高,波形陡直尖锐;而夹渣表面粗糙,界面反射率低,同时还有部分声波透入夹渣层,形成多次反射,波形宽度大并带锯齿,如图3-62所示。以上特点对于区分气孔与夹渣是有参考价值的。

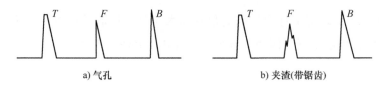

图3-62　气孔和夹渣的静态波形

单个缺陷与密集缺陷的区分比较容易。一般单个缺陷回波是独立出现的,而密集缺陷则是杂乱出现,且互相彼连。

2. 动态波形

超声波入射到不同性质的缺陷上,其动态波形是不同的。为了便于分析估计缺陷的性质,常绘出动态波形图。动态波形图横坐标为探头移动距离,纵坐标为波高。

下面以焊接件为例,说明几种常见不同性质缺陷的动态波形。

(1) 波形模式I　图3-63表示点反射体产生的波形模式I,即在荧光屏上显示出的一个尖锐回波。当探头前后、左右扫查时,其幅度平滑地由零上升到最大值,然后又平滑地下降到零,这是尺寸小于分辨力极限(即缺陷尺寸小于超声探头在缺陷位置处声束直径)缺陷的信号特征。

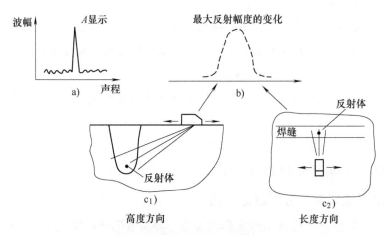

图3-63　点反射体的回波动态波形

(2) 波形模式II　探头在各个不同的位置检测缺陷时,荧光屏上均显示一个尖锐回波。探头前后、左右扫查时,一开始波幅平滑地由零上升到峰值,探头继续移动时,波幅基本不变,或只在±4dB的范围内变化,最后又平滑地下降到零。图3-64表示声束接近垂直入射时,由光滑的大平面反射体所产生的波形模式II。

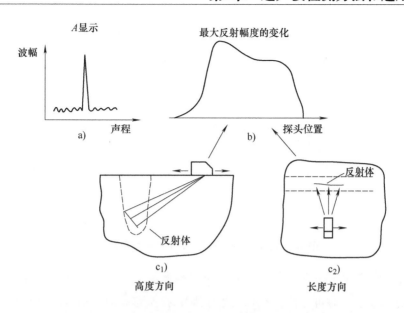

图3-64 接近垂直入射时光滑大平面反射体的回波动态波形

（3）波形模式Ⅲ 第一，波形模式Ⅲa：探头在各个不同的位置检测缺陷时，荧光屏上均呈一个参差不齐的回波。探头移动时，回波幅度显示很不规则的起伏态（±6dB）。图3-65表示声束接近垂直入射时，由不规则的大反射体所产生的回波动态波形Ⅲa。

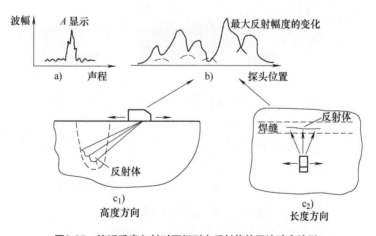

图3-65 接近垂直入射时不规则大反射体的回波动态波形

第二，波形模式Ⅲb：探头在各个不同的位置检测缺陷时，荧光屏上显示脉冲包络呈钟形的一系列连续信号（有很多小波峰）。探头移动时，每个小波峰也在脉冲包络中移动，波幅由零逐渐升到最大值，然后波幅又下降到零，信号波幅起伏较大（±6dB）。图3-66表示声束倾斜入射时，由不规则大反射体所产生的回波动态波形Ⅲb。

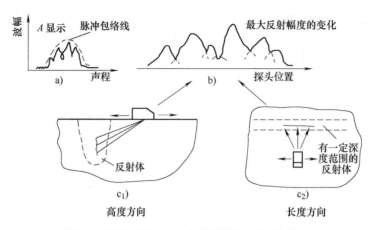

图3-66 倾斜入射时不规则大反射体的回波动态波形

（4）波形模式IV　探头在各个不同的位置检测缺陷时，荧光屏上显示一群密集信号（在荧光屏时基线上有时可分辨，有时无法分辨），探头移动时，信号时起时落。如能分辨，则可发现每个单独信号均显示波形I的特征。图3-67表示由密集型缺陷所产生的反射动态波形IV。

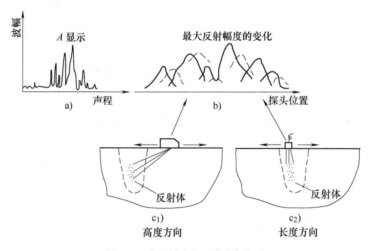

图3-67 多重缺陷的回波动态波形

（5）回波动态波形的区分　如要分清波形I和II，声程距离较大时就要特别仔细，因为平台式动态波形可能很难发现，除非反射体很大。当距离超过200mm时，应对反射体标出衰减20dB的边界点，再将其间距和20dB声束宽度相比较，进行区分。

另外，探头在有曲率的表面扫查时也要特别注意，因为回波动态波形有可能明显改变。图3-68和图3-69所示两例即说明此点。在图3-68中，点反射体所显示的回波动态特征与波形II相似，而不像波形I。在图3-69中，反射体的反射特征为波形IIIa，而在平表面上则为波形IIIb。

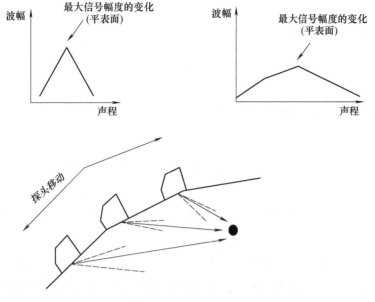

图3-68 曲表面对点反射体回波动态特性的影响

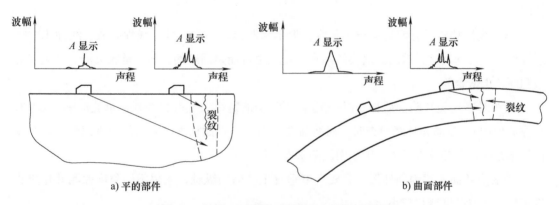

a) 平的部件　　　　　　　　　　　　b) 曲面部件

图3-69 曲表面对平面状反射体回波动态特性的影响

不同性质的密集缺陷的动态波形对探头移动的敏感程度不同。白点对探头移动很敏感，只要探头稍一移动，缺陷波立刻此起彼伏，十分活跃。但夹渣对探头移动不太敏感，探头移动时，缺陷波变化迟缓。

3.8.4 根据底波分析缺陷的性质

工件内部存在缺陷时、超声波被缺陷反射使射达底面的声能减少，底波高度降低，甚至消失。不同性质的缺陷，反射面不同，底波高度也不一样，因此在某些情况下可以利用底波情况来分析估计缺陷的性质。

当缺陷波很强，底波消失时，可认为是大面积缺陷，如夹层、裂纹等。

当缺陷波与底波共存时，可认为是点状缺陷（如：气孔、夹渣）或面积较小的其他缺陷。

当缺陷波为互相彼连高低不同的缺陷波，底波明显下降时，可认为是密集缺陷，如：白点、疏松、密集气孔和夹渣等。

当缺陷波和底波都很低，或者两者都消失时，可认为是大而倾斜的缺陷或疏松。若出现"林状回波"，可认为是内部组织晶粒粗大。

3.8.5 缺陷类型识别和性质估判

1. 缺陷类型识别

（1）缺陷类型识别的一般方法　缺陷类型识别是通过探头从两个方向扫查（即前后和左右扫查），观察其回波动态波形来进行的。缺陷类型只用单个探头或单向扫查识别是不太可能的，宜采用一种以上声束方向作多种扫查，包括前后、左右、转动和环绕扫查，以此对各种超声信息进行综合评定来识别缺陷。

（2）点状缺陷　点状缺陷是指气孔和小夹渣等小缺陷，大多属体积型缺陷。

回波幅度较小，探头左右、前后扫查时均显示动态波形I，转动扫查时情况相同。对缺陷作环绕扫查时，从不同方向、用不同声束角度探测，进行声程差修正后，回波高度基本相同。

（3）线性缺陷　有明显的指示长度，但不易测出其断面尺寸。线性夹渣、线性未焊透或线性未熔合均属这类缺陷。这类缺陷在长度上也可能是间断的，如：链状夹渣、断续未焊透和断续未熔合等。

探头对准这类缺陷前后扫查时一般显示波形I的特征，左右扫查则显示波形II，或者有点像波形IIIa。转动和环绕扫查时，回波高度在与缺陷平面相垂直方向两侧迅速降落。只要信号不是明显断开较大距离，则表明缺陷基本连续。

若缺陷断面大致为圆柱形，只要声束垂直于缺陷的纵轴，采用不同角度探测并作声程修正后，回波高度变化较小。

若缺陷断面为平面状，从不同方向、用不同角度探测时，回波高度与缺陷平面相垂直方向探测相比有明显降落。

断续的缺陷在长度方向上波高包络有明显降落，应在明显断开的位置附近作转动和环绕扫查，如观察到在垂直方向附近波高迅速降落，且无明显的二次回波，则证明缺陷是断续的。

（4）体积状缺陷　这种缺陷有可测长度和明显断面尺寸，如不规则或球形的大夹渣。

左右扫查一般显示动态波形II或IIIa，前后扫查显示波形IIIa或IIIb。

转动扫查时，若声束垂直于缺陷纵轴，所显示的波形颇似波形IIIb，一般可观察到最高回波。环绕扫查时，在缺陷轴线的垂直方向两侧，回波高度有不规则的变化。

这种缺陷在方向变动较大，或更换多种声束角度时，仍能被探测到，但回波高度有不规则变化。

（5）平面状缺陷　这种缺陷有长度和明显的自身高度。表面既有光滑的，也有粗糙的，如：裂纹、面状未熔合或面状未焊透等。

左右、前后扫查时显示回波动态波形II或IIIa、IIIb。

对表面光滑的缺陷作转动和环绕扫查时，与缺陷平面相垂直方向相比，回波高度迅速降落。对表面粗糙的缺陷作转动扫查时，显示动态波形IIIb的特征，而作环绕扫查时，与缺陷平面相垂直方向相比，回波高度的变化均不规则。

由于缺陷相对于波束的取向及其表面粗糙度不同，通常回波幅度变化很大。

（6）多重缺陷　这是一群相隔距离很近的缺陷，用超声波无法单独定位、定量。如密集气孔或再热裂纹等。

作左右、前后扫查时，由各个反射体产生的回波在时基线上出现位置不同，次序也不规则。每个单独的信号显示波形I的特征。根据回波的不规则性，可将此类缺陷与有多个反射面的裂纹区分开来。

通过转动和环绕扫查，可大致了解密集缺陷的性质是球形还是平面型点状反射体。

从不同方向、用不同角度测出的回波高度的平均量值，若反射有明显方向性，这就表明是一群平面型点状反射体。

2. 缺陷性质估判

以焊接件为例

（1）缺陷性质估判依据：

1）工件结构与坡口形式。

2）母材与焊接材料。

3）焊接方法和焊接工艺。

4）缺陷几何位置。

5）缺陷最大反射回波高度。

6）缺陷定向反射特性。

7）缺陷回波静态波形。

8）缺陷回波动态波形。

（2）缺陷性质估判程序

1）反射波幅低于评定线或按本部分判断为合格的缺陷原则上不予定性。

2）对于超标缺陷，首先应进行缺陷类型识别，对于可判断为点状的缺陷一般不予定性。

3）对于判定为线状、体积状、面状或多重的缺陷，应进一步测定和参考缺陷平面、深度位置、缺陷高度、缺陷各向反射特性、缺陷取向、缺陷波形、动态波形、回波包络线和扫查方法等参数，同时结合工件结构、坡口形式、材料特性、焊接工艺和焊接方法进行综合判断,尽可能定出缺陷的实际性质。

缺陷类型的识别和性质估判与缺陷定位、定量一般应同时进行,也可单独进行。

3.9 非缺陷回波的判别

超声波检测中,示波屏上常常除了始波T、底波B和缺陷波F外,还会出现一些其他的信号波,如迟到波、61°反射、三角反射波以及其他原因引起的非缺陷回波,影响对缺陷波的正确判别,因此分析了解常见非缺陷回波产生的原因和特点是十分必要的。

3.9.1 迟到波

如图3-70所示,当纵波直探头置于细长(或扁长)工件或试块上时,扩散纵波波束在侧壁产生波形转换,转换为横波,此横波在另一侧面又转换为纵波,最后经底面反射回到探头,被探头接收,从而在示波屏上出现一个回波。由于转换的横波声程长,波速小,传播时间较直接从底面反射的纵波长,因此转换后的波总是出现在第一次底波B_1之后,故称为迟到波。又由于变形横波可能在两侧壁产生多次反射,每反射一次就会出现一个迟到波,因此迟到波往往有多个,如图3-70中的H_1、H_2、H_3……。

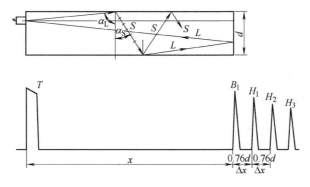

图3-70 迟到波

迟到波之间的纵波声程差Δx(单程)是特定的。由图1-35可知,L斜入射到钢/空气界面,当$\alpha_L = 70°$左右,$\alpha_s = 33°$左右时,变形横波很强,由此可以算出Δx为

$$\Delta x = \frac{\Delta w}{2} = \left(\frac{d}{\cos\alpha_s}\frac{c_L}{c_S} - d\mathrm{tg}\alpha_s\right) \div 2 = \left(\frac{d}{\cos33°} \times \frac{5900}{3230} - d\mathrm{tg}33°\right) \div 2 = 0.76d \quad (3-28)$$

式中 Δw——迟到波H_1与底波B_1的波程差(双程);

d——试件的直径或厚度。

由于迟到波总是位于B_1之后,并且位置特定,而缺陷波一般位于B_1之前,因此迟到波不会干扰缺陷波的判别。

实际检测中,当直探头置于IIW或CSK-IA试块上并对准100mm厚的底面时,在各次底波之间出现一系列的波就是这种迟到波。

3.9.2 61°反射

当探头置于图3-71所示的直角三角形试件上时，若纵波入射角α与横波反射角β的关系为：$\alpha + \beta = 90°$，则会在示波屏上出现位置特定的反射波。

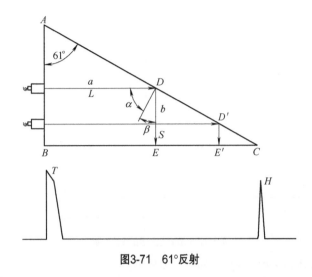

图3-71 61°反射

由$\beta = 90° - \alpha$得

$$\sin\beta = \cos\alpha$$

由反射定律得

$$\frac{\sin\alpha}{\sin\beta} = \frac{\sin\alpha}{\cos\alpha} = \mathrm{tg}\alpha = \frac{c_L}{c_S}$$

对于钢：$\mathrm{tg}\alpha = \dfrac{c_L}{c_S} = \dfrac{5900}{3230} = 1.82$ 即$\alpha = 61°$，所以这种反射称为61°反射。

61°反射的声程为

$$x_{61} = a + b\frac{c_L}{c_S} = a + b\mathrm{tg}\alpha = BE + EC = BC$$

当探头在AB边上移动时，反射波的位置不变，其声程恒等于直角三角形61°角所对的直角边长BC。

实际检测中，当探头置于如图3-72所示的IIW试块上或类似结构的工件上A处时，同样会产生61°反射。

这时61°反射的声程

$$x_A = d_1 - R\cos 61° + \frac{c_L}{c_S}(d_2 - R\sin 61°) = d_1 + 1.82 d_2 - 2R \quad (3\text{-}29)$$

当探头向左平行移动到B、C处时，还会出现两种反射回波。

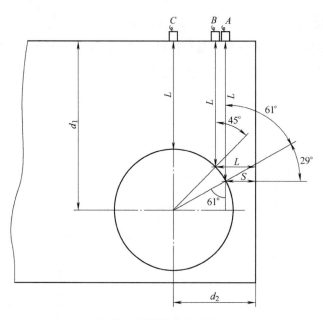

图3-72　IIW试块上的61°反射

B处是纵波反射角与入射角均等于45°，其声程

$$\begin{aligned}x_B &= d_1 - R\cos 45° + d_2 - R\sin 45° \\ &= d_1 + d_2 - 2R\sin 45° \\ &= d_1 + d_2 - 1.414R\end{aligned} \qquad (3\text{-}30)$$

C处是纵波垂直入射并反射，其声程

$$x_c = d_1 - R$$

对于IIW块，$d_1 = 70\text{mm}$，$d_2 = 35\text{mm}$，$R = 25\text{mm}$，探头于A、B、C三处的回波声程分别为

$$x_A = 70 + 1.82 \times 35 - 2 \times 25\text{mm} = 83.7\text{mm}$$

$$x_B = 70 + 35 - 1.414 \times 25\text{mm} = 69.6\text{mm}$$

$$x_c = 70 - 25\text{mm} = 45\text{mm}$$

对于结构比较复杂的工件，如焊接结构的汽轮机大轴，为了有效地探测焊缝根部缺陷，特加工61°的斜面，利用61°反射来探测，从而获得较高的检测灵敏度，如图3-73所示。

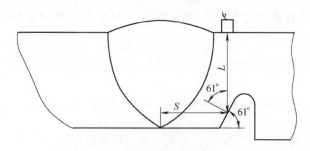

图3-73　61°反射的应用

3.9.3 三角反射

纵波直探头径向探测实心圆柱时,由于探头平面与柱面接触面积小,使波束扩散角增加,这样扩散波束就会在圆柱面上形成三角反射路径,从而在示波屏上出现三角反射波,人们把这种反射称为三角反射。

3.9.4 其他非缺陷回波

实际检测中,还可能产生其他一些非缺陷回波。如:探头杂波、工件轮廓回波、耦合剂反射波以及其他一些波等。

1. 探头杂波

当探头吸收块吸收不良时,会在始波后出现一些杂波。当斜探头有机玻璃斜楔设计不合理时,声波在有机玻璃内的反射回到晶片,也会引起一些杂波。还有因双晶直探头探测厚壁工件时,由于入射角比较小,声波在延迟块内的多次反射也可能产生一些非缺陷信号,因而干扰了缺陷回波的判别。

2. 工件轮廓回波

当超声波射达工件的台阶、螺纹等轮廓时,在示波屏上将引起一些轮廓回波,如图3-74所示。

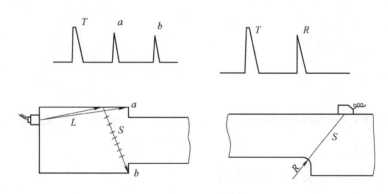

图3-74 轮廓回波

3. 耦合剂反射波

表面波检测时,工件表面的耦合剂,如油滴或水滴都会引起回波,影响对缺陷波的判别。

4. 幻象波

手动检测中,提高重复频率可提高单位时间内扫描次数,增强示波屏显示的亮度。但当重复频率过高时,第一个同步脉冲回波未来得及出现,第二个同步脉冲又重新扫描,这样在示波屏上产生幻象波,影响缺陷波的判别。当降低重复频率时,幻象波消失。目前生产的新型超声波检测仪,【重复频率】与【深度范围】同轴调节,设计时考虑了重复频率与工件厚度的关系，一般不会产生幻象波。

5. 草状回波（林状回波）

超声波检测中，当选用较高的频率检测晶粒较粗大的工件时，声波在粗大晶粒之间的界面上产生散乱反射，在示波屏上形成草状回波（又称林状回波），影响对缺陷波的判别。降低探头频率，草状回波降低，信噪比提高。

6. 焊缝中的变形波

声束入射到探头对侧焊缝下表面，当焊缝下表面的形状使$a_s < a_{\text{III}}$时，焊缝中既有反射横波S'，也有变形反射纵波L'，如图3-75所示。

焊缝中产生变形反射纵波后，不一定能在显示屏上显示出来，只有当波形纵波垂直入射至焊缝上表面某些特殊位置时，如打磨圆滑的熔合线处、自动焊余高两边曲率最大处或近焊缝母材上的焊疤处等，再垂直反射，沿原路径返回倾斜入射至下表面，再进行一次波形转换，产生反射纵波和变形反射横波，其中变形反射横波沿原路径返回探头，被探头接收，在显示屏上显示出来，这就是通常所说的变形波，如图3-76所示。

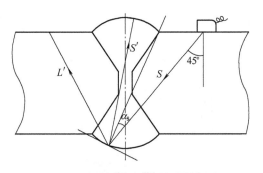

图3-75 声束入射到探头对侧焊缝下表面

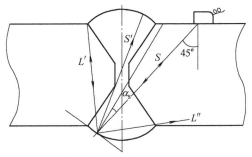

图3-76 变形波的产生示意

7. "山"形波

当变形纵波L'垂直入射至焊缝上表面的某些部位，其回波被探头接收；同时，反射横波S'也垂直入射至焊缝上表面的某些部位，其回波也同时被探头接收；再加上一次底波B_1显示屏上会同时显示三个波，其形状像"山"字，俗称山形波，如图3-77所示。

8. 其他变形波

如图3-78a所示，横波检测时可能出现由于变形纵波引起的回波。如图3-78b所

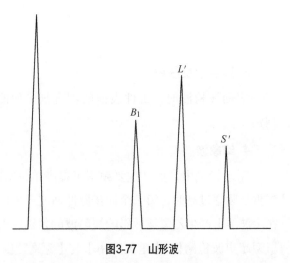

图3-77 山形波

示，表面波检测时可能出现变形横波引起的回波。

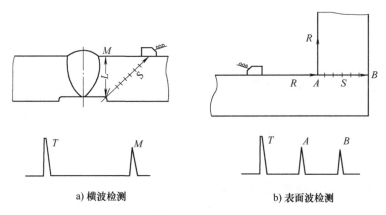

a) 横波检测　　　　　　　　　　　b) 表面波检测

图3-78　横波表面波检测时产生的变形波

总之在检测过程中可能出现各种各样的非缺陷回波，干扰对缺陷波的判别。检测人员应注意应用超声波反射、折射和波形转换理论，并计算相应回波的声程来分析判别示波屏上可能出现的各种非缺陷回波，从而达到正确检测的目的。此外，还可以采用更换探头来鉴别探头杂波，用手指沾油触摸法来鉴别轮廓界面回波。

3.10　侧壁干涉

侧壁干涉会影响缺陷的定量和定位，因此要了解侧壁干涉对检测的影响和避免侧壁干涉的条件。

3.10.1　侧壁干涉对检测的影响

如图3-79所示，纵波检测时，探头若靠近侧壁，则经侧壁反射的纵波或横波与直接播的纵波相遇产生干涉，对检测带来不利影响。图中曲线表示探头至侧壁三种不同距离时缺陷回波波高与至侧壁距离的关系。由图可以看出，对于靠近侧壁的缺陷，探头靠近侧壁正对缺

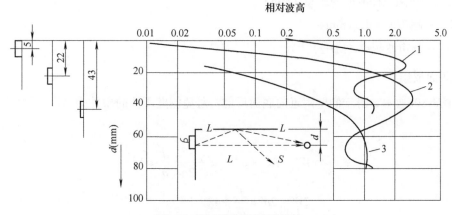

图3-79　侧壁干涉对声场的影响

陷检测，缺陷回波低，探头远离侧壁检测反而缺陷回波高。当缺陷的位置给定时，存在一个最佳的探头位置，使缺陷回波最高，这个最佳探头位置总是偏离缺陷。这说明，由于侧壁干涉的影响，改变了探头的指向性，缺陷最高回波不在探头轴线上，这样不仅会影响缺陷定量，而且会影响缺陷定位。

3.10.2 避免侧壁干涉的条件

在脉冲反射法检测中，一般脉冲持续的时间所对应的声程≤4λ。因此，只要侧壁反射波束与直接传播的波束声程差大于4λ就可以避免侧壁干涉。

1. 探头轴线上缺陷反射

如图3-80a所示，对于侧壁附近探头轴线上的小缺陷，避免侧壁干涉的条件为：

$$2W - a > 4\lambda$$

式中　W——入射点至侧壁反射点的距离；

　　　a——缺陷至探测面的距离；

　　　λ——超声波波长。

由图3-80a和牛顿二项式得

$$W = \sqrt{\frac{a^2}{4} + d^2} \approx \frac{a}{2} + d^2 \, (d/a \ll 1)$$

$$2W - a \approx \frac{2d^2}{a} > 4\lambda$$

避免侧壁干涉的最小距离$d_{\min}$为

$$d_{\min} > \sqrt{2a\lambda}$$

$$\text{对于钢：} \quad d_{\min} > \sqrt{2a\lambda} \approx 3.5\sqrt{\frac{a}{f}} \tag{3-31}$$

式中　a——缺陷至探测面的距离（mm）；

　　　λ——超声波波长（mm）；

　　　f——超声波频率（MHz）。

2. 底面反射

如图3-80b所示，对于侧壁附近的底面反射，避免侧壁干涉的条件为

$$2W' - 2a' > 4\lambda$$

$$\because W' = \sqrt{a'^2 + d^2} \approx a' + \frac{d^2}{2a'} \left(\frac{d}{a'} \ll 1\right)$$

$$2W' - 2a' = \frac{d^2}{d'} > 4\lambda$$

避免侧壁干涉的最小距离$d_{\min}$为

$$d_{\min} > 2\sqrt{a'\lambda}$$

对于钢：$d_{\min} > 2\sqrt{a'\lambda} \approx 5\sqrt{\dfrac{a'}{f}}$ （3-32）

式中　a'——工件底面至探测面的距离（mm）。

由上述公式可知，避免侧壁干涉的最小距离$d_{\min}$与波长λ及距离a有关，λ、a增加，$d_{\min}$随之增加。此外还发现，二者比较，底面反射最小距离较大。

我国CS-1、CS-2试块外径就是根据上述公式设计出来的。

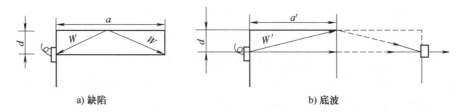

a) 缺陷　　　　　　　　　　b) 底波

图3-80　避免侧壁干涉的条件

3.11　表面波检测

对于近表面缺陷的检测，表面波是有效的。它只在物体表面下几个波长的范围内传播。当其沿表面传播的过程中遇到表面裂纹时，表面波的传播如图3-81所示。

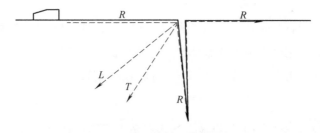

图3-81　表面波传播到表面裂纹的情况

1）一部分声波在裂纹开口处仍以表面波的形式被反射，并沿物体表面返回。

2）一部分声波仍以表面波的形式沿裂纹表面继续向前传播，传播到裂纹顶端时，部分声波被反射而返回，部分声波继续以表面波的形式沿裂纹表面向前传播。

3）一部分声波在表面转折处或裂纹顶端转变为变形纵波和变形横波，在物体内部传播。

在表面波检测中，主要利用表面波的上述特性来探测表面和近表面裂纹。

3.11.1　表面波的性质

表面波传播时，表面层质点的运动状态具有纵波和横波的综合特性，质点运动轨迹是限于XZ平面内的椭圆（见图3-82）。

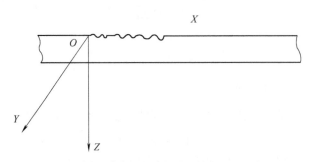

图3-82　表面波传播示意

表面波的速度约为纵波速度的1/2，比横波速度略小，随泊松比不同而略有差异。对于钢而言，泊松比$\sigma=0.29$，则表面波速度$c_r=0.926c_t$（c_t为横波速度）。

由于表面波能量的分布随泊松比不同而略有差异，表面下2倍波长深度范围内包括大部分能量，在表面下2倍波长深度上的位移为表面的1/100（-40dB），所以在这个深度上的缺陷比在表面上的缺陷的反射脉冲小约1/100。因此可以认为，表面下2倍波长深度范围是表面波可探测的深度范围。

3.11.2　表面波的产生

产生表面波的方法较多，这里介绍检测中较为实用的两种方法：Y切石英法和纵波折射法，在实际应用中灵敏度大体上相同。

1. Y切石英法

产生表面波的Y切石英晶片必须加工成$l:t=7:1$，其中l为晶片的宽度，t为厚度，如图3-83所示。这种晶片在电激励下的振动状态与表面波的位移分布一致，向X的正、负方向发出表面波。在实际应用中，只希望向一个方向辐射表面波。

2. 纵波折射法

如前所述倾斜入射至界面上的纵波，当入射角大于第二临界角时，在第二介质中既无纵波，也无横波，而在界面上产生表面波的入射角满足下式

$$\sin\alpha_1=\frac{c_L}{c_R}$$

式中　c_L——透声楔中的纵波速度；

c_R——被检材质的表面波速度。

用这种方法产生表面波的透声楔，在检测钢材时一般采用有机玻璃制作，按上式算出$\alpha_1=62°\sim64°$。用纵波折射法制作表面波探头，一般采用矩形压电晶片，其半扩散角可以用实测求得。对于表面波探头，由于纵波在透声楔内行程较长，所以近场长度基本上不出探头前沿，使用中无近场影响。

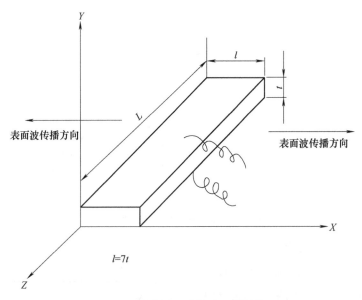

图3-83 辐射表面波的Y切石英晶片

3.11.3 人工缺陷对表面波的反射

各种形状的人工缺陷对表面波的反射能力有明显的不同,对于暴露在表面上有棱角的缺陷,有较大的反射能力;相反,对圆滑过渡的人工缺陷,反射能力较小。此外随缺陷距表面下埋藏深度的增加,反射能力迅速下降。

3.11.4 棱边的反射

1. 棱边角度对回波的影响

表面波在近距离探测棱边时,不但能出现最靠近探头棱边的回波,而且有一部分声波跨越这一棱边传播到下一棱边并反射回来。频率为2.5~5MHz的表面波,反射信号在棱角大于90°之后才逐渐降低。当棱角大于170°时,该棱边反射信号约降到零值。由此可知,如将试件中的裂纹考虑为与表面之间有可能成各种夹角的话,就必须从两个方向上探测。

2. 棱边处的波形转换

当表面波传播到棱边时,会产生波形转换,变形波遇有反射条件,同样会反射回来形成干扰波,检测中要注意与缺陷波的区别。如图3-84所示,波形转换遵从反射定律。表面波以c_r速度入射至E平面,分离出速度为c_t的横波沿AC方向反射。由于$c_r = c_t$,如表面波入射角为45°,则横波反射角也接近45°,恰与底面垂直。荧光屏上在A棱角与B棱角回波之间出现一变形波的反射信号。

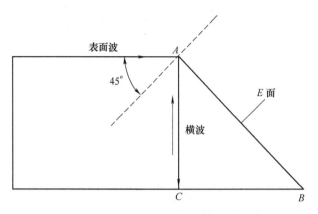

图3-84 表面波在A处产生变形横波示意

3. 棱边曲率对回波的影响

棱边曲率半径对回波高度的影响如图3-85所示。由图可知,当曲率半径R大于5倍波长以后,表面波几乎全部跨越。考虑到有些机械零部件需定期检查背部危险部位,设计零件时可充分利用这一原理。R小于1倍波长时,反射信号趋于最大。

3.11.5 影响表面波传播的其他因素

1. 油的影响

传播表面波的表面附着油层时,表面波几乎完全衰减。这是因为表面波传播和振动状态的理论,是对固体介质的一侧为真空或气体时才成立。如附有油层,则表面波的垂直成分向油层辐射,使其衰减。同样的用沾有油的手指压在表面波反射点或其传播的路径上,表面波也会立即衰减掉,用这种方法很容易找到反射点,可以帮助判断是缺陷的反射或是其他棱角的反射。将油层擦去只剩极薄的残留油层对表面波的传播基本上没有什么影响。

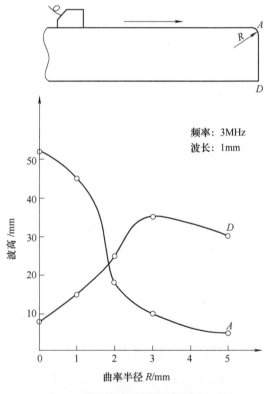

图3-85 棱边曲率半径对回波高度的影响

表面波在传播的路径上遇着液滴,除会被衰减外,其垂直成分进入液滴后又反射折回而产生回波。

2. 表面粗糙度和材料组织的影响

表面粗糙度对表面波的传播有明显的影响,粗糙的表面不但使声耦合不好,而且在传播过程中容易发生散射，使表面波衰减较大。如传播方向与加工刀痕同向，一定程度上衰减少些。黏附于材料表面的油污、铁锈、水垢以及与工件表面接触的其他物体，对表面波也有强烈的衰减作用。

与其他波形一样，材料的粗大晶粒界面对表面波也有衰减作用，其晶粒度与表面波波长λ之比值愈大，衰减作用愈大。因而对于晶粒粗大材料，采用较低的频率检测为好。

另外工件厚度对表面波的衰减作用也有关系，当厚度小于两倍表面波波长时，衰减显著增加。表3-3中列出了粗糙度一定时，衰减与频率、厚度等因素的关系，表中结果未进行扩散衰减修正。

表3-3 表面波的衰减

频率/MHz	1	1.5	2.0	2.5	3.0	5.0
13mm 铁板/(dB/cm)	0.0655	0.068	0.099	0.135	0.208	0.334
1.7mm 铁板/(dB/cm)	0.27	—	—	—	0.525	—
0.9mm 铁板/(dB/cm)	0.21	—	—	—	0.438	—
0.25mm 马口铁铁板/(dB/cm)	—	—	—	—	0.593	—
2.0mmL 铝板/(dB/cm)	0.035	—	—	—	0.120	—

3. 圆柱曲面的影响

表面波在圆柱面上沿圆周方向传播时，速度有所变化，在凸圆柱面上的传播速度大于平面上的传播速度，在凹圆柱面上的传播速度低于平面上的传播速度；并且会发生波形转换，使表面波衰减。柱面曲率与表面波波长之比越大，则传播速度变化越大，在凹柱面上衰减也越大，反之亦然。当柱面曲率半径与波长之比足够大（约50以上）时，在柱面上的传播情况基本上与平面相同。

3.12 板波检测

3.12.1 板波的种类

板中传播的超声波受板面的影响，当频率、板厚、入射超声波的速度之间满足一定的关系时，声波就顺利通过。狭义地讲，板波仅指板中传播的兰姆波，广义地讲也包括圆棒、方钢和管中传播的波。根据考虑方面的不同，板波可按如下几个方面分类。

1. 根据质点振动情况分类

质点振动方向与表面平行的横波（简称SH波）射向边界面时，反射波仍然是SH波。SH波如果射向薄板，就在薄板中产生SH型板波，如图3-86a所示。如在板中传播的波中既有振动方向与板面垂直的横波（简称SV波），又含有振动方向与板面平行的纵波（简称P波）时，这种板波叫作兰姆波。兰姆波中质点实际上是做椭圆运动，如图3-86b所示。

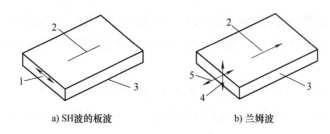

a) SH波的板波　　　　　　　b) 兰姆波

图3-86　质点振动方向与界面的关系

1—质点振动方向　2—波动前进方向　3—板　4—横波成分　5—纵波成分

2. 根据板的变形分类

如图3-87所示，在兰姆波的作用下，板的振动有两种，图3-87a为对称型板波，图3-87b为非对称型板波，习惯上称前者为S型，后者为A型。

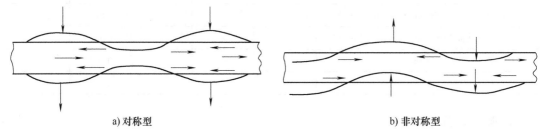

a) 对称型　　　　　　　　　　　b) 非对称型

图3-87　兰姆波的类型

3.12.2　板波的产生

选择不同的板波形式是靠选择探头入射角来实现的，这可以比较直观地用图3-88来解释。为了获得比较强的板波，总是希望外力的节奏与板中振动合拍，即共振。如图3-88所示，

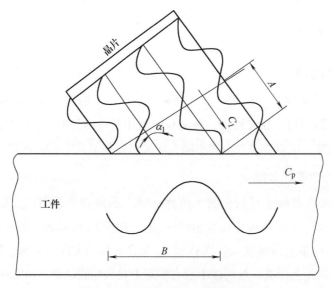

图3-88　板波波形与探头入射角的关系

当兰姆波相速度的一个波长B与透声楔中纵波的一个波长A相对应时，板的振动就刚好与透声楔中纵波的振动产生共振，此时

$$\sin \alpha_1 = \frac{A}{B} = \frac{c_1}{c_p}$$

式中 c_1——透声楔中的纵波速度；

c_p——板波相速度；

α_1——纵波入射角。

从式中可以看出，改变纵波的入射角，可以改变板波的相速度。产生板波的纵波入射角可根据被探测工件的板厚乘所用频率和选用的波形，由特定的曲线图上查出。

3.12.3 兰姆波的传播特点

1. 衰减的非单调变化

由于兰姆波是在两维空间中传播，因此应当比在三维空间中传播的声波衰减小一些，但由于其波长短，因热损耗而产生的衰减比较大，加之还受表面的影响，所以兰姆波的探测距离并不大。

兰姆波衰减的特点是有时并非与距离成比例关系，而且有时也不随距离单调变化。

当板上有水或油时，兰姆波的衰减显著增大，原因是振动方向垂直于板面的横波能量一部分被传入液体。因此水浸法板波检测时，要选择兰姆波中包含横波成分少的波形，即选择群速度尽量接近纵波速度的那些波形。

2. 反射时兰姆波波形的变化

板波在端面上反射时，并不是所有的能量全部按原来的波形反射，其中有一部分能量以其他兰姆波波形反射。

当板的端面角度变化时，由于变形波的变化，所以反射波信号高度也要变化。

3. 板波回波信号的宽度

根据前面的分析，当脉冲宽度很窄时，也就是说它包含的频谱较宽时，可以认为群速度的值有多个。这许多个不同群速度的兰姆波经过一段时间的传播后，又在端面上反射，各个波形的反射又不一样，探头接收到的回波信号就会畸变，一般来说信号宽度变宽了，甚至会出现多个波。

还有一种情况值得注意，根据波形传输理论指出，波形无畸变的传输条件是在给定的频率范围内，群速度不变。因此，为了防止波形在传播中畸变，需要选择合适的板波类型，即选择群速度图中板波群速度随频率变化比较慢的波形。

3.12.4 板波检测的一般程序

1）尽可能选用宽的发射脉冲。如有可能，用频谱分析方法或其他方法测定探头发射的

超声频谱，以便选择窄频带脉冲。

2）制作一个与被测板材料相同的对比试块。试块长度可选为20cm、30cm等，厚度应与被测板相同，板上制作人工缺陷。

3）选择合适的波形，例如，欲使传播距离大，选取纵波成分为主的板波波形；又例如欲测定板与其他介质粘接的良好程度，可选取横波成分为主的板波波形。根据频率乘以板厚的数值，在群速度图上选择群速度随频率变化缓慢的板波波形，再根据波形、频率乘板厚的数值，从相应的图中查得入射角。

4）根据入射角选择合适的探头，在试块上调整扫描速度。用试块端头反射脉冲信号观察所选板波的衰减特性，注意看是否有非单调特性。

5）根据人工缺陷的反射，选择合适的探测灵敏度。

6）检测时，当发现端头信号前面有信号出现时，用手指拍打确定缺陷确切的位置。耦合剂黏度要稍大些，避免到处流淌。

3.13 超声波检测目的与时机

根据超声波检测目的与时机不同，超声波检测可分为原材料检测、制造过程检测、产品检测及在役检测。

（1）原材料检测 检测目的：主要检测原材料中的冶金缺陷。

检测时机：只要具备检测条件，越早检测越好，以免造成后续工序不必要的浪费。

（2）制造过程检测 检测目的：主要针对加工工序的质量控制。主要检测的缺陷种类、分布与加工工序有关。

检测时机：原则上应选择在热处理后、复杂加工工序之前进行。主要是尽可能减少因加工形状而引起的非缺陷波对超声波检测的干扰，而在热处理（不包括消除应力的热处理）后进行，有利于发现热处理过程中产生的缺陷。如果在最终热处理之后不能进行检测的工件，则应在之前的某个合适阶段进行。对于特定工序的工艺质量控制，应在该工序完成后进行检测。

（3）产品检测 检测目的：主要是按照产品的质量技术条件进行检测，确定产品是否满足质量要求。需要检测的缺陷与产品技术条件有关。

检测时机：在影响产品质量的全部加工工序后、产品交付前。

（4）在役检测 检测目的：主要是为了检查在役缺陷。

检测时机：工件使用一定期限后进行检测，保证工件具有良好的技术状态，避免在下一次检测前出现断裂或重大故障。在役检测前，要充分了解工件在使用中的受力状态、应力集中部位、易开裂的部位以及裂纹的方向。疲劳裂纹一般出现在应力最大部位，通常裂纹方向与最大应力方向垂直，因此，在许多情况下，只需要进行局部检查。

第4章 铸锻件超声波检测

4.1 铸件超声波检测

4.1.1 铸件的基础知识

1. 基本概念

铸件是用各种铸造方法获得的金属成形物件,即把冶炼好的液态金属,以一定的方式注入预先准备好的铸型中,经冷却、清砂、清理打磨等后续工序后,所得到的具有一定形状、尺寸和性能的物件。

2. 铸造方法

铸造方法可分为砂型铸造和特种铸造两大类。

砂型铸造是在砂型中生产铸件的铸造方法,据统计,国内外60%～70%铸件是用砂型生产的。砂型铸造具有成本低、工艺简单、生产周期短等特点,但砂型铸件一般表面粗糙、尺寸精度较差。

特种铸造泛指除砂型铸造以外的铸造方法,如:金属型铸造、熔模铸造、石膏型铸造等,其获得的铸件在尺寸精度、表面粗糙度等方面比砂型铸件高。

4.1.2 常见缺陷

铸件常见的缺陷有气孔、缩孔、夹杂、裂纹、粘砂、疏松和偏析等。

铸件的缺陷大多数为体积型,也有面状缺陷。这些缺陷方向性不明显,出现的部位却有一定的规律。如气孔常位于铸件的上部或表面层,有时也出现在中心部位。集中缩孔是在某一部位产生大的空洞,中心缩孔则是沿铸件中心轴形成的多孔性组织。

(1) 气孔　由于金属液含气量过多,模型潮湿及透气性不佳而形成的空洞。铸件中的气孔分为单个分散气孔和密集气孔。

(2) 缩孔、缩松(疏松)　铸件缩孔、缩松是因金属液冷却凝固时体积收缩得不到补缩而形成的缺陷。缩孔多位于浇冒口附近和截面最大部位或截面突变处。

(3) 夹杂　工件中各种金属和非金属夹杂物的总称,包括夹杂物、冷豆、夹渣、砂眼等。

夹杂物是指工件内或表面上存在和基体金属成分不同的质点。夹杂物分为非金属夹杂和金属夹杂两类。

非金属夹杂通常是氧化物、硫化物、硅酸盐等杂质颗粒机械地保留在固体金属中，或凝固时在金属内形成，或在凝固后的反应中，在金属中形成。

金属夹杂是异种金属偶尔落入金属液中未能熔化而形成的夹杂物。

（4）裂纹 各种原因发生断裂而形成的条纹状裂缝。

4.1.3 铸件分类

工程上，以含碳量的高低将铸件分为铸钢件和铸铁件，一般认为含碳量低于2.0%为铸钢，含碳量2.0%～4.5%为铸铁。

铸铁件一般根据石墨的形态分为灰铁、蠕铁、球铁。灰铁中石墨呈片状，其超声波检测性差；蠕铁中石墨呈蠕虫状，球铁中石墨呈球状，蠕铁、球铁超声波检测性较好。

铸钢件可分为普通碳素铸钢件和合金铸钢件。轨道交通装备行业常用的ZG230—450为普通碳素铸钢件，B级钢、C级钢、D级钢、E级钢为合金铸钢件。

4.1.4 铸件的特点

（1）组织不均匀 铸件壁厚的冷却速度由外到里依次减慢，外层冷却速度最快形成细晶粒区，中间次之形成柱状晶粒区，心部冷却速度最慢形成等轴晶粒区。尤其是铸态下的铸钢件，晶粒一般比较粗大，可超声波检测性差，故铸钢件的超声波检测一般在热处理后进行。

（2）组织不致密 铸件尤其是厚大件组织致密性差，因可能存在的枝晶间缩松等缺陷，导致组织不致密。

（3）形状复杂、表面状态较差 相对于锻件，铸件的形状比较复杂；铸件表面状态难与机加工面相比，一般表面状态差。

（4）缺陷的种类多、不规则 常见的缺陷有孔洞类缺陷（气孔、缩孔、缩松等），裂纹类缺陷（铸造裂纹、冷隔、热处理裂纹等），夹（砂）杂等，铸件缺陷的形状大都不规则。

4.1.5 铸件超声波检测的特点

由于铸件自身的特点，造成铸件超声波检测的特殊性和局限性，主要有以下几点：

（1）透声性差 由于铸件的不致密性、不均匀性和晶粒粗大，所以使超声波散射衰减和吸收衰减明显增加，透声性降低。与锻件相比，可超声波检测厚度减小。

（2）声耦合差 铸件一般表面粗糙，声耦合差，检测灵敏度低，波束指向性不好，探头磨损严重，很难进行精细检测。为提高超声波检测效果，毛坯面检测时一般使用软保护膜探头，较稠的耦合剂，以提高耦合效果。

（3）杂波多、反射波形复杂，缺陷定位、定量困难 铸件检测干扰杂波多。一是由于晶粒和组织不均匀性引起的散乱反射，形成林状回波，使信噪比下降，特别是频率较高时尤为严重；二是铸件形状复杂，一些轮廓回波和迟到变形波引起的非缺陷信号多。此外铸件粗糙表面也会产生一些反射回波，干扰对缺陷波的正确判定。

缺陷的定量比较复杂，有时反射波高，缺陷反而小，因此检测时要特别注意观察波形特点，尤其注意观察底波变化情况。根据缺陷波和底波的变化情况，综合评定缺陷的严重程度。

（4）检测灵敏度一般要求不高　一般铸件设计安全系数相对大，对缺陷的检测要求较低。铸件一般允许存在的缺陷尺寸较大，数量较多。铸件检测主要是工艺性检测，通过超声波检测发现缺陷进而优化铸造工艺，消除或减小缺陷，提高铸件质量。

（5）有时不必全面检测　由于铸件缺陷分布一般有规律，如缩孔、缩松常存在于热节部位，如截面厚大部位，因此大多数铸件不必进行全面超声波检测，只需对重点部位（易产生缺陷的部位或受力大的部位等）进行超声波检测。

4.1.6　检测技术要点

1. 检测方法的选择

（1）缺陷反射法　适用于厚度较大铸件，根据缺陷反射波高判定铸件的完好程度。

（2）多次底波反射法　适用于较薄工件，且检测面与底面平行，根据底波的衰减次数判定铸件的完好程度。

（3）分层检测法　适用于特厚大铸件，当采用缺陷回波法检测时，通常灵敏度需按工件最大厚度调节，使得仪器增益值很大，可能造成近表面缺陷信号幅度过高，散射引起的杂波信号幅度也增高，使得缺陷信号与杂波信号无法分辨。

因此对于厚度特大铸件，一般采用分层检测技术，即将被检铸件沿厚度方向分为若干层，每一层分别根据该层的位置、厚度调节灵敏度进行检测。

2. 检测准备

（1）检测面的要求　毛坯面：可采用喷丸、打磨的方法清理表面，一般要求铸件表面粗糙度$Ra \leqslant 25 \mu m$。

机加工面：一般要求表面粗糙度$Ra \leqslant 12.5 \mu m$，特殊要求或精细检测时，表面粗糙度$Ra \leqslant 6.3 \mu m$。

（2）检测面的选择　尽可能充分利用有效的检测面，以便对缺陷做出准确的、全面的评价。

（3）超声波检测性的判定　由于铸件可能存在晶粒粗大，容易产生林状回波，影响铸件超声波检测，因此铸件检测时通常进行超声波检测适应性判定。铸件超声波检测时，一般根据表4-1的参考反射体回波高度与噪声信号回波高度的差值，判定铸件超声波检测的适应性，信噪比≥6dB。

表4-1　超声波检测适应性判定　　　　　　　　　　　　　　　（单位：mm）

壁厚	能检出的最小平底孔直径
≤300	3
>300～400	4
>400～600	6

因此，一般铸钢件的超声波检测应在热处理后进行。

3. 检测条件选择

（1）探头的选择　铸件检测一般以纵波为主，横波为辅。纵波以直探头为主，当厚度较小（<50mm）时可采用双晶探头。选择双晶探头要注意焦距的选择，保证有效声场覆盖整个检测范围。毛坯面检测时可采用软保护膜探头。

由于铸件晶粒可能比较粗大，衰减严重，所以铸态时或较厚大铸件，宜选用较低的频率，一般为0.5～2MHz；热处理后或较薄时，可选用较高的频率，一般为2.5～5MHz。

探头的直径视工件的具体情况而定，纵波直探头一般为$\phi 10$～$\phi 30$mm，横波斜探头的折射角视检测对象而定。

（2）试块　铸钢件检测常用图4-1所示的ZGZ系列平底孔对比试块。试块材质与被探铸件相同或相近，不允许存在$\phi 2$mm平底孔当量缺陷。试块上平底孔的直径d和声程l可根据相应标准或技术规范和被检工件确定。该试块主要用于制作距离-波幅曲线和调整检测灵敏度。

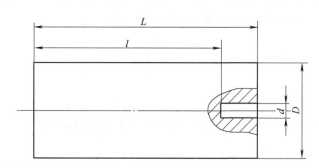

图4-1　ZGZ系列平底孔对比试块

（3）耦合剂的选择　铸件检测时表面尤其是毛坯面可能比较粗糙，检测时一般选用黏度较大的耦合剂或选择软保护膜探头、水浸法等解决耦合问题。常用黏度较大的耦合剂，如浆糊、黄油、甘油及水玻璃等。

4. 仪器调节

（1）扫描比例的调节　一般按声程调节。要求扫描比例简单，调节比例适中，充分利用全声程，通常检测范围占水平刻度80%左右。

(2）检测灵敏度调节　可根据铸件质量要求确定检测灵敏度。铸件检测时，可根据工件厚度情况，将铸件分为：外、内、外三层（见图4-2），外层检测质量要求一般高于内层。

灵敏度的调节方法：可采用试块法、大平底法、多次底波反射法、DAC曲线法等调节检测灵敏度。

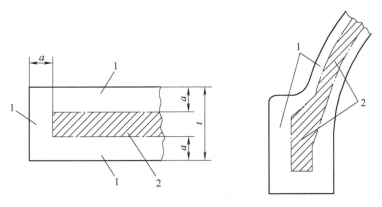

图4-2　壁厚的划分区域

注：1为外层区域；2为内层区域；t为壁厚；a为$t/3$（最大30mm）。

5. 缺陷的判定与测量

（1）缺陷的判定　出现下列情况时，一般判定为缺陷：①存在缺陷回波，且超过规定值。②底面回波下降一定程度，如12dB。③用多次底波法时，底波次数减少。

（2）缺陷的定位　根据缺陷的指示信号位置，确定缺陷位置。

（3）缺陷的定量　发现缺陷后，需测量缺陷的尺寸。小缺陷（点状缺陷）采用当量法，常用的方法有试块比较法、当量计算法等；大缺陷（延伸性缺陷）测定指示长度、指示面积等，常用的方法有：①有缺陷反射时，一般采用6dB法或端点6dB法测量缺陷尺寸。②采用底波下降法时，一般采用底波下降12dB划定缺陷边界。

铸钢件超声波检测，对缺陷定位的要求通常比对定量的要求高，一般铸钢件发现缺陷后允许返修，准确的定位有利于缺陷返修。

6. 铸件质量级别的评定

铸件检测完成后，一般需要按相应标准进行质量等级评定。

目前，常用的铸件超声波检测标准有：GB/T 7233.1—2023、GB/T 7233.2—2023、EN 12680.1：2023、EN 12680.2：2003、EN 12680.3：2003，在这些标准中，质量级别评定时将缺陷分为两类：一类是不能测量尺寸的缺陷，又称点状缺陷；另一类是能测量尺寸的缺陷，又称延伸性缺陷，包括平面形缺陷和体积形缺陷。随着工业技术的发展与进步，铸钢产品在发电设备、矿山机械、海工石油等领域的应用日益成熟。超声波检测作为工件内部缺陷检测的有效手段，凭借其灵敏度高、可靠性好、性价比高的优点，在无损检测的众多方法中占据着重要地位,是工件交付条件中使用最频繁的验收方法。

脉冲反射式纵波单晶直声束检测受到检测盲区的限制,对于铸件表面以下5mm范围内的检测难度较大。研究发现,带有延迟块的高频窄脉冲探头对铸件表面以下5mm范围内的区域检测效果良好。新型延迟块纵波探头频率为5MHz、非聚焦、非双晶,晶片由复合材料制作,晶片直径为10mm。选择SEB2探头为对比探头,SEB2探头的频率为5MHz,焦距为15mm,晶片尺寸为7mm×18mm,SEB2具有阻尼高、脉冲窄、纵向分辨力高等特点。采用新型延迟块纵波探头和SEB2探头进行对比试验,通过马氏体不锈钢材料制成的试块中的平底孔验证检测效果。结果发现,新型延迟块纵波探头可以识别距表面2mm的ϕ2mm平底孔,而SEB2探头则无法检出。新型延迟块纵波探头可以应用于保障距工件表面2mm以外区域的内部质量。

铸钢阀门在运行过程中由于自身缺陷可能扩展形成裂纹而导致失效。采用超声波检测可以有效检出阀体内部的裂纹。通过端点6dB法测量裂纹长度,通过上下端点衍射波法测量裂纹高度。采用声学仿真结合相控阵超声波检测的方式,对阀门缺陷的检出效果更佳。

4.2 锻件超声波检测

4.2.1 锻件的基础知识

1. 基本概念

锻件是金属材料经过锻造变形而得到的工件或毛坯。锻造是在加压设备及工(模)具作用下,使坯料、铸锭产生局部或全部的塑性变形,以获得一定几何尺寸、形状和质量的锻件加工方法。锻件的形成通常经过锻造、热处理及机械加工等工序。

2. 锻造方法

锻造方法通常可分为自由锻和模锻两种。

自由锻是指用简单的通用性工具,或在锻造设备的上、下砧间直接使坯料变形而获得所需的几何形状及内部质量锻件的方法。自由锻所使用的设备可分为:锻锤和液压机两大类。

自由锻的基本工序有:镦粗、拔长、冲孔(扩孔)、弯曲、错移、扭转、切割和锻接。

模锻是利用锻模使坯料变形而获得锻件的锻造方法。

按照使用设备的不同,模锻可分为:锤上模锻、曲柄压力机上模锻、摩擦(螺旋)压力机上模锻和胎模锻等。

3. 其他相关知识

(1)锻造比、金属流线 锻造比:锻造时变形程度的一种表示方法。通常用变形前后的截面比、长度比或高度比来表示。

金属流线:锻坯(铸锭或粗锻件)组织在锻造过程中沿金属延伸方向被拉长,由此形成的显微组织通常被称为金属流线。金属流线方向一般代表锻造过程中金属延伸的主要方向。锻件中缺陷所具有的特点与其形成过程有关。典型镦粗锻件内部金属流线如图4-3所示。

扫描二维码看彩图

图4-3 典型镦粗锻件内部金属流线

（2）热处理 采用适当的方式对金属材料或工件进行加热、保温和冷却，以改变其内部组织，从而获得预期性能的一种工艺。

热处理的目的不仅是改进金属材料或工件的工艺性能，更重要的是能充分发挥金属材料或工件的潜力，提高其使用性能，节约成本，延长工件的使用寿命。

热处理的工艺方法很多，大致可分为：

1) 普通热处理 包括退火、正火、淬火及回火等。

2) 表面热处理 包括表面淬火、渗碳、渗氮及碳氮共渗等。

（3）晶粒度 表示金属材料晶粒大小的物理量。它由单位面积内所包含晶粒个数来度量，也可用直接测量平均直径大小来表示。

4.2.2 常见缺陷

锻件的形成通常经过铸造、锻造、热处理及机械加工等工序，各工序可能产生的缺陷在锻件中均有反映。一般来说，锻件中的缺陷主要有两个来源：一是由铸锭或锻坯中缺陷引起的；二是锻造过程及热处理中产生的。

常见的缺陷类型有：残余缩孔、疏松、夹杂、裂纹、白点、发纹及折叠等。

（1）残余缩孔 残余缩孔是锻坯（或铸锭）中的缩孔在锻造时切头量不足残余下来的。多见于轴类锻件的端部，如图4-4所示。

扫描二维码看彩图

图4-4 轴类件的典型残余缩孔

（2）疏松 锻件疏松是钢锭在凝固收缩时形成的不致密和孔穴，在锻造时因锻造比不足而未全焊合，主要存在于大型锻件或钢锭的中心及头部。

（3）夹杂　工件中各种金属和非金属夹杂物的总称，包括夹杂物、夹渣等。

夹杂物是指工件内或表面上存在和基体金属成分不同的质点。夹杂物分为非金属夹杂和金属夹杂两类。

非金属夹杂通常是氧化物、硫化物、硅酸盐等杂质颗粒机械地保留在固体金属中，或凝固时在金属内形成，或在凝固后的反应中，在金属中形成。

金属夹杂是异种金属偶尔落入金属液中未能熔化而形成的夹杂物。

（4）裂纹　由于应力作用而产生的不规则裂缝。锻造和热处理不当，会在锻件表面或心部形成裂纹。

（5）白点　白点就是内部裂纹，其形成的原因复杂，一般认为氢和应力是形成白点的主要原因。氢的主要来源是在高温下液态金属与水蒸气反应，进入液体金属中的氢在浇注后随着金属的凝固溶解度下降而被截留在金属中。

白点主要集中于锻件大截面中心，多发生在合金含量超过3.5%的Cr、Mo合金钢锻件中。白点总是成群出现，如图4-5所示。

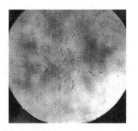

扫描二维码看彩图

图4-5　合金钢中白点缺陷断面解剖

（6）发纹　钢中非金属夹杂物、疏松及气孔变形后沿主延长方向分布的极细微纹。

（7）折叠　塑性加工时将坯料已氧化的表层金属汇流贴合在一起压入工件而造成的缺陷。

4.2.3　锻件分类

在实际生产中，由于生产工艺不同，同种锻件内部金属流线方向也会发生变化，从而出现同种锻件可能会存在内部缺陷方向有所不同。如：锻造曲轴的金属流线，整体锻造成形工艺与非整体锻造成形的工艺（大锻件加工成形）就存在很大不同，如图4-6所示。

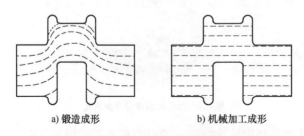

a）锻造成形　　　　b）机械加工成形

图4-6　不同生产工序造成的同种工件内部金属流线的变化

锻件分类、锻造工序及内部缺陷延展方向如表4-2所示。

表4-2 锻件分类、锻造工序及内部缺陷的延展方向

锻件类型	锻造工序	典型工件及内部缺陷延展方向
轴类锻件	拔长（或镦粗及拔长），切肩和锻台阶	
盘类锻件	镦粗（或拔长及镦粗），冲孔	
筒类锻件	镦粗（或拔长及镦粗），冲孔，再芯棒拔长	
环类锻件	镦粗（或拔长及镦粗），冲孔，再马杠扩孔	
曲轴类锻件	拔长（或镦粗及拔长），错移，锻台阶，扭转	
弯曲类锻件	拔长，弯曲	

4.2.4 锻件检测方法概述

锻件常用于应力较大、使用安全要求较高的关键部位，为保证锻件检测的质量，通常需要对锻件表面和外形进行加工，以保证锻件具有良好的超声波入射面，满足超声波检测灵敏度的需要，同时尽可能为超声波覆盖整个锻件检测区域提供必要的条件。

锻件可用直接接触法、液浸法进行超声波检测。随着自动化技术的广泛应用，铁路专业设备越来越多地使用液浸法。

在锻件检测上超声波技术应用的非常广泛，各种超声波技术均有应用。常用的技术有：纵波垂直入射法、纵波斜入射法、横波检测法等。由于锻件外形可能很复杂，所以有时需要在不同的方向进行检测，在同一锻件上有时需要同时采用多种超声波检测技术，如：车轴超声波检测就是用了横波、纵波，有时是用表面波检测。其中纵波垂直入射法应

用最广泛。

检测出缺陷后,根据缺陷波形状和高度的变化,结合缺陷的位置和锻件加工工艺,对缺陷的性质进行综合评估、判断。

4.2.5 轴类锻件的检测

轴类锻件的锻造工艺主要是以拔长为主,因而大部分缺陷的取向与轴线平行,此类缺陷的检测以纵波直探头从径向检测效果最佳。考虑到缺陷会有其他的分布及取向,因此轴类锻件检测,还应辅以直探头轴向检测、斜探头周向检测及轴向检测。

1. 纵波直探头检测

用直探头做径向检测时,如图4-7中的A位置,将探头置于轴的外圆面作全面扫查,以发现轴类件中的纵向冶金缺陷,如:缩孔、夹杂、疏松等。对于新制件,检查轴类件内部的冶金缺陷,径向检测效果最佳。

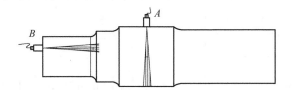

图4-7 轴类锻件直探头径向、轴向检测示意

用直探头作轴向检测时,如图4-7中的B位置,将直探头置于轴的端面,在轴的端面作全面扫查,以发现与轴向垂直的横向缺陷和材料的组织晶粒粗大,如:疲劳裂纹。使用该种方法存在一定的局限性,当轴的长度较长或有多个直径不等的轴段时,会形成超声波的扫查盲区。对于在役检测件,由于轴上通常安装了许多零部件,所以轴的外圆面往往有许多不可实施径向检测的部位,该方法较为实用。

2. 横波斜探头检测

考虑到缺陷可能的分布及取向,可采用斜探头周向检测及轴向检测。周向检测如图4-8a所示,轴向检测如图4-8b所示。

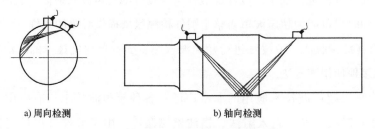

a) 周向检测   b) 轴向检测

图4-8 轴类锻件斜探头周向、轴向检测

当缺陷呈径向且为面状,或轴段上有不同直径时,直探头径向或轴向检测都很难发现,

此时,需要使用适当的斜探头做周向或轴向检测。考虑缺陷的取向,检测时探头应作正、反两个方向的全面扫查。实际工作中,由于轴上安装了许多零部件,所以轴的外圆面往往有许多不可实施超声波检测的部位,这时需要考虑使用两种或两种以上的探头进行检测。

4.2.6 盘类锻件的检测

盘类锻件的锻造工艺主要以镦粗为主,由于缺陷的分布主要平行于端面,所以用直探头在端面检测是检出缺陷的最佳方法,如图4-9中的A位置。对于重要锻件,还应考虑从外圆面进行径向检测,如图4-9中的B位置。

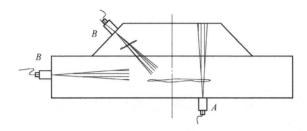

图4-9 盘类锻件检测

4.2.7 筒类锻件的检测

筒类锻件的锻造工艺是先镦粗、后冲孔、再滚圆。缺陷的取向比轴类锻件、盘类锻件中的复杂。但由于工件的中心部分(坯料中质量最差的部分)已被冲孔时去除,所以相对于轴类锻件、盘类锻件来说,筒类锻件的质量要好一些。其主要缺陷的取向与筒体外圆表面平行。

筒类锻件的检测仍以直探头和/或双晶探头外圆面检测为主。对于大壁厚的锻件,需加用斜探头检测,如图4-10所示。

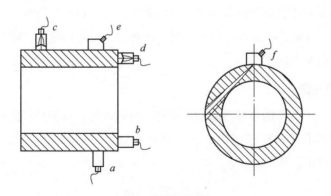

图4-10 筒类锻件检测

注:a为直探头外圆面径向检测;b为直探头端面轴向检测;c为双晶探头外圆面径向检测;
d为双晶探头端面轴向检测;e为斜探头轴向检测;f为斜探头圆周方向检测。

4.2.8 检测技术要点

对于不同的锻件，超声波检测的条件选择是不同的，实际工作中需要针对特定的工件、检测目的和要求来适当选择。

1. 探头的选择

可用直探头、横波斜探头检测，其他形式的探头作为辅助检测，但不得用于初始（发现缺陷）的检测。

（1）标称频率　探头的标称频率通常在1.0～6.0MHz之间。

（2）探头形式　直探头晶片的有效直径一般在10～40mm之间。横波探头晶片的有效面积一般在20～625mm^{2}之间，横波探头声束折射角度一般在35°～70°之间。如果需要近表面检测，可使用双晶探头。

2. 耦合剂的选择

锻件检测时表面比较光滑平整，检测时一般选用水（有或没有防腐剂或软化剂）、油脂、油、甘油和水质浆糊。

耦合剂应正确使用：在校验、设定灵敏度、扫查和缺陷评定时，必须使用相同型号的耦合剂。如果耦合剂的存在会影响后道工序的生产、检测工序或成品的质量，检测结束后，应清除干净。

3. 表面状态

扫查表面应光滑平整，无油漆、无氧化皮及干结的耦合剂，不得存在有阻碍探头自由移动或引起判断错误的物质。

通常检测表面粗糙度$Ra \leqslant 12.5\mu m$；质量要求较高的，表面粗糙度$Ra \leqslant 6.3\mu m$。

如果锻造表面状态能够满足制订的质量等级要求，也可以进行检测。但通常只适用于质量等级最低的锻件。在锻造表面进行全面检测有困难时，可使用喷丸、喷砂或表面研磨的方式进行预处理，以确保声耦合。

4. 材质衰减的测定

由于锻件尺寸大，材质的衰减对缺陷定量有一定的影响。特别是材质衰减较大时，影响更明显。因此，在锻件中有时要测定材质的衰减系数α。一般规定材质衰减超过4dB/m时，应对缺陷定量进行修正。

5. 试块的选择

（1）校准试块　使用1号试块（ⅡW试块）或与之相当的CSK-IA型试块。

（2）对比试块　当灵敏度是由距离-波幅曲线（DAC）方法设定和/或根据DAC方法按照参考反射体的幅度进行缺陷定量时，应制作对比试块。对比试块的表面状态应能代表被检材料的表面状态。通常对比试块应至少包含能覆盖整个检测深度的三个反射体。对比试块使用的材料一般选用与被检材料同钢种、同热处理状态的材料制成。对比试块反射体尺寸一般按照被检材料的材质和质量等级来确定。直探头用对比试块反射体尺寸见表4-3。

表4-3　对比试块反射体（平底孔）尺寸　　　　　　（单位：mm）

材料	锻件厚度	质量等级			
		1	2	3	4
铁素体-马氏体锻钢	—	8、12	5、8	3、5	2、5
奥氏体、奥氏体-铁素体不锈钢锻钢	$t \leqslant 75$	5、8	3、5	2、3	—
	$75 < t \leqslant 250$	8、11	5、8	3、5	—
	$250 < t \leqslant 400$	14、19	8、11	5、8	—
	$t > 400$	底面	11、15	—	—
	$400 < t \leqslant 600$	—	—	8、11	—
	$t > 600$	—	底面	底面	—

横波斜探头一般采用$\phi 3mm$横孔作为基准反射体。

对比试块制作需按照相关标准执行，对于特殊对比试块可另行规定。

6. 仪器调节

（1）扫描比例的调节　一般按声程调节。要求扫描比例简单，调节比例适中，通常使用1号试块（IIW试块）或与之相当的CSK-I、CSK-IA型试块对仪器的基本性能进行校准。

（2）灵敏度调节　调节检测灵敏度的方法有两种：底波法和对比试块法。

1）底波法。当锻件被检测部位厚度$x \geqslant 3N$，且锻件具有平行底面或圆柱曲底面时，常用底波法来调节检测灵敏度。

使用底波法首先要计算或查AVG曲线求得底面回波与相应平底孔回波的分贝差，然后再调节。

2）对比试块法。单直探头检测：当锻件的厚度$x < 3N$或由于几何形状所限或底面粗糙时，应利用具有人工缺陷的试块来调节检测灵敏度。调节时将探头对准所需试块的平底孔，调"增益"使平底孔回波幅度达到基准高即可。

值得注意的是，当试块表面形状、粗糙度与锻件不同时，要进行耦合补偿。当试块与工件的材质衰减相差较大时，还要考虑介质衰减补偿。

双晶直探头检测：采用双晶直探头检测时，要利用双晶探头平底孔试块来调节检测灵敏度。具体做法是先根据需要选择相应的平底孔试验块，并测试一组距离不同、直径相同的平底孔的回波，使其中最高回波幅度达满刻度的80%，在此灵敏条件下测出其他平底孔的回波最高点，并标在示波屏上，然后连接这些回波最高点，从而得到一条平底孔距离-波幅曲线，即DAC曲线，并以此作为检测灵敏度。

4.2.9 扫查

通常使用脉冲反射式进行手工接触法扫查，所要求的最小扫查范围区域与锻件的类型相适应。扫查类型分为栅格扫查和100%扫查两种方式。

扫查方式需根据锻件类型、锻件外形、生产的方法、质量等级来确定。对于筒形锻件、环形锻件，当采用横波轴向扫查时，由于横波轴向扫查的有效深度受到探头角度和锻件直径的限制，所以通常须限制采用的范围是外径和内径之比＜1.6。

100%扫查时，相邻探头移动覆盖区至少为有效探头直径的10%。

4.2.10 缺陷位置和大小的确定

1. 缺陷位置

在锻件检测中，主要采取纵波直探头检测，因此可根据示波屏上缺陷波前沿所对的水平刻度值 n 和扫描比例 τ 来确定缺陷在锻件中的位置。缺陷至探头的距离 x_f 可用式（4-1）计算。

$$x_f = n \cdot \tau \tag{4-1}$$

2. 缺陷大小的测定

（1）当量法 在锻件检测中，对于尺寸小于声束截面的缺陷一般用当量法定量。

若缺陷位于 $x \geq 3N$ 区域内时，常用当量计算法和当量AVG曲线法定量。

若缺陷位于 $x < 3N$ 区域内，常用试块比较法定量。将缺陷的反射波高与规定的对比试块中等深度的平底孔反射波高直接比较，以确定缺陷的当量值。如果缺陷的埋藏深度与所用对比试块中的平底孔的埋藏深度不同，则可用两个埋藏深度与之相近的平底孔，用插入法进行评定，但不允许用外推法。必要时，可采用能使缺陷处于其远场区的探头进行检测。

例题：

用2.5MHz ϕ14mm直探头检测厚度为420mm的工件，钢中 $c_L = 5900$m/s，$\alpha = 0$，灵敏度为420/ϕ2mm。检测中在210mm处发现一缺陷，其回波比底波低26dB。求此缺陷的平底孔当量大小。

解：由已知可得：

$$\lambda = \frac{c}{f} = \frac{5900 \times 10^3}{2.5 \times 10^6} = 2.36 \text{mm}$$

$$N = \frac{D^2}{4\lambda} = \frac{14^2}{4 \times 2.36} = 21 \text{mm}$$

$$3N = 3 \times 21 = 63 < 210 \text{mm}$$

故可应用当量计算法定量

由 $\Delta_{\phi B} = 20\log\dfrac{\pi a_B \phi^2}{2\lambda a_\phi^2} = -26$ 可得

$$\phi = \sqrt{\dfrac{2\lambda a_\phi^2}{10^{1.3}\pi a_B}} = \sqrt{\dfrac{2\times 2.36\times 210^2}{10^{1.3}\times 3.14\times 420}} \approx 2.8\text{mm}$$

（2）测长法　对于尺寸大于声束截面的缺陷一般采用测长法，常用的测长法有6dB法和端点6dB法，必要时还可以采用底波高度法来确定缺陷的相对大小。

3. 缺陷回波的判定

（1）I型图　如图4-11所示，当探头移动时，A扫查显示器显示出单个清晰的平滑地上升到最大振幅的指示，然后平滑地下降到0。即缺陷在探头移动方向最高振幅较快下降，指示长度较小。

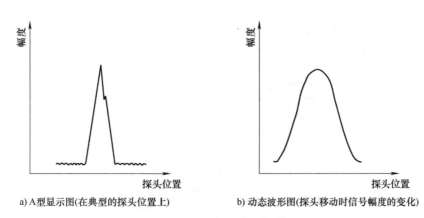

a) A型显示图(在典型的探头位置上)　　b) 动态波形图(探头移动时信号幅度的变化)

图4-11　I型图A型显示和回波包络显示

（2）II型图　如图4-12所示，当探头移动时，A扫查显示器显示出单个清晰的平滑地上升到最大振幅的指示，该幅度维持或没有振幅变化，然后平滑地下降到0。即缺陷在探头移动方向最高振幅保持一定距离后，然后快速或逐渐下降，指示长度较大。

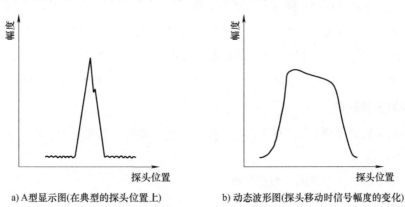

a) A型显示图(在典型的探头位置上)　　b) 动态波形图(探头移动时信号幅度的变化)

图4-12　II型图A型显示和回波包络显示

(3) 点状不连续　是指I型动态波形图和/或直径≤-6dB声束宽度的不连续。

(4) 长条形的不连续　是指II型动态波形图和/或直径＞-6dB声束宽度的不连续。

(5) 单个不连续　是指点与点之间的距离超过40mm的不连续。

(6) 密集不连续　是指点与点之间距离≤40mm的不连续。

4. 非缺陷回波的分析

锻件检测过程中的波形除了缺陷回波外，还有其他非缺陷回波信号，如：游动回波、底面回波、三角反射波、迟到波、61°反射波及轮廓回波等。

4.2.11　质量评定

产品质量等级应与产品的要求相适应。按照产品技术条件的规定进行检测和验收。

4.2.12　轨道交通装备用车轴相关知识

1. 轮对、车轴各部位名称

轮对、车轴各部位名称如图4-13所示。

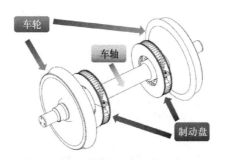

图4-13　典型车辆轮对示意

2. 车轴形式和尺寸

(1) 车轴的分类　轨道交通装备用车轴按照用途分主要有动车轴、车辆轴和机车轴三大类；按照形式分主要有实心轴和空心轴两大类。

(2) 车轴形式和尺寸　车辆用实心轴的形式和尺寸相关标准已有明确的规定，机车轴、动车轴（空心轴）形式和尺寸尚无统一的标准进行规定。

目前国内高速动车用空心轴的空心孔一般有：ϕ30mm、ϕ60mm和ϕ65mm三种。

3. 车轴的主要缺陷

(1) 新制车轴的主要缺陷　有夹杂物、残余缩孔、疏松、晶粒粗大、锻造裂纹、热处理裂纹、发纹及白点等。

(2) 在役车轴的主要缺陷　疲劳裂纹。

4. 车轴断口分析

车轴断口（见图4-14）主要由疲劳源区1、裂纹扩展区2、脆性断裂区3三部分组成。

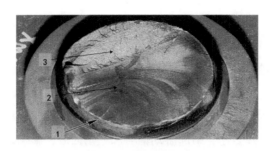

扫描二维码看彩图

图4-14　车轴断口形貌

（1）疲劳源区　它的断口面平坦、细密，经常有发自疲劳裂纹源的放射纹；疲劳裂纹源区常被氧化、腐蚀、变黑。

（2）疲劳裂纹扩展区　疲劳裂纹扩展区在车轴断口上占的面积往往较大。经常有垂直于裂纹扩展方向的"弧线"（疲劳条带），而且疲劳条带的间距随裂纹数扩展逐步增加。

疲劳裂纹扩展区又可分为慢速扩展区和快速扩展区，前期的慢速扩展区疲劳纹细密，也称疲劳核。后期的快速扩展区疲劳纹比较粗。

疲劳条带也称为"海滩状花样"或"贝状花样"。服役轴的宏观疲劳扩展区的重要特征是海滩状标记，在裂纹稳定扩展期，这些标记代表裂纹连续进展的前沿。

（3）瞬时断裂区（脆性断裂区）　疲劳裂纹的扩展由慢到快，直到轴剩余面积承受不住外加载荷而断裂，该区断口常为纤维状，起伏大；位于断口的边缘时，常形成剪切唇；断裂发生时，为银灰色。

最后断裂区的大小及位置与名义应力大小及应力集中有关，若外加应力比疲劳强度稍高一些，最后断裂区域较小，外加应力增大，最后断裂面积相应增加。

在锻件超声波检测过程中，为了减小或消除盲区，通常会对产品预留一定的加工余量。保证足够的加工余量，可以彻底消除盲区对检测结果的影响。对于加工余量较小的产品，采用双面检测，即在工件两侧分别进行超声波检测，可以排除上盲区的影响，但由于无法有效测定下盲区的范围，仅凭个人经验无法判断加工余量是否覆盖下盲区，因此存在缺陷漏检的风险。通过标准试块，可以较准确地测定超声检测系统的上盲区范围。根据产品信息，设计加工对比试块。在试块中加工出一定尺寸的人工槽（模拟自然缺陷），不断改变人工槽的深度，利用超声波检测设备观察人工槽处回波和底波显示，若能明显发现人工槽处回波和底波呈现分开状态，则默认为超声波检测设备能够区分下盲区尺寸，根据人工槽深度测定下盲区范围。

有人认为，锻件的质量，即使存在的单个缺陷和密集型缺陷被判定为等级合格，也不能说明质量安全。该不安全性来自于材质缺陷，是由于材质疏松、间隙微裂纹、密集的弥散性夹杂物等存在，降低了锻件的力学性能。因此，在锻件检测时应特别关注造成底面回波衰减的原因，综合分析其质量特性。

细长轴类锻件作为重要的机械部件，广泛应用于航空航天、工业、医学等领域，如工业加工车床上的丝杠、光杠等。该类零件加工难度较高，需求量大。细长轴类锻件缺陷的方向通常与轴线平行，超声波检测通常采用纵波直探头在圆周面上进行扫查，而由于其直径较小，曲界面与探头的接触不完全，因此耦合时中心接触好、外围接触差，超声波透射系数较小，检测灵敏度下降，导致曲界面检测的表面声耦合与平界面检测时的相差很大，曲率引起的灵敏度损失可达30dB以上。同时，检测大曲率界面时超声波声束发散，不仅会导致定位定量误差增大、灵敏度下降，还会引起游动信号和三角回波，影响缺陷判别。对于细长轴类锻件的超声波检测，通常采用小晶片探头、黏质高阻抗耦合剂或与阻抗匹配的弹性胶质、带弧形楔块的探头、与曲率匹配的曲晶片探头，以及平面晶片相控阵探头等技术。

以接触式纵波直探头检测细长轴类锻件时，采用圆柱曲面晶片可大幅提高检测灵敏度，圆柱曲面晶片的曲率半径一般应不小于工件半径，两者相等时声耦合最佳。圆柱曲面晶片不仅可以改善界面的耦合效果，而且凹曲面聚焦换能器还具有线状聚焦特性。虽然采用圆柱曲面晶片可大幅提高检测灵敏度，但采用圆柱曲面晶片单直探头时，声束不能偏转，不能检测径向缺陷，且声束在工件纵向截面上依旧是发散的。而将圆柱曲面晶片与相控阵聚焦技术结合起来，不仅可实现声束偏转，还可实现横向截面和纵向截面两个方向的聚焦。采用圆柱曲面相控阵超声波检测技术可清晰地检出弧面试块上不同声程的2mm平底孔，具有足够的检测灵敏度与分辨力，优于常规直探头和平面晶片相控阵；大曲率锻件的工程检测实践表明，相控阵聚焦技术对大曲率锻件有足够的灵敏度，可以检测到深度为0.5mm的面积型缺陷。

第5章 板材、棒材超声波检测

5.1 板材超声波检测

板材的分类方法很多,如根据材质不同可将板材分为钢板、铝板、铜板等;根据厚度不同,将板材分为薄板与厚板,厚度$\delta<6mm$为薄板,厚度$\delta\geqslant 6mm$为厚板。

实际生产中钢板应用最广,本节以中厚钢板为例来说明板材的超声波检测方法。

5.1.1 钢板加工及常见缺陷

钢板是由板坯轧制而成的,而板坯又是由钢锭轧制或连续浇注而成的。钢板中常见缺陷有分层、折叠、白点等,如图5-1所示。

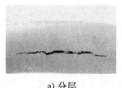

a) 分层　　　　　　　　b) 折叠　　　　　　　　c) 白点

图5-1 钢板中常见缺陷

分层是板坯中缩孔、夹渣、气孔等在轧制过程中未密合而形成的分离层。分层破坏了钢板的整体连续性,影响钢板承受垂直板面的拉应力作用的强度。当分层位于焊接接头区域,尤其是坡口位置时,容易引起焊接缺陷,影响焊接质量。折叠是钢板表面局部形成互相折合的双层金属。

白点是钢板在轧制后冷却过程中氢原子来不及扩散而形成的,白点断裂面呈白色,多出现在厚度大于40mm的钢板中。

由于钢板中的分层、折叠等缺陷是在轧制过程中形成的,因此它们大都平行于板面。

5.1.2 检测方法

厚板以垂直板面入射的纵波检测法为主,以横波斜入射为辅;薄板常用板波检测法。

检测的耦合方式有接触法和水浸法。

采用的探头有单晶直探头、双晶直探头或聚焦探头。

钢板检测时，一般采用多次底波反射法，即在屏幕上显示多次底波。这样不仅可以根据缺陷波来判定缺陷情况，而且可根据底波衰减情况来判定缺陷情况。只有当板厚很大时，才采用一次底波或二次底波法。

1. 接触法

接触法是探头通过薄层耦合剂与工件接触进行检测。当探头位于完好区时，屏幕上显示多次等距离的底波，无缺陷波，如图5-2a所示。当探头位于缺陷较小的区域时，屏幕上缺陷波与底波共存，底波有所下降，如图5-2b所示。当探头位于缺陷较大的区域时，屏幕上出现缺陷的多次反射波，底波明显下降或消失，如图5-2c所示。

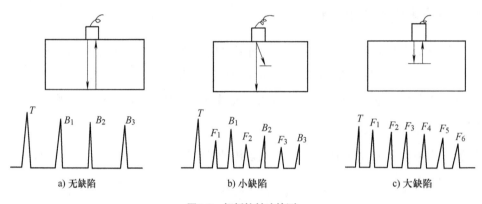

图5-2 钢板接触法检测

在钢板检测中值得注意的是：当板厚较薄，板中缺陷较小时，各次底波之前的缺陷波开始几次逐渐升高，然后再逐渐降低。这种现象是由于不同反射路径声波互相叠加的结果，因此称为叠加效应，如图5-3所示。图中F_1只有一条路径，F_2比F_1多三条路径，F_3比F_1多五条路径，路径多，叠加能量多，缺陷回波高，但当路径进一步增加时，衰减也迅速增加，这时衰减的影响比叠加效应更大，因此缺陷波升高到一定程度后又逐渐降低。

钢板检测时，若出现叠加效应，一般应根据F_1来评价缺陷。只有当板厚$\delta<20\text{mm}$时，才以F_2来评价缺陷，这主要是为了减少近场区的影响。

2. 水浸法（充水耦合法）

水浸法检测探头与钢板不直接接触，通过一层水来耦合。这时水/钢界面（钢板上表面）多次回波与钢板底面多次回波同时出现在屏幕上，这些回波互相干扰，影响对缺陷波的判定，不利于检测。实际检测时，通常通过调整水层厚度，使水/钢界面的第二次回波分别与钢板多次底波重合，此时在屏幕需要观察的有效范围内不会出现界面波，波形变得简单、清晰，有利于对波形的分析和判定，这种方法称为多次重合法。当界面第二次回波与钢板第一次底波重合时，称为一次重合法；当界面第二次回波分别与钢板第2次、第3

次、第4次……底波重合时，称为二次重合法、三次重合法、四次重合法等，依次类推，如图5-4所示。

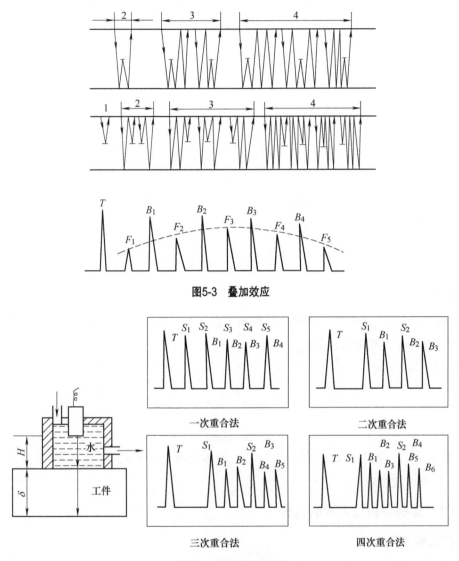

图5-3 叠加效应

图5-4 水浸多次重合法

应用水浸多次重合法检测，不仅可以减少近场区的影响，而且可以根据多次底波衰减情况来判断缺陷严重程度，一般常用四次重合法。

（1）水浸法检测的特点 第一，探头与工件不接触，晶片不磨损，可实现薄晶片、高频率检测，提高分辨力；相对于直接接触法，水浸法检测对工件表面粗糙度要求低。

第二，容易实现声束斜入射，有利于检测工件各个方向的缺陷。

第三，盲区小（始脉冲比界面波回波宽），可实现薄件检测。

第四，垂直入射时，要求严格控制入射角度。水的声速约是钢的1/4，根据折射定律，当声束入射角α较小时，折射角$\beta \approx 4\alpha$，即入射角一个微小的变化，折射角变化4倍，容易引起定位误差。

第五，入射角小于10°时，水/钢界面折射纵波往复透射率约为0.1，说明声压会有20dB的损失，因此采用水浸法检测时，需要使用灵敏度较高的探头。

（2）水层厚度的确定　根据钢和水中的声速，可得各次重合法水层厚度H与钢板厚度δ的关系为

$$H = n\frac{c_水}{c_钢}\delta \approx n\frac{\delta}{4} \quad (5\text{-}1)$$

式中　n——重合波次数，如：$n=1$为一次重合法，$n=2$为二次重合法，依此类推。

例题1：

用水浸法检测厚度30mm的钢板，若采用四次重合法检测，计算水层厚度。

解：根据式（5-1），水层厚度为

$$H = n\frac{\delta}{4} = 4 \times \frac{30}{4}\text{mm} = 30\text{mm}$$

例题2：

用水浸法检测工件厚度为110mm的钢制工件，水层厚度为100mm，计算第一次界面波与第二次界面波之间的底波次数。

解：根据式（5-1）

$$H = n\frac{\delta}{4} = n \times \frac{110}{4}\text{mm} = 100\text{mm}$$

$$n \approx 3.6$$

取整数$n=3$，说明第一次界面波与第二次界面波之间有3次底波，第4次及以后底波位于第二次界面波之后。

5.1.3 探头与扫查方式的选择

1. 探头的选择

探头的选择包括探头频率、晶片直径和结构型式的选择。

（1）探头频率　由于钢板晶粒比较细，所以为获得较高的分辨力，宜选用较高的频率，一般为2.5～5.0MHz。

（2）晶片直径　钢板面积大，为了提高检测效率，宜选用较大直径的晶片。但对于厚度较小的钢板，晶片直径不宜过大，因为探头近场区长度大，对检测不利。一般晶片直径为$\phi 10 \sim \phi 30$mm。

（3）探头的结构型式　主要根据板厚来确定。板厚较大时，常选用单晶直探头，板厚较薄时可选用双晶直探头，因为双晶直探头盲区很小。双晶直探头主要用于探测厚度

6～60mm的钢板。

探头类型见表5-1。

表5-1　探头类型

钢板的公称厚度（δ）或任一缺陷区的深度/mm	探头的类型
6≤δ＜60	双晶探头
60≤δ≤200	单或双晶探头

在用水浸法或水柱技术进行自动检测时，厚度小于60mm允许用单晶探头。

2. 扫查方式的选择

根据钢板用途和要求不同，采用的主要扫查方式分为全面扫查、列线扫查、边缘扫查和格子扫查等几种。

（1）全面扫查　对钢板作100%的扫查，每相邻两次扫查应有一定的覆盖，一般不少于10%，探头移动方向垂直于压延方向。全面扫查主要用于重要钢板检测。

（2）列线扫查　在钢板上划出等距离的平行列线，探头沿列线扫查，一般列线间距为100mm，并垂直于压延方向，如图5-5a所示。

（3）边缘扫查　在钢板边缘或焊接坡口线两侧一定宽度的范围内作全面扫查，扫查宽度可根据相应技术规范或标准确定，一般为板厚1/2，最小为50mm，如图5-5b所示。

（4）格子扫查　在钢板探测面上画格子线，探头沿格子线扫查，格子线间距根据相应技术规范或标准确定，一般为200mm×200mm，如图5-5c所示。

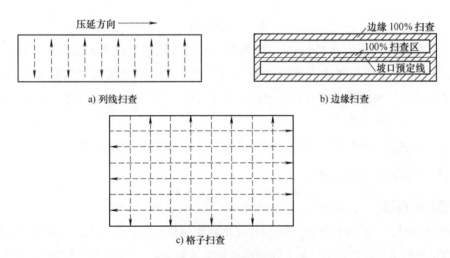

图5-5　板材的扫查方式

为了防止漏检，手工检测时探头移动速度应在200mm/s以内，水浸自动检测探头移动速度以500～1000mm/s为宜。扫查中发现缺陷时应在其周围细探，确定缺陷的面积。

5.1.4 探测范围和灵敏度的调整

1. 探测范围的调整

探测范围的调整一般根据板厚来确定。接触法检测板厚30mm以下时，应能看到B_{10}，探测范围调至300mm左右。板厚在30～80mm，应能看到B_5，探测范围为400mm左右。板厚大于80mm，可适当减少底波的次数，但探测范围仍保证在400mm左右。

2. 灵敏度的调整

钢板检测灵敏度的调整可采用试块法、当量计算法、大平底法等，常用的调整方法有以下几种：

（1）阶梯试块法　当板厚≤20mm时，一般选用双晶片探头，可使用工件或阶梯试块调整灵敏度，阶梯试块如图5-6所示。调整时，将探头置于工件完好部位或与工件等厚的阶梯面上，使第一次底波为基准波高（如满屏50%），再提高10dB作为检测灵敏度，采用阶梯试块法时，视情况进行传输修正补偿。

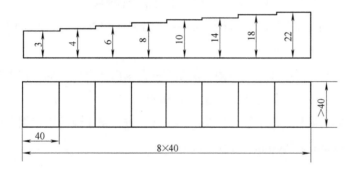

图5-6　阶梯试块

（2）试块法　当板厚＞20mm时，可使用平底孔试块调节检测灵敏度，平底孔的直径及埋藏深度s可根据检测技术规范或标准确定，较常用的平底孔直径为5mm，如图5-7所示。将平底孔第一次回波调整到基准波高（如满屏50%）作为检测灵敏度，采用试块法时，视情况进行传输修正补偿。

（3）大平底法　当板厚＞3N时，也可采取大平底法调整检测灵敏度。

5.1.5 缺陷的判别与测量

1. 缺陷的判别

钢板检测时，一般应根据缺陷波和底波来判别钢板中的缺陷情况，当出现下列情况之一时，应对缺陷进行评估：①屏幕上同时出现缺陷波和底波。②只出现缺陷波。③虽无缺陷波，但底波明显下降或底波波次减少。

评估时，应根据缺陷波和底波总体变化情况进行判定，如只出现缺陷波而无底波，说明钢板中可能存在较大缺陷，并根据相应标准作出评判。

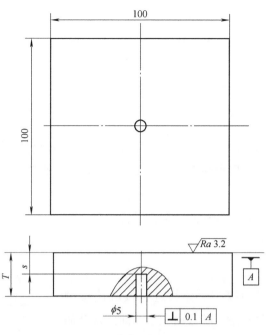

图5-7 钢板检测对比试块

2. 缺陷的测量

检测中发现缺陷以后,要测定缺陷的位置、大小,必要时估判缺陷的性质。

(1) 缺陷位置的测定 缺陷位置的测定包括确定缺陷的深度和平面位置。前者可根据屏幕上缺陷波所对的刻度来确定,后者根据发现缺陷的探头位置来确定缺陷的平面位置。

(2) 缺陷定量 对于钢板中的小缺陷(小于声束直径)可采用试块比较法、大平底法等确定缺陷当量;大缺陷一般采用测长法测定其指示长度或指示面积,常用的方法是6dB法。

(3) 缺陷性质的估判 分层:缺陷波形陡直,底波明显下降或消失。

折叠:检测面不同,折叠的波形可能不同,在折叠面检测时,不一定有缺陷波,但底波明显下降,次数减少甚至消失,始波加宽;当在折叠的另一侧检测时,可能无缺陷波,但底波下降,底波声程略有降低。

白点:波形密集尖锐活跃,底波明显降低,次数减少,重复性差,移动探头,回波此起彼伏。

5.1.6 钢板质量分级

检测结束后,根据规定标准对钢板进行质量等级的评定。

5.2 棒材超声波检测

5.2.1 棒材及棒材中的主要缺陷

棒材是将坯料经过轧制或锻造而成的形状简单(圆形、方形等)的半成品,棒材也可以视为形状简单的锻件。棒材的缺陷分为内部缺陷和外部缺陷，主要缺陷是中心部位的残余缩孔和夹杂物，还有在轧制、锻造过程中以这些缺陷为源而产生的裂纹等。圆钢是最常见的棒材，本节重点介绍圆形棒材的超声波检测特点。

5.2.2 棒材超声波检测的特点

1. 检测灵敏度要求较高

轨道装备用锻件有的需要进行超声波检测，且要求灵敏度高。这类锻件许多是由棒材模锻而成，形状复杂，成品后很难进行超声波检测，有的只能进行局部超声波检测。为保证此类锻件的质量，最好的解决办法是先对锻件使用的棒材进行超声波检测，成品后再对能检测的部位进行检测，此时对棒材的检测灵敏度要求较高。

2. 声能透射率较小

如图5-8所示，用平面探头对棒材进行接触法检测时，平面探头与棒材呈线接触，接触面积小，即使耦合剂填充满了接触线的周围区域，与平面接触相比耦合层厚度增加且为曲面，也会使声能的透射率降低，同时使入射到棒材横截面声束发散，造成能量分散，灵敏度下降，因此检测时需进行灵敏度补偿。

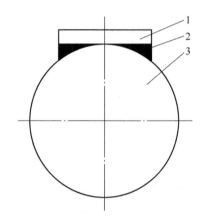

图5-8 平面探头与棒材接触情况
1—探头 2—耦合层 3—棒材

3. 柱面反射杂波较多

用纵波直探头检测棒材时，特别是小直径棒材，由于多次反射和波形转化，所以在棒材中可能会同时存在纵波、横波、表面波。由于各种波形的传播速度不一致，传播路径也不同，所以会在示波屏上出现一些柱面反射杂波，如三角反射迟到波、五角反射迟到波等。棒材的直径越小，示波屏上的回波图形就越复杂。

典型的柱面反射杂波如图5-9所示，习惯称三角反射迟到波。纵波直探头径向探测实心圆柱时，由于探头平面与柱面接触面积小，使波束扩散角增加，这样扩散波束就会在圆柱面上形成三角反射路径，从而在示波屏上出现三角发射波，人们把这种反射称为三角反射。

如图5-9a所示，纵波扩散波束在圆柱面上不发生波形转换，形成等边三角形反射，其回波声程为

$$x_1 = \frac{3}{2}d\cos 30° \approx 1.3d \quad (5\text{-}2)$$

式中 d——圆柱体直径。

如图5-9b所示，纵波扩散波束在圆柱面上发生波形转换，即 $L \to S \to L$，形成等腰三角形反射，其声程为

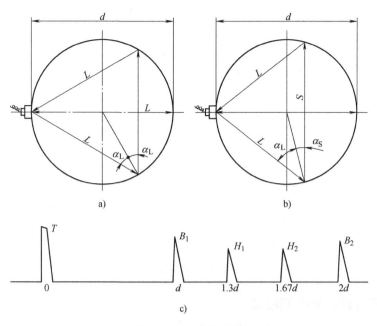

图5-9 三角反射迟到波

$$x_2 = d\cos\alpha_L + \frac{1}{2}\frac{c_L}{c_S}d\cos\alpha_S$$

由 $\alpha_S = 90° - 2\alpha_L$ 和反射定律得

$$\frac{\sin\alpha_L}{\sin\alpha_S} = \frac{\sin\alpha_L}{\sin 2\alpha_L} = \frac{c_L}{c_S}$$

对于钢可求得 $\alpha_L = 35.6°$，$\alpha_S = 18.8°$

$$x_2 = d\cos 35.6° + \frac{1}{2} \times \frac{5900}{3230} d\cos 18.8° = 1.67d \tag{5-3}$$

由以上计算可知，两次三角反射波总是位于第一次底波 B_1 之后，而且位置特定，分别为 $1.3d$ 和 $1.67d$，而缺陷波一般位于 B_1 之前，因此三角反射波也不会干扰缺陷波的判别，如图5-9c所示。

区分柱面反射杂波与缺陷波并不困难，因为棒材是圆的，当探头移动或棒材旋转时，缺陷波的位置会发生变化，而柱面反射杂波的相对位置一般不会变化。实际检测时应注意杂波的影响，避免误判。

4. 特殊缺陷回波

与轴类锻件相同，检测时也会出现游动回波、W形反射等，检测时应加以判断。下面介绍一下W形反射。

W形反射：如图5-10所示，当平探头与棒材接触时，发散的入射声波经棒材底面的凹面反射，会聚焦在 $\frac{4}{3}R$ 处，如果该点存在一小缺陷，发散的声束经底面反射至缺陷，再从缺陷反射至底面，由底面反射至探头，形成W形反射。此时一个缺陷会在示波屏上形成两个指示，一个在底波前，一个在底波后，由于棒材底面的聚焦作用，底波后的缺陷波高可能比底波前的缺陷波高。检测时应引起注意，出现此类情况时，应以底波前的缺陷波进行评价。

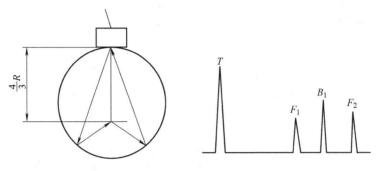

图5-10　W形反射

5.2.3　棒材超声波检测技术

棒材直径大小影响超声波检测效果，当直径较小时，探头平面与棒材表面曲率相差较大，实际接触面积较小，耦合效果差，使得声波能量损失大且不稳定，检测困难。为提高探头耦合效果，通常要对探头进行适当修磨，使探头接触面形状尽可能与棒材吻合，或制作专用探头靴。

通常按棒材直径大小将棒材分为大直径棒材（简称大棒材）和小直径棒材（简称小棒材），工程上大棒材与小棒材没有严格的界限，有的棒材（如钢棒）直径大于80mm视为大棒材，有的棒材（如铝棒）直径大于20mm视为大棒材。

棒材的超声波检测与轴类锻件类似，以圆周面径向纵波检测为主，主要检测内部的残余缩孔和夹杂物；横波检测为辅，主要是发现轴向分布的表面、近表面径向缺陷，如表面裂纹、折叠等。

（1）检测方法的选择　分为直接接触法和水浸法，实际检测时大棒材通常选用接触法，小棒材选用水浸法。水浸法检测时，考虑到声束的发散性，一般采用聚焦探头。

（2）探头的选择　大棒材一般选用直探头，小棒材选双晶探头，晶片频率一般采用2.5~10MHz，晶片面积视工件而定。

（3）时基线调节　与轴类锻件相同，比例适中，检测范围至少应覆盖整个棒材直径。

（4）灵敏度调节　一般采用试块法，棒材直径较大（直径大于$3N$，N为近场长度）时，也可采用大平底法、AVG曲线法等。常用的纵波径向对比试块如图5-11所示，其中平底孔直径d可根据相应标准或技术规范确定。

（5）缺陷定位　同轴类锻件检测相同，根据扫描比例和缺陷波位置确定缺陷深度，即径向位置，根据探头相对位置确定缺陷轴向位置。棒材检测一般更关心的是缺陷轴向位置，因为棒材一般作为原材料使用，如发现缺陷，可切除后使用。

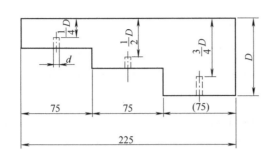

图5-11　纵波径向对比试块

（6）缺陷定量　一般采用试块比较法，大棒材也可采用当量计算法，如DAC曲线法。

（7）质量验收　按相应标准或技术规范对发现的缺陷进行评判，并做出质量等级评定或合格与否的判定。

5.3　管材超声波检测

5.3.1　管材中的主要缺陷

管材种类很多，根据加工方法不同，可分为无缝钢管和焊接管；按照材料不同，可分为金属管和非金属管；按管径不同，可分为小径管和大径管。管材中常见缺陷与加工方法有关。

无缝钢管是通过穿孔法和高速挤压法得到的，穿孔法是用穿孔机穿孔，并同时用轧辊滚轧，最后用心棒轧管机定径压延平整成形；高速挤压法是在挤压机中直接挤压成形，这种方法加工的管材尺寸精度高，无缝钢管中的主要缺陷有裂纹、折叠、分层和夹杂等。对于厚壁大口径管也可由钢锭经锻造、轧制等工艺加工而成，锻轧管常见缺陷与锻件类似，一般为裂纹、白点、重皮等。

从超声波检测的角度，一般将外径＞100mm的管材称为大直径管，外径＜100mm的管材称为小直径管。将壁厚与管外径之比≤0.2的金属管材称作薄壁管，＞0.2的金属管材称为厚壁管。薄壁管和厚壁管的区分是以折射横波是否可以到达管材内壁来区分的。

管材超声波检测的目的是发现管材制造过程中产生的各种缺陷，避免将带有危险缺陷的管材投入使用，在役管材可能存在的缺陷（如疲劳裂纹）也可采用同样的检测方法进行质量监控。管材中的缺陷大多数与管材轴线平行，因此，管材的检测以沿管材外圆作周向扫查的横波检测为主。在无缝管中也有可能存在与管材轴线垂直的缺陷，因此必要时还应沿轴线方向进行斜入射检测。对于某些管材，可能还需要进行纵波垂直入射检测。

实际应用中，钢管非常广泛，本节以无缝钢管为例来说明管材的超声波检测方法。

5.3.2 管材横波检测技术基础

1. 实现周向横波检测的条件

沿外圆作周向扫查的横波检测是管材检测的主要方式。在实际检测时，通常希望管材中存在的波形单一，形成的A显示波形清晰简单，以便于缺陷信号的正确判断。因此常将管材检测的声束入射角选择在第一临界角和第二临界角之间，选择管材中只存在纯横波进行检测。

管材检测最重要的目的是检测内外壁的纵向裂纹。下面讨论的是横波检测时，在管材中产生纯横波的条件下，使声束能够检测到内壁缺陷的前提条件。

当超声波束以纵波入射角 α 进入管材（壁厚为 t，外径为 D），折射角为 β，如图5-12所示，声束按照齿形路径传播，入射到管材内壁时，入射角为 β_1，将折射声束的轴线 PQ 延长，并由圆心 O 引垂线与该延长线相交于 q。由直角三角形 PqO 和 QqO，可推导得到下面的关系式，即

$$\sin \beta_1 = \frac{\sin \beta}{\left(1 - \dfrac{2t}{D}\right)} = \frac{\sin \beta}{\dfrac{r}{R}} \tag{5-4}$$

式中　r——内半径；
　　　R——外半径。

当 $\beta_1 = 90°$ 时，声束轴线与管子内壁相切，为声束到达内壁的临界状态。此时，折射角 β 满足下列关系，即

$$\sin \beta = 1 - \frac{2t}{D} = \frac{r}{R} \tag{5-5}$$

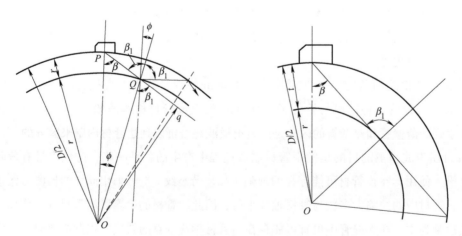

图5-12　斜角入射纵波检测时管材中横波折射角及主声束传播情况

因此，从几何关系上推导得出的声束到达内壁的条件为

$$\sin\beta < 1 - \frac{2t}{D} = \frac{r}{R} \tag{5-6}$$

由第一临界角公式可知，产生纯横波的条件为

$$\sin\alpha > \frac{c_{11}}{c_{12}} \tag{5-7}$$

式中　c_{11}——入射介质中的纵波速度；

　　　c_{12}——管材中的纵波速度。

结合上面两个条件，可以得到，要在管材中得到纯横波并到达内壁，入射角必须满足以下条件，即

$$\frac{c_{11}}{c_{12}} < \sin\alpha = \frac{c_{11}}{c_{S2}}\sin\beta < \frac{c_{11}}{c_{S2}}\left(1 - \frac{2t}{D}\right) \tag{5-8}$$

式中　c_{S2}——管材中的横波速度。

显然，并不是任何条件下式（5-8）均可成立，其成立的条件为

$$\frac{c_{11}}{c_{12}} < \frac{c_{11}}{c_{S2}}\left(1 - \frac{2t}{D}\right) \tag{5-9}$$

因此，管材中为纯横波条件下，声束可到达内壁的前提条件为

$$\left(\frac{t}{D}\right)_{临界} < \frac{1}{2}\left(1 - \frac{c_{S2}}{c_{11}}\right) \tag{5-10}$$

对于钢管，纵波速度为5850m/s，横波速度为3200m/s，$\sin\beta = 0.55$，$\left(\frac{t}{D}\right)_{临界} = 0.23$。对于铝和铜，该值稍大，分别约为0.25和0.26。粗略地估计金属管材能否用横波检测时，通常用厚度与外径比是否小于0.2作为判据，若小于0.2，则认为可以检测，并称这样的管材为薄壁管。

上述结果是以声束轴线扫查到内壁为依据的。实际上，由于声束具有一定的宽度，即使声束轴线稍偏离管子内壁，扩散声束仍有可能检测到管材内壁的缺陷，但此时的灵敏度会降低。

2．周向检测缺陷定位与修正

横波轴向检测管材时，缺陷定位与平板工件类似。但横波周向检测时，缺陷定位与平板工件不同，如图5-13所示。这样平板工件缺陷定位计算公式也就不适用了。

为了便于计算，特引进声程修正系数μ和跨距修正系数m，即

$$\mu = \frac{AC}{AG} \tag{5-11}$$

$$m = \frac{\widehat{AE}}{\widehat{AG}} \qquad (5\text{-}12)$$

声程修正系数 μ 和跨距修正系数 m 可由相关图表查得。

管材缺陷大多出现在内外壁上，内壁缺陷可用一次波检测到，外壁缺陷可用二次波检测到。

一次波检测发现内壁缺陷时，缺陷定位计算公式为

$$\begin{cases} AC = \dfrac{\mu T}{\cos \beta} \\ \widehat{AD} = mT \tan \beta \end{cases} \qquad (5\text{-}13)$$

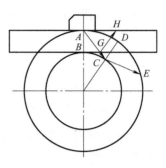

图5-13 横波周向检测管材与平板

式中　μ——声程修正系数；

　　　m——跨距修正系数；

　　　T——管材壁厚（mm）；

　　　β——探头折射角（°）。

二次波检测发现外壁缺陷时，缺陷定位计算公式为

$$\begin{cases} ACE = \dfrac{2\mu T}{\cos \beta} \\ \widehat{AE} = 2mT \tan \beta \end{cases} \qquad (5\text{-}14)$$

3．探头入射点与折射角的测定

在管材检测中，为了实现良好的耦合，常将探头修磨成与管材曲率半径相同的曲面，如图5-14所示，但这时探头的入射点和折射角发生了变化，因此需要重新测定入射点和折射角。由于这时探头表面为曲面，所以常规测定入射点和折射角的方法就不能用了，而要用特殊的方法和试块来测定。

（1）入射点的测定　将探头楔块的圆弧置于试块的棱角上，前后移动探头，当棱角反射波最高时，试块棱角处对应的点即为探头入射点，如图5-15所示。这种方法称为棱角反射法。

（2）折射角的测定　先加一个如图5-16所示的实心圆柱体试块，试块材质、曲率半径与被探管材相同，在试块表面附近加工一个 $\phi 1.5\text{mm} \times 20\text{mm}$ 的横孔。然后将探头置于试块上，

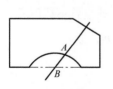　　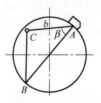

图5-14　曲面探头　　　图5-15　入射点测定　　　图5-16　折射角测定

前后移动探头，找到φ1.5mm横孔的最高回波，测定探头入射点A至φ1.5mm横孔的距离b，并连接过入射点A的直径AB，这时∠BAC为探头的折射角β。

由 $b = AB \cdot \cos\beta = D\cos\beta$ 得

$$\beta = \arcos\frac{b}{D} \qquad (5\text{-}15)$$

式中　D——圆柱试块的直径（mm）。

此外探头的折射角还可用如图5-17所示的试块来测定。该试块的材质、外径、壁厚与被探管材相同。试块内外壁加工有两个同深度的小槽，设探头楔块中的声程为δ，则示波屏上一次波的声程$a = W_s + \delta$，二次波的声程$b = 2W_s + \delta$。则试块内一次波声程W_s为

$$W_s = b - a \qquad (5\text{-}16)$$

式中　a——示波屏上试块内壁小槽对应的读数；
　　　b——示波屏上试块外壁小槽对应的读数。

如图5-17所示△OBA中，由余弦定理得探头折射角为：

$$\beta = \arcos\left[\frac{t}{W_s}\left(1 - \frac{t}{D}\right) + \frac{W_s}{D}\right] \qquad (5\text{-}17)$$

式中　t——试块的壁厚（mm）；
　　　D——试块的外径（mm）；
　　　W_s——试块中一次波声程（mm）。

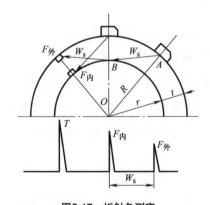

图5-17　折射角测定

5.3.3　小直径薄壁管检测

这种管材一般为无缝管，其主要缺陷为平行于管轴的径向缺陷（称纵向缺陷），有时也有垂直于管轴的径向缺陷（称横向缺陷）。

对于管内纵向缺陷，一般利用横波进行周向扫查检测，如图5-18所示。对于管内横向缺陷，一般利用横波进行轴向扫查检测，如图5-19所示。

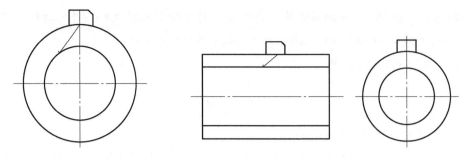

图5-18 纵向缺陷检测　　　　图5-19 横向缺陷检测

按耦合方式不同，小口径管检测可分为接触法检测和水浸法检测。

1. 接触法检测

接触法检测是指探头通过薄层耦合介质与钢管直接接触进行检测的方法。这种方法一般为手工检测，虽然检测效率低，但设备简单，操作方便，机动灵活性强。适用于单件小批量及规格多的情况。

接触法检测小口径管时，由于其管径小、曲率大，因此常规横波斜探头与管材接触面小、耦合不良，波束严重扩散，灵敏度低。为了改善耦合条件，常将探头有机玻璃斜楔加工成与管材表面相吻合的曲面。为了提高检测灵敏度，可以采用接触聚焦探头来检测。

在实际检测中，有机玻璃斜楔磨损较大，会引起入射角变化，使检测灵敏度降低，因此应在检测过程中增加检测校准的次数。

下面分别介绍纵向缺陷和横向缺陷的一般检测方法。

（1）纵向缺陷检测

1）探头：检测纵向缺陷的斜探头，应进行加工使之与工件表面吻合良好。探头压电晶片的长度或直径≤25mm，探头的频率为2.5～5.0MHz。

2）试块：检测纵向缺陷的对比试块应选取与被检钢管规格相同，以及材质、热处理工艺和表面状况相同或相似的钢管制备。对比试块不得有≥ϕ2mm当量的自然缺陷。对比试块的长度应满足检测方法和检测设备要求。对比试块上的人工缺陷为尖角槽，其位置如图5-20所示，具体尺寸见表5-2。

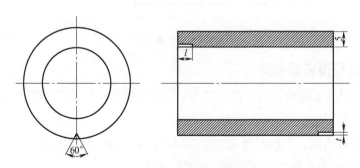

图5-20 纵向缺陷对比试块

表5-2 纵向缺陷检测对比试块上人工缺陷尺寸

级别	长度 l/mm	深度 t 占壁厚的百分比（%）
Ⅰ	40	5（0.2mm≤t≤1mm）
Ⅱ	40	8（0.2mm≤t≤2mm）
Ⅲ	40	10（0.2mm≤t≤3mm）

3）灵敏度调节：将探头置于对比试块上作周向扫查检测，然后将试块上内壁尖角槽的最高回波调至满幅度的80%，再移动探头找到外壁尖角槽的最高回波，二者波峰的连线为距离—波幅曲线，作为基准灵敏度。一般在基准灵敏度的基础上提高6dB作为扫查灵敏度。

4）扫查：探头沿径向按螺旋线进行扫查。具体扫查方式有：一是探头不动，在管材旋转的同时作轴向移动；二是探头作轴向移动，管材转动；三是管材不动，探头沿螺旋线运动；四是探头旋转，管材作轴向移动。探头扫查螺旋线的螺距不能太大，要保证超声波束对管材进行100%扫查，并有≥15%的覆盖。

5）探头沿周向扫查，以使声束在管壁内沿周向呈锯齿形传播，如图5-21所示。

6）评定和验收：在扫查过程中，当发现缺陷时，要将仪器调回到基准灵敏度，若缺陷回波幅度大于等于基准灵敏度，则判为不合格。不合格品允许在公差范围内采取修磨方法进行处理，然后再复检。

（2）横向缺陷检测

1）探头：检测横向缺陷的探头，应进行加工使之与工件表面吻合良好。探头的晶片长度或直径≤25mm，探头的频率为2.5～5.0MHz。

2）试块：用于检测横向缺陷的对比试块，同样应选用与被检管材规格相同，以及材质、热处理及表面状态相同或相似的管材制成。对比试块上的人工缺陷为周向尖角槽，其位置如图5-22所示，具体尺寸见表5-3。

3）灵敏度调节：对于只有外表面人工缺陷的试块，可直接将对比试块上的人工缺陷最高回波调至50%作为基准灵敏度。

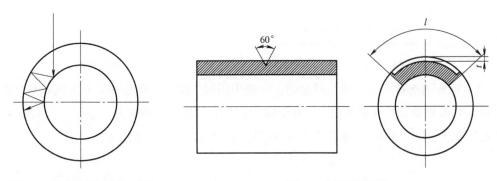

图5-21 管内壁声束的周向传播　　图5-22 横向缺陷试块

表5-3　横向缺陷检测对比试块上人工缺陷尺寸

等级	长度 l/mm	深度 t 占壁厚的百分比（%）
Ⅰ	40	5（0.2mm≤t≤1mm）
Ⅱ	40	8（0.2mm≤t≤2mm）
Ⅲ	40	10（0.2mm≤t≤3mm）

对于内外表面均有人工缺陷的试块，应将内表面人工缺陷最高回波调至80%，然后找到外表面人工缺陷最高回波，二者波峰的连线为距离—波幅曲线，该曲线为基准灵敏度。

一般在基准灵敏度的基础上提高6dB作为扫查灵敏度。

4）扫查检测：探头沿轴向按螺旋线进行扫查，以使声束在管壁内沿轴向呈锯齿形传播，如图5-23所示。

5）评定和验收：当发现缺陷时，仪器调回到基准灵敏度。若缺陷回波幅度大于等于基准灵敏度，则该管材为不合格。不合格品允许在公差范围内进行修磨，修磨后复探。

合格级别由供需双方商定。

2. 水浸法检测

水浸检测是将水浸纵波探头置于水中，利用纵波倾斜入射到水–钢界面，当入射角 $\alpha_Ⅰ≤\alpha≤\alpha_Ⅱ$ 时，可在钢管内实现纯横波检测，如图5-24所示。为了增强水对钢管表面的润湿作用，需加入少量活性剂，为了防止钢管生锈，需加入适量的防锈剂。

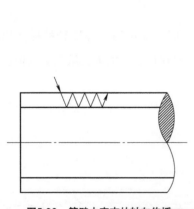
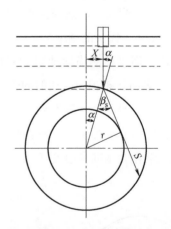

图5-23　管壁内声束的轴向传播　　图5-24　偏心距的确定

（1）探头的选择　小径管水浸检测，一般采用聚焦探头。聚焦探头分为线聚焦和点聚焦两种。一般钢管采用线聚集探头。对于薄壁管，为了提高检测能力，也可用点聚焦探头。探头的频率为2.5～5.0MHz。聚焦探头声透镜的曲率半径r应符合下述条件，即

$$r = \frac{c_1 - c_2}{c_1} F \qquad (5\text{-}18)$$

式中　c_1——声透镜中纵波波速（m/s）；

c_2——水中波速（m/s）；

F——水中焦距（mm）。

对于有机玻璃声透镜，$c_1=2730\text{m/s}$、$c_2=1480\text{m/s}$，则

$$r-\frac{c_1-c_2}{c_1}F\approx\frac{2730-1480}{2730}F=0.46F \tag{5-19}$$

（2）检测参数的选择

1）偏心距的选择：如图5-24所示，偏心距是指探头声束轴线与管材中心轴线的水平距离，常用x表示。入射角α随偏心距x增大而增大，控制x就可控制α。

偏心距范围由以下两个条件决定。

纯横波检测条件，即

$$\alpha_1\geqslant\arcsin\frac{c_{L1}}{c_{L2}} \tag{5-20}$$

横波检测内壁条件：

因为
$$\frac{\sin\alpha_2}{\sin\beta_S}=\frac{c_{L1}}{c_{S2}} \tag{5-21}$$

所以
$$\alpha_2\leqslant\arcsin\frac{c_{L1}}{c_{S2}}\times\frac{r}{R} \tag{5-22}$$

综合式（5-21）、式（5-22），有

$$\arcsin\frac{c_{L1}}{c_{L2}}\leqslant\alpha_2\leqslant\arcsin\frac{c_{L1}}{c_{S2}}\times\frac{r}{R}$$

又
$$\alpha=\arcsin\frac{r}{R}$$

所以
$$\frac{c_{L1}}{c_{L2}}\times R\leqslant x\leqslant\frac{c_{L1}}{c_{S2}}\times r$$

对于水浸检测钢管，$c_{L1}=1480\text{m/s}$，$c_{L2}=5900\text{m/s}$，$c_{S2}=3230\text{m/s}$，得到偏心距x的选择条件为

$$0.251R\leqslant x\leqslant0.458r$$

可取平均值
$$x=\frac{0.251R+0.458r}{2} \tag{5-23}$$

式中　R——小径管外半径（mm）；

r——小径管内半径（mm）。

2）水层厚度的选择：在水浸检测中，要求水层厚度H大于钢管中横波全声程的1/2（即$H>x_s$），如图5-25所示。这是因为水中$c_水=1480\text{m/s}$，钢中$c_S=3230\text{m/s}$，$c_水/c_S\approx1/2$。当水层

厚度大于钢管中横波声程的1/2时，水-钢界面的第二次回波S_2将位于管子的缺陷波$F_内$（一次波）、$F_外$（二次波）之后，这样有利于对缺陷的判别。

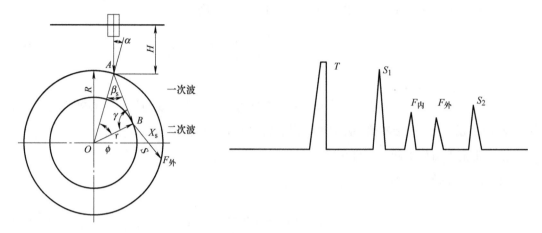

图5-25　水层厚度的选择

3）焦距的选择：用水浸聚焦探头检测小径管时，应使探头的焦点落在与声束轴线垂直的管心线上，如图5-26所示。

在△OAB中，$OA = R$，$OB = F-H$，则

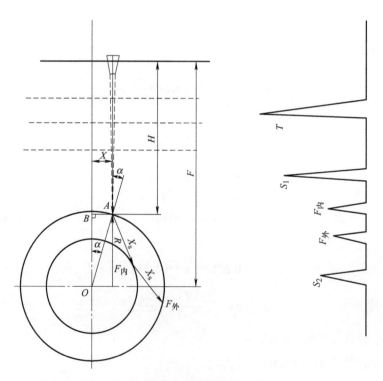

图5-26　焦距的确定

$$F = H + \sqrt{R^2 - x^2} \qquad (5\text{-}24)$$

式中　F——焦距（mm）；

　　　H——水层厚度（mm）；

　　　R——钢管外径（mm）；

　　　x——偏心距（mm）。

5.3.4　大直径薄壁管检测

超声波检测中，大口径管一般是指外径＞100mm的管材。

大口径管曲率半径较大，探头与管壁声耦合较好，通常采用接触法检测，批量较大时也可采用水浸检测。采用接触法检测时，若管径不太大，为了实现更好的耦合，也需将探头斜楔磨成与管材表面相吻合的曲面，也可在探头前加装与管材吻合良好的滑块，如图5-27所示。

大口径管成形方法较多，如穿孔法、高速挤压法、锻造法和焊接法等，因此大口径管内缺陷比较复杂，既可能有平行于轴线的周向缺陷，又可能有垂直于轴线的径向缺陷。不同类型的缺陷需要采用不同的方法来检测。常用的方法有纵波垂直入射检测法，横波周向或轴向检测法。

（1）纵波垂直入射检测法　对于与管轴平行的周向缺陷，一般采用纵波单晶直探头或双晶直探头检测，如图5-28所示。当缺陷较小时，缺陷波F与底波B同时出现，这时可根据F波的高度来评价缺陷的当量大小；当缺陷较大时，底波B将会消失，这时可用半波高度法来测定缺陷的面积大小。

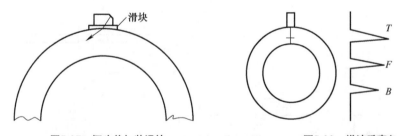

图5-27　探头前加装滑块　　　　　图5-28　纵波垂直入射检测法

（2）横波周向检测法　对于与管轴平行的径向缺陷，常采用横波单斜探头或双斜探头进行周向检测，如图5-29所示。

单斜探头检测如图5-29a所示，这时缺陷的判别与普通斜探头检测类似。考虑到缺陷的取向不同，检测时，探头应作正反两个方向的全面扫查，以免漏检。

双斜探头检测如图5-29b所示，这时两个探头单独收发，同一缺陷在示波屏上可能同时出现两个缺陷波，如图中F_1、F_2就是探头1、2接收到的同一缺陷回波，它们处于180°的两侧对称位置。当探头沿管外壁作周向移动时，F_1、F_2在180°的两侧作对称移动。据此可对缺陷进行判别。

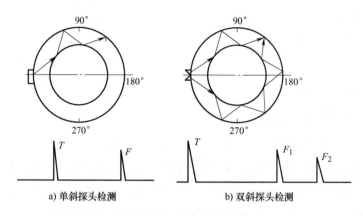

图5-29 横波周向检测

（3）横波轴向检测法　对于与管轴垂直的径向缺陷，常用单斜探头或双晶斜探头进行轴向检测，如图5-30所示。图5-30a所示为单斜探头检测，这时声束在内壁的反射波更进一步发散，声能损失大，因此外壁缺陷灵敏度较低，检测时要注意这一点。图5-30b所示为双晶斜探头检测，这时只要内外壁缺陷处于两晶片发射声场交集区内，则内外壁缺陷灵敏度基本一致。

（4）水浸聚焦检测法　水浸聚焦检测大口径管时，聚焦探头声束敛聚，能量集中，灵敏度高，如图5-31所示。一般采用线聚焦探头，焦点调在管材中心线上。这样横波声束在管内外壁多次反射，产生多次敛聚发散。在整个管子截面上形成平均宽度基本一致的声束，这样不仅检测灵敏度较高，而且内外壁缺陷检出灵敏度大致相同。

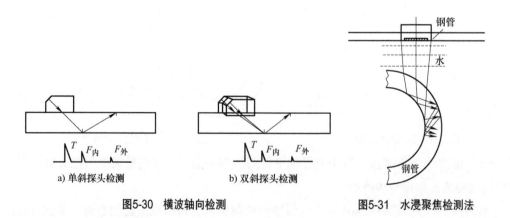

图5-30　横波轴向检测　　　　图5-31　水浸聚焦检测法

第6章 焊接接头超声波检测

为了能够合理选择检测方法和检测条件,获得比较正确的检测结果,检测人员应了解有关的焊接基础知识,如:焊接接头形式、焊接坡口形式、焊接方法和焊接缺陷等。

6.1 焊接基础知识

焊接是通过加热或加压,或两者并用,用或不用填充材料,使工件达到原子间结合的一种加工方法。

6.1.1 焊接方法

焊接方法的分类方式很多,如图6-1所示。

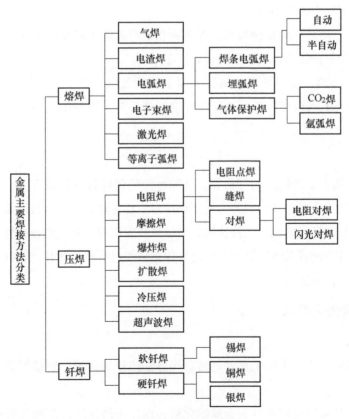

图6-1 金属主要焊接方法分类

1. 熔焊

熔焊是使用最广泛的焊接方法，涵盖电弧焊、气体保护焊、气焊、电渣焊、等离子弧焊及激光焊等。熔焊过程实质上是一个冶炼铸造过程，利用电能或其他形式的能量产生高温使金属熔化，形成熔池，熔融金属在熔池中经过冶金反应后冷却，将两侧母材牢固地结合在一起。

为了防止空气中的氧氮进入熔融金属，焊接过程中通常采用一定的保护措施。焊条电弧焊是利用焊条外层药皮高温时分解产生的中性或还原性气体作保护层；埋弧焊和电渣焊是利用焊剂作保护层；气体保护焊是利用氩气或二氧化碳等保护气体作保护层，如MIG/MAG焊（熔化极惰/活性气体保护焊）、TIG焊（钨极惰性气体保护焊）、CO_2气体保护焊等。

2. 压焊

压焊是利用焊接时施加一定压力而完成焊接的方法，可加热后施压，也可直接冷压焊接，其中最常见的为电阻焊与摩擦焊。

电阻焊利用强大的电流通过焊接结合处，电阻热能产生高热，将焊接接头处加热到熔化或半熔化状态，同时施以一定的压力，使其结合成为整体，无需外加填充金属和焊剂。

摩擦焊是利用金属在焊接接头处高速相对摩擦产生高热，将焊接接头处加热至半熔化状态，再施以一定压力实现结合。

塑料超声波焊接的原理是使塑料的焊接面在超声波能量的作用下作高频机械振动而发热熔融，同时施加焊接压力，从而把塑料焊接在一起。

冷压焊时不加热，仅在被焊金属接触面上施加足够大的压力，借助于压力所引起的塑性变形，以使原子间相互接近而获得牢固的压挤接头，这种压焊的方法有冷压焊、爆炸焊等。

3. 钎焊

钎焊是指将低于工件熔点的钎料和工件同时加热到钎料熔化温度后，利用液态钎料填充固态工件的缝隙使金属连接的焊接方法。钎焊时，首先要去除母材接触面上的氧化膜和油污，以利于毛细管在钎料熔化后发挥作用，增加钎料的润湿性和毛细流动性。根据钎料熔点的不同，钎焊又分为硬钎焊和软钎焊。较之熔焊，钎焊时母材不熔化，仅钎料熔化；较之压焊，钎焊时不对工件施加压力。

6.1.2 焊接接头形式

1. 焊接接头

焊接接头指两个或两个以上部件通过焊接方法连接的区域，包括焊缝区、熔合区和热影响区。

焊缝区由部分母材金属及填充金属熔化后，以较快的速度冷却凝固后形成。焊缝组织是液体金属结晶形成的铸态组织,晶粒粗大,成分偏析,组织不致密。但是,由于焊接熔池小,冷却快,化学成分控制严格,碳、硫、磷都较低,所以通过合金调整焊缝的化学成分,使其含有一定的合金元素。因此,焊缝金属的性能问题不大,可以满足性能要求,特别是强度容易达到。

熔合区是熔化区和非熔化区之间的过渡部分。熔合区化学成分不均匀,组织粗大,往往会形成粗大的过热组织或淬硬组织,其性能常常是焊接接头中最差的。由于熔合区和热影响区中的过热区(或淬火区)是焊接接头中力学性能最差的薄弱部位,因此会严重影响焊接接头的质量。

热影响区是被焊缝区的高温加热造成组织和性能改变的区域。

2. 焊接接头形式

常用有对接接头、T形接头、角接接头和搭接接头四种,如图6-2所示。

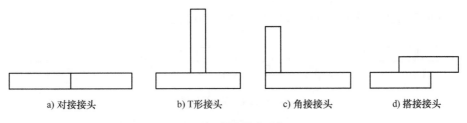

图6-2 焊接接头形式

(1)对接接头 两焊件相对平行的接头。这种接头从力学角度看是较理想的接头形式,受力状况较好,应力集中较小,能承受较大的静载荷或动载荷,是焊接结构中采用最多的一种接头形式。

(2)T形接头 一焊件的端面与另一焊件表面构成直角或近似直角的接头。T形接头在钢结构件中应用较多,作为一种联系焊缝,它能承受各方向的力和力矩。在选用时尽量避免单面角焊缝,因其根部有较深的缺口,承载能力很低。对于要求较高的焊件可采用K形坡口,根据受力状况决定是否根部焊透,这样不仅比不开坡口而用大焊脚的焊缝经济,而且接头疲劳强度高。

(3)角接接头 两焊件端部构成大于30°,小于135°夹角的接头。这种接头受力状况不太好,常用于不重要的结构中,通常只起连接作用,只能用来传递工作载荷。

(4)搭接接头 是两焊件部分重叠构成的接头。焊前准备简便,但受力时产生附加弯曲应力,降低了接头强度。

6.1.3 焊接坡口形式

焊接坡口是指焊件的待焊部位加工并装配成的一定几何形状的沟槽。焊接坡口各部位的名称如图6-3所示。

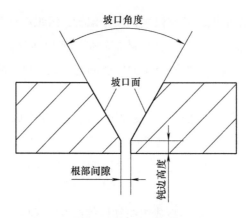

图6-3 坡口各部位名称

为保证两母材施焊后能完全熔合,焊前应把接合处的母材加工成易于完全熔合焊透的形状,这种加工后的形状称为坡口。焊接时根据板厚、焊接方法、接头形式和要求不同,可采用不同的坡口形式,焊接接头常见坡口形式如图6-4所示。

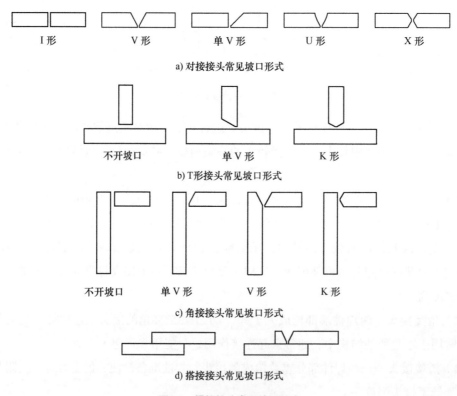

图6-4 焊接接头常见坡口形式

6.1.4 常见焊接缺陷

焊接接头中常见缺陷有气孔、夹渣、未焊透、未熔合和裂纹等,如图6-5所示。

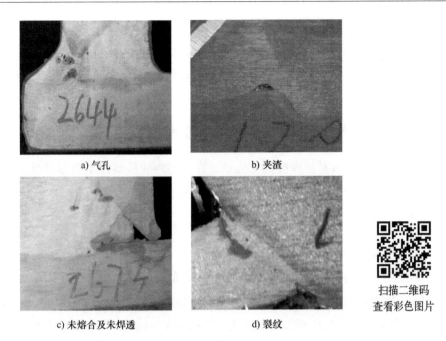

图6-5 常见焊接缺陷

1. 气孔

气孔是在焊接过程中，焊接熔池高温时吸收了过量的气体或冶金反应产生的气体，在冷却凝固之前因来不及逸出而残留在焊缝金属内所形成的空穴。产生气孔的主要原因是焊条或焊剂在焊前未烘干，焊件表面污物清理不净等。气孔大多呈球形或椭圆形，可分为单个气孔、链状气孔和密集气孔。

2. 夹渣

夹渣是指焊后残留在焊缝金属组织内的焊渣或非金属夹杂物，夹渣表面不规则。产生夹渣的主要原因是焊接电流过小，速度过快，焊件表面清理不干净，使非金属夹杂物来不及浮起而形成的。夹渣可分为点状夹渣和条状夹渣。

3. 未熔合

未熔合主要是指填充金属与母材之间或填充金属各层之间没有完全熔化结合。产生未熔合的主要原因是坡口不干净，焊条行走速度太快，焊接电流过小，焊条角度不当等。未熔合分为坡口面未熔合和层间未熔合。

4. 未焊透

焊接时，接头处母材与母材未完全熔透的现象称为未焊透。一般位于焊缝中心线上，有一定的长度。在厚板双面焊接接头中，未焊透位于焊缝中部。产生未焊透的主要原因是焊接电流过小，运条速度太快或焊接参数不当（如：坡口角度过小，根部间隙过小或钝边过大等）。未焊透分为根部未焊透、中间未焊透和层间未焊透等。

5. 裂纹

裂纹是指在焊接过程中或焊后，在焊缝或母材的热影响区范围金属局部破裂的缝隙。裂纹分为热裂纹、冷裂纹和再热裂纹等。按裂纹的分布划分有焊缝区裂纹和热影响区裂纹，按裂纹的取向分为纵向裂纹和横向裂纹。

6.2 焊接接头超声波检测通用技术及要求

本节主要以平板对接焊接接头为例，介绍超声波检测技术在焊接接头超声检测中的应用，其他焊接接头超声波检测结合自身特点参照使用。

6.2.1 检测方法和检测等级

1. 检测方法

焊接接头内的气孔、夹渣为立体型缺陷，危害较小，而裂纹、未熔合、未焊透是平面型缺陷，危害性大。在焊接接头检测时，由于余高的存在及焊缝中裂纹、未熔合、未焊透等危险性大的缺陷往往与检测面垂直或成一定的角度，因此一般主要采用横波斜探头检测，同时辅以纵波直探头。

检测出缺陷后，根据缺陷回波形状和高度的变化，结合缺陷的位置和焊接接头结构参数，对缺陷的性质进行综合评估、判断，并综合考虑缺陷长度、缺陷当量，按照相应检测标准进行验收。

2. 检测等级

焊接接头质量主要与材料、焊接工艺和工作条件有关。为满足所有这些要求，GB/T 11345—2023/ISO 17640:2018规定了四个检测等级，即A、B、C和D级。

检测等级A、B、C，通过增加检测覆盖范围提高缺陷检出概率，如增加扫查次数和探头移动区等；检测等级D适用于特殊应用。

一般来说，检测的等级与质量等级相关（ISO 5817:2023、ISO 10042:2018），可以通过焊缝检测标准、应用、产品标准或其他文件规定一个合适的检测等级。

ISO 17635:2016对不同质量等级的焊接接头的检测要求见表6-1。

表6-1 推荐的检测等级

依照 ISO 5817:2023 确定的质量等级	依照 ISO 17640:2018[①]确定的 检测技术等级	依照 ISO 11666:2018 确定的 验收等级
B	至少是 B	2
C	至少是 A	3
D	不适用	无要求[②]

① 为当按合同双方协议要求显示缺陷的特征时，应采用ISO 23279:2017。

② 为不建议采用UT，但是可由合同双方协议确定（采用与质量等级C相同的要求）。

应注意到,所显示的接头类型只是理想的情况,而实际焊接条件或可用性与所显示的不完全一致,检测技术应予以修改以满足标准的通用要求,同时满足需要的特定检测等级。这些情况下,应准备一份书面的检测程序。

6.2.2 检测区域和检测移动区域

1. 检测区域

焊接接头超声波检测区域是指焊缝和焊缝两侧至少各10mm宽母材或热影响区宽度(取二者较大值)的内部区域,如图6-6所示。声束扫查应覆盖整个检测区域。

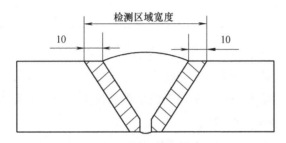

图6-6 检测区域宽度

2. 探头移动区域

探头移动区应足够宽,以保证声束能覆盖整个检测区域。增加检测面,如在焊接接头双面进行扫查,可缩短探头移动区宽度。

探头移动区表面应平滑,无焊接飞溅、铁屑、油垢及其他外部杂质。探头移动区表面的不平整度,不应引起探头和工件的接触间隙超过0.5mm。如果间隙超标,应进行修整。

焊缝单面双侧扫查时的每侧修整宽度P一般根据母材厚度确定,当采用一次反射波时,探头移动区域$\geqslant 1.25P$,当采用直射法时,探头移动区域$\geqslant 0.75P$。

$$P = 2KT \text{ 或 } P = 2T\tan\beta$$

式中 K——探头的K值;

T——工件厚度;

β——探头折射角。

6.2.3 探头

1. 频率选择

焊接接头晶粒比较细小,板厚一般不太大,可选用较高的频率进行无损检测,一般为2~5MHz。对于板厚较小的焊缝,可采用较高的频率;对于板厚较大、衰减明显的焊接接头,应选用较低的频率。

要对缺陷进行性质判定时,初始检测应尽可能选择较低的检测频率;要对缺陷进行当量与长度测定时,如有需要可选择较高的检测频率,以改善探头分辨力。

2. 晶片尺寸选择

晶片尺寸的选择与频率和声程有关。在给定频率下，探头晶片尺寸越小，近场长度和宽度就越小，远场中声束扩散角就越大。对板厚较小的焊接接头，可采用较小的晶片尺寸；对板厚较大的焊接接头，应采用较大的晶片尺寸。

3. 探头K值（角度）选择

K值为探头折射角的正切值，即$K=\tan\beta$，其常用K值与角度对应关系见表6-2。

表6-2　焊接接头检测斜探头常用K值与折射角的对应关系（钢）

K值	0.7	1	1.5	2	2.5	3
β	35°	45°	56°18′	63°24′	68°12′	71°36′

探头K值的选择应从以下三个方面考虑：①使声束能扫查到整个焊接接头截面。②使声束中心线尽量与主要危险性缺陷垂直。③保证有足够的检测灵敏度。

一般的焊接接头都能满足使声束扫查整个焊接接头截面。只有当焊缝宽度较大、K值选择不当时才会出现扫查不到的情况。

由图6-7可以看出，用一、二次波单面检测双面焊对接接头时：

$$d_1 = \frac{a+l_0}{K} \quad d_2 = \frac{b}{K}$$

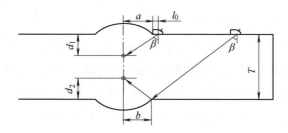

图6-7　一次波、二次波检测双面焊对接接头

其中一次波只能扫查到d_1以下的部分（受余高限制），二次波只能扫查到d_2以上的部分（受余高限制）。为保证能扫查整个检测截面，必须满足$d_1+d_2 \leq T$，从而得到：

$$K \geq \frac{a+b+l_0}{T}$$

式中　a——上焊缝宽度的一半；

　　　b——下焊缝宽度的一半；

　　　l_0——探头的前沿距离；

　　　T——工件厚度；

　　　K——探头的K值。

对于单面焊，b可忽略不计，这时应满足：

$$K \geqslant \frac{a+l_0}{T}$$

一般斜探头K值可根据工件厚度来选择，薄工件采用大K值，以便避免近场区检测，提高定位定量精度。厚工件采用小K值，以便缩短声程，减少衰减，提高检测灵敏度，同时还可减少打磨宽度。实际检测时，可按表6-3选择K值。在条件允许的情况下，应尽量采用大K值探头。

此外，当需要采用二次及以上回波检测时，应注意保证声束与底面反射面法线的夹角在35°～70°之间。当使用多个斜探头进行检测时，其中一个探头应符合该要求，且应保证一个探头的声束尽可能与熔合面垂直，多个探头间的折射角度差应不小于10°。

表6-3 斜探头K值选择

T/mm	8～25	＞25～40	＞40
K (β)	3.0～2.0 (72°～63°)	2.5～1.5 (68°～56°)	2.0～1.0 (63°～45°)

超声检测时要注意，K值常因工件中的声速变化和探头的磨损而产生变化，所以检测时必须在试块上实测K值，并在以后的检测中经常校验。

通常采用CSK-IA试块测定法，探头对准CSK-IA试块上ϕ1.5mm（74°≤β≤80°）或ϕ50mm（35°≤β≤76°）反射体，前后平行移动探头，找到最高回波，这时探头入射点对应的刻度值即为探头的K值。但这种方法不太精确，若量出探头前沿至试块端面的距离l，用下式计算，结果会精确一些。

$$K = \frac{l + l_0 - 35}{30}$$

式中 l——探头前沿到试块端面距离；

l_0——探头前沿距离。

还可以利用试块侧面端角或工件平板母材端角验证探头前沿、K值测试是否准确。具体方法为：用一次波检测端角，在回波最高位置测量探头前沿到端面的距离，如图6-8所示，其测量值应与仪器显示的简化水平距离一致，此时仪器显示的深度值应与试块或工件的厚度一致。

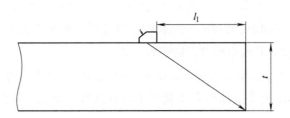

图6-8 端角反射测试法

6.2.4 耦合剂

焊接接头检测通常使用接触法，常用的耦合剂有全损耗系统用油（机油）、甘油、浆糊、润滑脂和水等。目前实际检测中用得最多的是机油与浆糊。从耦合效果看，浆糊同机油差别不大，但浆糊有一定的黏性，可用于任意姿势的检测操作，并具有较好的水洗性。用于垂直面或顶面检测具有独到的好处。此外，后续还要进行组合焊接的部件，采用油、脂作为耦合剂时要注意避免耦合剂沾染到后续焊接部位，否则难以去除干净，会影响后续焊接质量。

仪器时基范围调节、灵敏度设定和工件检测时应选用相同耦合剂。

6.2.5 超声波检测仪扫描速度的调节

扫描速度的调节方法主要有声程法、水平法和深度法。在用横波检测焊接接头时，最常用水平法和深度法。当板厚<20mm时，常用水平法；当板厚≥20mm时常用深度法。声程法多用于直探头。对于数字式超声波检测仪而言，调节任一参数，其他两个参数也就自然调节完成。

6.2.6 参考灵敏度的设定方法和距离-波幅曲线（DAC）

根据相关要求和实际情况选用下列任一技术设定参考灵敏度，参考灵敏度一般不低于评定等级，评定等级与验收等级相关。

（1）技术1 以直径为3mm横孔作为参考反射体，制作距离-波幅曲线（DAC），其参考灵敏度一般为H_0-14dB。

（2）技术2 以规定尺寸的平底孔作为参考反射体，制作纵波/横波距离增益尺寸（DGS）曲线，其参考灵敏度一般为H_0-8dB。

（3）技术3 应以宽度和深度均为1mm的矩形槽作为参考反射体。该技术仅应用于斜探头（折射角≥70°）检测厚度8mm≤t<15mm的焊缝，其参考灵敏度一般为H_0-14dB。

（4）技术4 串列技术，以直径为6mm平底孔（所有厚度）作为反射体，垂直于探头移动区。该技术仅应用于斜探头（折射角为45°）检测厚度t≥15mm的焊缝，其参考灵敏度一般为H_0-22dB。

使用简单形状的人工反射体，例如，横孔或平底孔，对于自然不连续的定量不会给出真实的尺寸，而仅仅是一个当量值。真实不连续的真正尺寸可能远大于此当量值。横孔和矩形槽的长度应大于用-20dB法测得的声束宽度。当使用的频率较低（一般小于2MHz）且声程长度较大时，应确保横孔或矩形槽有足够的长度。

缺陷波高与缺陷大小及距离有关，大小相同的缺陷由于距离不同，回波高度也不相同。描述某一确定反射体回波高度随距离变化的关系曲线称为距离-波幅曲线。它是AVG曲线的特例。

距离-波幅曲线与实用AVG曲线一样可以实测得到，也可由理论公式或通用AVG曲线得到，但三倍近场区内只能实测得到。由于实际检测中经常是利用试块实测得到的，因此这里仅以RB-2试块为例简单介绍距离-波幅曲线（DAC）的绘制方法。制作方法如图6-9所示。制作好的DAC曲线为参考灵敏度曲线即H_0。

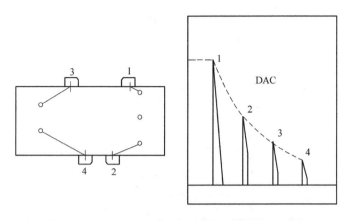

图6-9　RB-2试块及其DAC曲线

6.2.7　扫查方向要求

为了检测出焊接接头各种方向的缺陷，焊接接头超声波检测探头有以下三种扫查方向，具体采用几种扫查方向需要根据焊接接头形式、母材厚度、检测等级进行选择。

（1）L-扫查　使用斜探头扫查纵向缺陷，如图6-10a所示。

（2）T-扫查　使用斜探头扫查横向缺陷，如图6-10b所示。

（3）N-扫查　使用直探头扫查平行于扫查面的缺陷，如图6-10c所示。

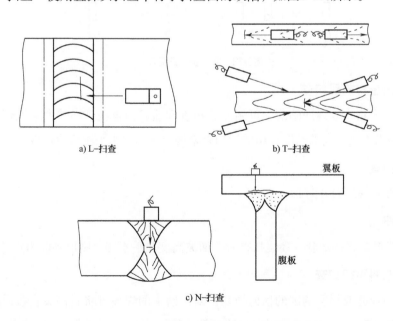

a）L-扫查　　　　b）T-扫查

c）N-扫查

图6-10　扫查方向

6.2.8 常用的扫查方式

1. 锯齿形扫查

锯齿形扫查即探头沿锯齿形路线进行扫查,如图6-11所示。扫查时,探头要作10°~15°转动,这是为了发现与焊缝倾斜的缺陷。此外,每次前进齿距d不得超过探头晶片直径。这是因为间距太大,会造成漏检。

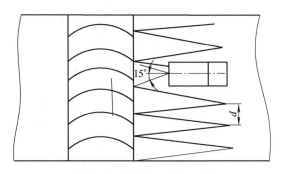

图6-11 锯齿形扫查示意

此外,为确定缺陷的位置、方向、形状,观察缺陷动态波形或区分缺陷真假,还可采用前后、左右、转角及环绕等四种基本扫查方法,如图6-12所示。

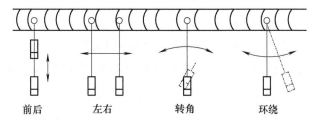

图6-12 四种基本扫查方式

2. 左右扫查与前后扫查

当用锯齿形扫查发现缺陷时,可用左右扫查和前后扫查找到回波的最大值,用左右扫查来确定缺陷沿焊缝方向的长度;用前后扫查来确定缺陷的水平距离或深度。

3. 转角扫查

可用于推断缺陷的方向。

4. 环绕扫查

可用于推断缺陷的形状。环绕扫查时,回波高度几乎不变,则可判断为点状缺陷。

5. 平行或斜平行扫查

为了检测焊缝或热影响区的横向缺陷,对于磨平的焊缝可将斜探头直接放在焊缝上作平行移动;对于有加强层的焊缝可在焊缝两侧边缘,使探头与焊缝成一定夹角(10°~45°)

作平行或斜平行移动，如图6-10所示的T扫查，但灵敏度要适当提高。

6. 双探头扫查

在厚板焊接接头检测中，与检测面垂直的内部未焊透、未熔合等缺陷用单个斜探头很难检测出。一般采用两种探头检测，即小K值探头和大K值探头。有时还要采用串列式扫查才能发现缺陷，如图6-13所示。但是要注意，这种方式会有检测不到的区域，对这部分区域可以用单斜探头检测。

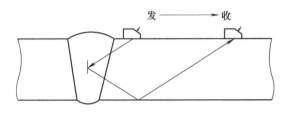

图6-13 双探头扫查

6.2.9 传输修正

除非设定检测灵敏度时所用试块的声学性能能代表被检工件，否则在设定检测灵敏度或评定不连续性回波波高时，都应考虑传输修正。传输修正ΔV与两个参数有关：被检表面的耦合损耗，与声程无关；材质衰减，与声程有关。传输修正方法常用固定声程法和比较法。固定声程法补偿量由耦合损耗和最大声程处的材质衰减组成；比较法补偿量由耦合损耗和材质衰减共同组成。

1. 固定声程法

仅用于材质衰减小于耦合损耗，或反射体的回波靠近工件底部时的情况。

使用直探头时，分别将参考试块和工件的第一次底面回波调整至屏幕的同一高度，并记下相应的dB值（V_1、V_2）；使用斜探头时，用两个相同的探头一发一收，V形放置以得到相应的回波。

如两个底面回波的声程不同，两回波之间的声程差ΔV_S可通过DGS曲线获得。

传输修正ΔV可根据下式计算。

$$\Delta V = V_1 - V_2 - \Delta V_S$$

2. 比较法

使用直探头时，将探头置于参考试块上，分别将第一次和第二次底波调整至屏幕的同一高度，并记下相应的增益值（V_{A1}和V_{A2}），依据增益值与声程距离的关系绘制出参考试块直线；然后将探头重新置于工件上，重复上述步骤得到V_{B1}和V_{B2}，绘制出被检工件直线。对应适当的声程S，通过两条直线可得出增益差值，即传输修正ΔV_S，如图6-14所示。

注：通过V_{B1}和V_{B2}所画的斜线不能给出工件的真实衰减情况，因为其中没有考虑声束

扩散和检测面上多次反射对探头声能的影响。

使用斜探头时，除了要用两个相同斜探头且为一发一收外，斜探头测试方法在原理上与直探头相似。将探头置于DAC参考试块上，首先作V形放置，接着作W形放置（如图6-14），调节增益使所得的回波显示在屏幕的同一高度，并记下相应的增益值V_{A1}和V_{A2}，绘制出参考试块直线；然后将探头置于工件上，重复上述步骤得到V_{B1}和V_{B2}，绘制出被检工件直线。对应适当的声程S，通过两条直线得出增益差值，即传输修正ΔV_S，如图6-14所示。

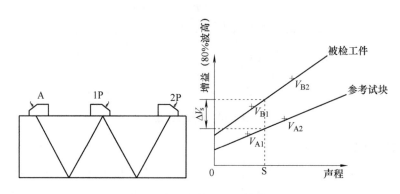

图6-14 通过比较法确定传输修正

6.2.10 缺陷回波性质判断

检出缺陷后，应在不同的方向对该缺陷进行检测，根据缺陷波形状和高度的变化，结合缺陷的位置和焊接工艺，对缺陷的性质进行综合判断。但到目前为止，还没有一个非常准确的方法，只是进行估判。

1. 典型缺陷的估判方法

（1）气孔 单个气孔回波高度低，波形较稳定。从各个方向检测，反射波高大致相同，但稍一移动探头就消失。密集气孔为一簇反射波，其波高随气孔的大小而不同，当探头作定点转动时，会出现此起彼落的现象。

（2）夹渣 点状夹渣的回波信号与点状气孔相似，条状夹渣回波信号多呈锯齿状。它的反射率低，一般波幅不高，波形常呈树枝状，主峰边上有小峰。探头平移时，波幅有变动，从各个方向检测，反射波幅不相同。

（3）未熔合 当超声波垂直入射到其表面时，回波高度大。但如果无损检测方法和折射角选择不当，就有可能漏检。未熔合反射波的特征是探头平移时，波形较稳定。两侧检测时，反射波幅不同，有时只能从一侧检测到。

（4）未焊透 对于单面焊根部未焊透，类似端角反射，$K = 0.7 \sim 1.5$灵敏度较高。探头平移时，未焊透波形较稳定。焊缝两侧检测时，均能得到大致相同的反射波幅。

（5）裂纹 一般来说，裂纹的回波高度较大，波幅宽，会出现多峰。探头平移时，反射波连续出现,波幅有变动;探头转动时,波峰有上、下错动现象。

(6)咬边 一般情况下此种缺陷反射波的位置分别出现在一次与二次波的前边。当探头在焊缝两侧检测时,一般都能发现,如图6-15所示。

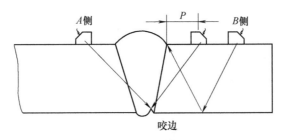

图6-15 咬边的判别

咬边辨别方法如下:

1)测量这个信号的部位是否在焊缝边缘处,如能用肉眼直接观察到咬边存在,即可判定。

2)在探头移到出现最高反射信号处固定探头,适当降低仪器灵敏度。用手指沾油轻轻敲打焊缝边缘咬边处,观察反射信号是否有明显的跳动现象。若信号跳动,则证明是咬边反射信号。

2. 动态波形法估判缺陷性质

动态波形法主要是依靠探头移动过程中波形的变化和缺陷的表面状态有关,进而判断缺陷性质,它是假定缺陷由许多微元面积组成的。这些微元面积又是按不同的方位排列起来的。

例如,可以把未熔合面看作是微元面积排列在一条直线上,裂纹是按折线排列的,而条状夹渣则可看作按圆滑曲线排列的。在从任何方向检测时,波形都可以看作是这些微元面积的反射信号叠加的结果。微元面积的排列情况不同,信号的叠加情况亦不同,同一个缺陷从不同方向检测,信号的叠加情况也不同。从探头在移动过程中波形的变化情况判断微元面积的排列情况,以达到判断缺陷性质的目的。

基本的探头移动路径有纵向移动、横向移动、环绕移动和定点移动四种。几种不同的缺陷,在探头移动过程中,波幅变化规律也不同。从幅度上看,有表6-4中的几种情况。

表6-4 几种典型缺陷的动态波形

缺陷类型	扫描图形	识别包络线	备注
孤立的气孔或圆形杂质	信号游动 $a \longrightarrow b \longrightarrow a$ ①		包络线尖锐,消失很快,x值由缺陷大小决定

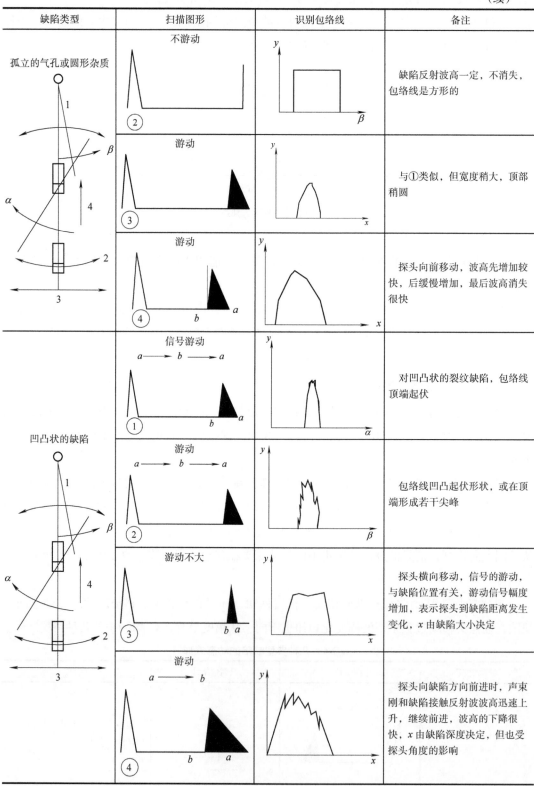

6.2.11 非缺陷回波的分析

焊接接头超声波检测中，荧光屏上除了出现缺陷回波以外，还会出现伪缺陷波（假信号）。所谓伪缺陷波是指荧光屏上出现的并非焊缝中缺陷造成的反射信号。

伪缺陷波的种类很多，现将常见的伪缺陷波归纳如下：

1. 仪器杂波

在不接探头的情况下，由于仪器性能不良，检测灵敏度调节过高时，荧光屏上出现单峰的或者多峰的波形，但以单峰多见。接上探头工作时，此波在荧光屏上的位置固定不变。一般情况下，降低灵敏度后，此波即消失。

2. 探头杂波

仪器接上探头后，即在荧光屏上显示出脉冲幅度很高、很宽的信号。无论探头是否接触工作，它都存在，且位置不随探头移动而移动，即固定不变，此种假信号容易识别。产生的原因主要有探头吸收块的作用降低或失灵，探头卡子位置装配不合适，有机玻璃斜楔设计不合理，探头磨损过大等。

3. 耦合剂反射波

若探头的折射角较大，而检测灵敏度又调得较高，则有一部分能量转换成表面波，这种表面波传播到探头前沿耦合剂堆积处，也造成反射信号。遇到这种信号，只要探头固定不动，随着耦合剂的流失，波幅慢慢降低，很不稳定。用手擦掉探头前面耦合剂时，信号就消失。

4. 焊缝表面沟槽反射波

在多道焊的焊缝表面形成一道道沟槽，当超声波扫查到沟槽时，会引起沟槽反射。鉴别的方法是，一般出现在一次、二次波处或稍偏后的位置，这种反射信号的特点是不强烈、迟钝，如图6-16所示。

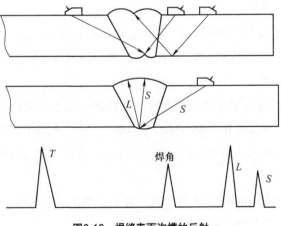

图6-16 焊缝表面沟槽的反射

5. 焊缝上下错位引起的反射波

由于板材在加工坡口时，上下刨得不对称或焊接时焊偏造成上下层焊缝错位，如图6-17所示。由于焊缝上下焊偏，在A侧检测时，焊角反射波很像焊缝内的缺陷。当探头移到B侧检测时，在一次波前没有反射波或测得探头的水平距离在焊缝的母材上，这说明焊偏。

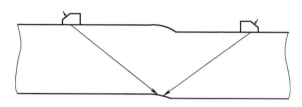

图6-17　焊偏在超声波检测中的辨别

6. 其他伪缺陷波

焊接接头超声波检测中，除了上述几种伪缺陷波外，还有其他几种伪缺陷波。这些伪缺陷波是因工件结构、表面状况特别而产生的，仔细观察焊接接头结构形式、表面状况，认真分析反射条件，这些伪缺陷波是可以辨别的。如图6-18所示，焊接接头背部垫板回波与焊缝根部未焊透回波之间的差异。

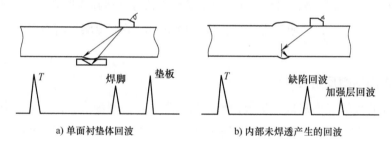

图6-18　伪缺陷回波与缺陷回波差异

6.2.12　缺陷的定量

检测中发现评定线以上的缺陷要测定缺陷波的幅度和指示长度。

缺陷幅度的测定：首先找到缺陷最高回波，测出缺陷波达到基准波高时的dB值，然后确定该缺陷波所在的区域。

缺陷指示长度的测定：显示的回波高度达到或超过观察极限的，采用这种技术对其纵向延伸距离进行测量。测量时让声束在显示上移动，记录下回波高度降至观察极限时的探头位置和声束的运行时间段（位置1和2，见图6-19）。这样从位置1和2的距离可以计算出纵向延伸距离l。

同一直线上相邻两缺陷间距小于等于其中较小缺陷指示长度时，应作为一个缺陷处理，其指示长度为两缺陷指示长度之和（不含间距）。

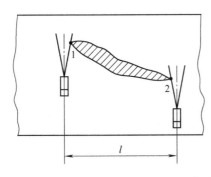 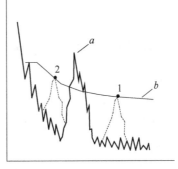

图6-19 缺陷波幅与指示长度测定

注：l为显示的水平长度；1、2为波幅等于评定等级的位置；a为最高波幅；b为评定等级。

6.3 对接接头检测

对接接头是焊接结构中采用最多的形式，也是最基本的接头形式。

对平板对接接头，通常从焊接接头两侧母材单面双侧，采用一次、二次波横波检测。对厚板焊接接头，为检测出与检测面垂直方向的缺陷，可采用串列法检测。对部分需要检测层间未熔合缺陷的焊接接头，可以将焊缝余高磨平，从焊缝正上方采用纵波检测。

6.3.1 检测条件的选择

主要是涉及探头的选择具体如下。

（1）频率选择　探头频率选择一般为2.5～5MHz，其他探头按照本章第2节进行选择。

（2）折射角　当检测采用横波且所用技术需要超声从底面反射时，应注意保证声束与底面反射法线的夹角在35°～70°之间。当使用多个斜探头进行检测时，其中一个探头应符合上述要求，且应保证一个探头的声束尽可能与焊缝熔合面垂直，多个探头间的折射角度应不小于10°。

当探测面为曲面时，工件中横波实际折射角和底面反射角将发生改变，可由焊缝截面图确定，具体情况可参考相关标准文件，例如，GB/T 11345—2013附录D。

（3）晶片尺寸　晶片尺寸选择应与频率和声程有关。在给定频率下，探头晶片尺寸越小，近场长度和宽度就越小，远场中声束扩散角就越大。

晶片直径为6～12mm（或等效面积的矩形晶片）的小探头，最适合短声程检测。对于长度声程检测，比如单晶直探头检测大于100mm或斜探头检测大于200mm的声程，选择直径为12～24mm（或等效面积的矩形晶片）的晶片更为合适。

（4）探头面匹配要求　检测面与探头面（探头靴底面）之间的间隙g，不应大于0.5mm。

对于圆柱面等类似曲面，g通过以下公式计算：

$$g = \frac{a^2}{D}$$

式中 a——探头面的尺寸,沿圆柱体表面纵向(轴向)扫查时为探头面宽度,横向扫查时为探头面长度(mm)。

D——工件直径(mm)。

如果间隙g值大于0.5mm,则探头面修磨(外形修整)至与曲面吻合,灵敏度和时基范围也应作相应调整。

探头面外形修整的目的,是为了确保良好的、始终如一的声接触和在工件中保持恒定的折射角。外形修整仅适用于带有硬塑料底座的探头(通常是双晶探头或带斜楔的斜探头)。

使用外形修整过的探头,需要在外形与工件相似的参考试块上,或采用数学校正因子来设定范围和灵敏度。

在凹面上扫查,除非是在非常大曲率半径上且能做到充分耦合,否则探头面总是应做外形修整。

6.3.2 扫查

1. 纵向缺陷扫查

一般对接焊接接头均要求采用单面双侧扫查,根据板厚和检测等级不同增加1个相差角度≥10°的探头进行扫查,以增加检出缺陷的概率。如检测有要求则需增加,如图6-20所示。

 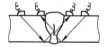

图6-20 纵向缺陷扫查示意

2. 横向缺陷扫查

用斜探头扫查横向缺陷。为检测焊缝及热影响区的横向缺陷,一般要求在焊缝两侧边缘使探头与焊缝中心线成10°~20°作斜平行扫查,如图6-21b所示。检测等级B($T \geq 60$mm)和检测等级C要求磨平的焊缝可将斜探头直接放在焊缝上作平行移动,如图6-21a所示。

3. 直探头扫查

使用直探头或双晶探头,在对接接头焊缝部位(余高磨平)或T形接头翼板侧进行扫查,用以探测检测区域内平行于扫查面的缺陷(见图6-10)。

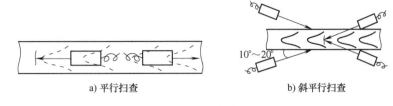

| a) 平行扫查 | b) 斜平行扫查 |

图6-21 T扫查

6.3.3 质量评定

缺陷评定与验收可通过评定显示长度和回波幅度，也可通过评定显示特性和显示尺寸。

（1）基于显示长度和回波幅度的评定　该方法不要求区分缺陷的特征，即不要求识别是否裂纹、未熔合等平面型缺陷，仅仅是根据缺陷的回波幅度和显示长度来与事先规定好的验收等级进行比较，评定其为可验收或不可验收。

（2）基于显示特性和显示尺寸的评定　该方法要求区分缺陷的特征，即要求将识别出的平面型缺陷（如：裂纹、未熔合等）直接评定为不可验收，再根据非平面型缺陷的回波幅度和显示长度来与事先规定好的验收等级进行比较，评定其为可验收或不可验收。

显然，后一种方法要比前一种严格很多。

1. 基于显示长度和回波幅度的评定

所有超过和达到评定等级的相关显示应进行评定。

显示，指不连续的信号或表现，在焊缝超声波检测中，其信号或表现是脉冲信号。显示通常分为相关显示、非相关显示和伪显示。

相关显示，是需要评定的由不连续类型或状况引起的显示。

非相关显示，是由非拒收的不连续类型或状况所引起的显示。

伪显示，又叫假显示，被解释成是由不连续或缺陷之外的其他状况所引起的信号或表现，在焊缝超声波检测中，其信号可能与脉冲信号很相似。伪显示是非相关的。

需要评定的显示，是排除了非相关显示或伪显示之后的相关显示，此相关显示通常已被解释为伤或缺陷。

缺陷的大小测定以后，根据缺陷的当量和指示长度，结合有关标准的规定评定焊接接头的质量级别。例如，根据本节6.2.6条选用技术1（横孔）设置灵敏度，按照GB/T 29712—2023验收等级2进行质量评级时，缺陷回波幅度与指示长度限值见表6-5。

表6-5　验收等级2缺陷回波幅度限值

板厚 8mm≤t<15mm		板厚 15mm≤t≤100mm	
缺陷显示长度 l/mm	允许最高反射波幅	缺陷显示长度 l/mm	允许最高反射波幅
		l≤0.5t	H_0
l≤t	H_0-4dB	0.5t<l≤t	H_0-6dB
l>t	H_0-10dB	l>t	H_0-10dB

注：H_0：参考等级；评定等级：H_0-14dB；记录等级：相应验收等级-4dB。

2. 基于显示特征和显示尺寸的评定

（1）显示是按以下几个准则依次进行分类　①回波幅度。②定向反射。③静态回波形状（A扫描）。④动态回波形状。

以上准则可通过图6-22流程来实施。

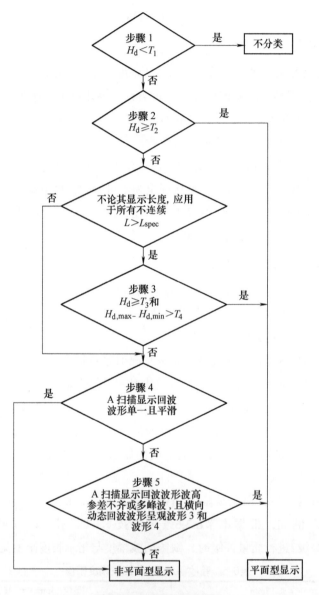

图6-22　显示特征评定流程

注：H_d——显示回波幅度；$H_{d,max}$——最高回波幅度；$H_{d,min}$——最低回波幅度；L——显示长度；L_{spec}——规定长度；T_1——评定等级；T_2——参考等级+6dB；T_3——参考等级−6dB；T_4——9dB（仅横波）或15dB（横波和纵波）。

（2）流程图　流程图分为以下5个步骤：

步骤1：非常低的回波幅度显示，不分类。

步骤2：高回波幅度显示，分类为平面型。

步骤3：主要分类未熔合。

步骤4：主要分类夹杂物。

步骤5：主要分类裂纹。

根据流程图，夹杂物与未熔合同时存在的混合型显示，分类为平面型。

对显示进行判断和特征分类时，推荐选用相同的探头。流程图将显示分类系统标准化。通过与距离-幅度曲线（DAC）的比较，或与来自不连续的不同方向的最大回波幅度相比较，定义几个阈值（以分贝dB表示）。

6.4 其他形式接头的超声波检测

6.4.1 T形接头、角接接头超声波检测

1. T形接头

T形接头由翼板和腹板焊接而成，坡口开在腹板上，如图6-23所示。对于T形接头常采用以下方式进行检测。

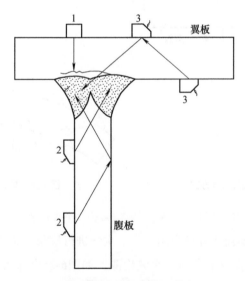

图6-23 T形接头扫查方式

1）采用直探头在翼板上进行检测，如图6-23中探头位置1，用于检测T形接头中腹板与翼板间未熔合或翼板侧焊缝下层状撕裂等缺陷。

2）采用斜探头在腹板（两侧）上利用一、二次波进行检测，图6-23中探头位置2。此方法与平板对接焊缝超声波检测方法相似。

3）采用斜探头在翼板外侧或内侧进行检测，如图6-23中探头位置3。探头于外侧时利

用一次波检测，探头于内侧时利用二次波检测。比较而言，外侧一次波检测灵敏度高，定位方便。不但可以检测纵向缺陷，而且可以检测横向缺陷。不足之处在于外侧看不到焊缝，检测前要先测定并标出焊缝的位置。

4）在有横向缺陷扫查时，其扫查位置有翼板和腹板。

2. 角接接头

对于图6-24所示的角接接头，检测方法与T形接头类似，采用直探头从端面检测，采用斜探头从腹板两面进行检测。角接接头在有要求时，需用斜探头在磨平的焊缝上沿焊缝方向进行横向缺陷扫查。

6.4.2 管座接头超声波检测

管座角焊缝的结构形式有插入式和安放式两种。

插入式管座角焊缝是接管插入容器筒件内焊接而成，如图6-25所示，可采用以下几种方式检测。

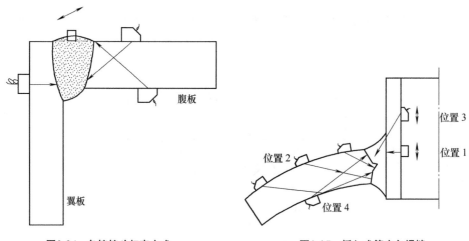

图6-24　角接接头扫查方式　　　　图6-25　插入式管座角焊缝

1）采用直探头在接管内壁进行检测，如图6-25中探头位置1。

2）采用斜探头在容器筒体外壁利用一、二次波进行检测，如图6-25中探头位置2。

3）采用斜探头在接管内壁利用一次波检测，如图6-25中探头位置3。也可在接管外壁利用二次波检测，但后者灵敏度较低。安放式管座角焊缝是接管安放在容器筒体上焊接而成，如图6-26所示。可采用以下几种方式检测：①采用直探头在容器筒体内壁进行检测，如图6-26中探头位置1。②采用斜探头在接管外壁利用二次波进行检测，如图6-26中探头位置2。③采用斜探头在接管内壁利用一次波进行检测，如图6-26中探头位置3。

由于管座角焊缝中危害最大的缺陷是未熔合和裂纹等纵向缺陷（沿焊缝方向），因此一般以纵波直探头检测为主。对于直探头扫查不到的区域，如：安放式焊缝根部，需要另加斜探头进行检测。此外，凡产品制造技术条件中规定要检测焊缝横向缺陷的插入式管座角焊缝，应将容器筒体内壁加工平整，利用大K值探头在筒体内壁沿焊缝方向进行正反两个方向的检测。

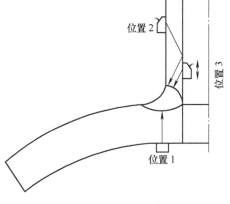

图6-26 安放式管座角焊缝

6.5 其他材料焊接接头超声波检测

6.5.1 铝合金焊接接头超声波检测

1. 铝合金焊接接头特点

与碳钢材质焊接接头比较，铝合金焊接接头的最大特点是热导率大，热膨胀系数大，材质衰减系数小，塑性好，强度低。

铝焊缝中常见缺陷与钢焊缝类似，如：气孔、夹渣、未熔合、未焊透和裂纹等。其中危害最大的是裂纹与未熔合。铝焊接接头的超声波检测基本与钢焊接接头的检测相同，其需要注意的特点在后续进行说明，其他方面不再赘述。

2. 检测技术

（1）探头　在铝合金焊接接头检测中，由于铝衰减较小，因此宜选用较高的频率检测，一般为5.0MHz。

通常斜探头K值均为钢中K值，检测铝合金时需转换成铝中K值，其对应关系见表6-6。

表6-6　斜探头钢中K值与铝中K值的对应关系

序号	钢中K值	对应铝中K值	对应铝中角度
1	1	0.96	43°48′
2	1.5	1.4	54°30′
3	2	1.8	61°
4	2.5	2.2	65°18′
5	3	2.5	68°6′

（2）试块　检测铝合金焊接接头时，试块的材质应与工件相同或相近。

（3）耦合剂　铝合金焊接接头检测时，不宜用碱性耦合剂，因其对铝合金有腐蚀作用。

6.5.2 奥氏体型不锈钢焊接接头超声波检测

1. 奥氏体型不锈钢焊接接头组织特点

奥氏体型不锈钢焊缝凝固时未发生相变，室温下仍以铸态柱状奥氏体晶粒存在。由于这种柱状晶的晶粒粗大，组织不均匀，具有明显的各向异性，因此给超声波检测带来许多困难。

奥氏体型不锈钢焊缝的柱状晶粒取向与冷却方向、温度梯度有关。一般晶粒沿冷却方向生长，取向基本垂直于熔化金属凝固时的等温线。对于堆焊试样，晶粒取向基本垂直于母材板面，而对接焊缝晶粒取向大致垂直于坡口面，如图6-27所示。

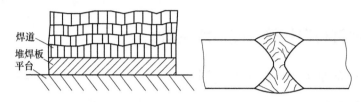

图6-27　晶粒取向

柱状晶粒的特点是同一晶粒从不同方向测定有不同的尺寸，例如，某奥氏体柱状晶粒直径仅0.1~0.5mm，而长度却达10mm以上。对于这种晶粒，从不同方向检测引起的衰减与信噪比不同。当波束与柱状晶夹角较小时其衰减较小，信噪比较高。当波束垂直于柱状晶时其衰减较大、信噪比较低。这就是衰减与信噪比各向异性。

手工多道焊成的奥氏体型不锈钢焊接接头，由于焊接工艺、规范存在差异，致使焊缝中不同部位的组织不同，声速及声阻抗也随之发生变化，从而使声束传播方向产生偏离，出现底波游动现象。不同部位的底波幅度出现明显差异，给缺陷定位带来困难。

2. 检测技术

（1）波形　超声波检测中的信噪比及衰减与波长有关，当材质晶粒较粗，波长较短时，信噪比低，衰减大。由于同一介质中纵波波长约为横波波长的两倍，因此在奥氏体型不锈钢焊接接头检测中，一般选用纵波检测。试验证明，纵波检测奥氏体型不锈钢焊接接头60mm深的ϕ2mm横孔信噪比达15dB，而横波检测时信噪比为0dB。

（2）探头角度　由于奥氏体型不锈钢焊缝为柱状晶，不同方向检测信噪比和衰减不同，因此纵波斜探头的折射角要合理选择。试验证明，对于对接接头，采用纵波折射角$\beta_L = 45°$的纵波斜探头检测，信噪比较高，衰减较小。当焊缝较薄时，也可采用$\beta_L = 60°$或70°的探头检测。

（3）探头频率　检测奥氏体型不锈钢焊接接头时，频率对衰减的影响很大，频率越高，衰减越大，穿透力越低。奥氏体型不锈钢焊缝晶粒粗大，宜选用较低的检测频率，通常为0.5~2.5MHz。

（4）探头种类　超声波脉冲宽度和波束宽度对奥氏体型不锈钢焊接接头检测有影响。一般脉冲宽度窄，波束宽度小，信噪比较高，灵敏度也较高。因此采用窄脉冲探头和聚焦探头检测奥氏体型不锈钢是有利的，采用窄脉冲聚焦探头效果会更好。此外探头晶片尺寸对奥氏体型不锈钢焊接接头检测也有影响，一般大晶片探头的信噪比优于小晶片探头。原因是大晶片探头波束指向性好，波束宽度小，可以减少产生晶粒散射的面积。

在奥氏体型不锈钢焊接接头检测中，常用的是单晶纵波斜探头和双晶纵波斜探头。前者用于检测深度较大的缺陷,后者用于检测深度较浅的缺陷。

(5)仪器的调整与检测 时基线比例调整:用纵波斜探头检测时,时基线比例需利用如图6-28所示的奥氏体型不锈钢制成的IIW2试块来调整。但调整方法与普通横波斜探头不同,这里不宜直接利用IIW2试块来调整,因为当纵波斜探头对准$R25mm$或$R50mm$圆弧时,由于此时入射角小于第一临界角,因此折射纵波和横波同时在试块中传播,反射到检测面后又会发生波形转换,这样示波屏上反射回波较多,难以分辨,不便调整。通常会用下述方法来调整。

下面以1:1的时基线为例说明。

先用纵波直探头对准IIW2试块40mm厚的大平底,调整仪器使第一、二次底波B_1、B_2分别对准水平刻度40、80,即B_1-40,B_2-80,如图6-28a所示。然后换上纵波斜探头对准IIW2试块上的$R50mm$圆弧,使第一个最大回波B_1。对准50即可,如图6-28b所示,此时纵波斜探头1:1调节完成。

灵敏度调整:检测奥氏体型不锈钢焊接接头时,一般利用材质、几何形状、焊接工艺与工件相同的参考试块上的长横孔来调整。长横孔有$\phi2mm$、$\phi3mm$、$\phi4mm$和$\phi6mm$等几种,具体尺寸由设计图技术要求确定或委托单位与检测单位协商确定。

利用纵波斜探头检测工件时,一般采用一次波检测,不用二次波检测。因为一次波经底面反射后会产生波形转换,本来一次波就有纵波和横波两种波在工件中传播,经底面反射后可能有四种波在工件中传播,这样示波屏上杂波多,灵敏度低,判伤困难。即使利用一次波检测,缺陷判别与定位也比纯横波检测困难,检测时要引起注意。

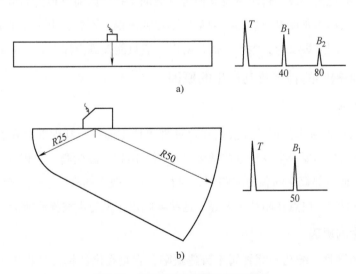

图6-28 纵波斜探头时基线比例调整

第7章 轨道交通装备典型零部件超声波检测应用

7.1 车轴超声波检测

车轴是轨道交通装备走行部的关键部件,其质量对行车安全有着直接影响。车轴直接关系到装备的检修周期和运行安全,因此必须对装备制造和维修中的车轴实行超声波检测。

车轴超声波检测方法是采用纵波检测法。纵波检测法是使用纵波直探头从车轴端面进行扫查,能够对车轴全长进行穿透检测。纵波检测法具有探测范围广、扫查速度快、检测灵敏度高等特点,是超声波检测中十分重要的一种方法,也是车轴检测最早使用的检测方法。

车轴超声波检测的目的主要有两个:一是对车轴进行纵向透声检测,以便发现车轴内部缺陷,包括晶粒粗大、夹杂、疏松、缩孔等车轴内部材质缺陷或加工缺陷,这主要针对新制车轴而言。二是检测疲劳大裂纹,这是针对在役检修车轴而言,由于声波几乎与疲劳裂纹垂直,能够有效避免轮心波、台阶波及其他各种波的干扰,因而有很高的可靠性,可以很好地弥补横波检测法和小角度纵波检测法的某些不足或失误。不过,由于受车轴台阶和侧壁效应的影响,纵波检测大裂纹的灵敏度较低,所以一般只能探测出深度4~5mm以上的裂纹。

7.1.1 车轴缺陷的种类及其产生的原因

1. 缺陷的种类

机车车辆用车轴系由铸钢锭经锻造和热处理等加工而成,其内部存在着多种缺陷,其形成的机理也甚复杂,要完全发现这些缺陷,必须采用超声波检测、金相等多种检测方法才能完成。其中车轴内部存在的各种缺陷中,对行车危害较大的有:缩孔、疏松、严重偏析、严重夹杂、各种裂纹、白点和晶粒粗大等,这些缺陷也正是超声波检测所能发现的。

2. 缺陷产生的原因

(1) 缩孔和缩管　缩孔和缩管属于铸造缺陷,它是在浇注钢锭过程中形成的,当液态金属注入钢锭模时,其凝固过程是由四周向中心,底部向上部逐渐进行并发生体积收缩,如果冷却过程中不能随时补入液态金属,那么在钢锭冒口处将形成喇叭形空洞,此空洞称为缩孔。当缩孔比较严重时,具有较大的长度,又称为缩管。在车轴中存在缩孔已不是原始状态,而是在锻造前未完全切除的残余缩孔或钢锭中二次缩孔。由于缩孔存在于车轴的中心部位,从一端向锻件内部延伸,在锻造加工时随着金属的延伸而被拉长,所以在轴内沿轴中心线呈条状分布。

(2) 疏松 疏松的形成与缩孔相同,也是由于金属在冷凝过程中由体积收缩而造成的。所谓疏松,其本质就是固态金属的多孔性或不致密性,与缩孔形成的原因不同的就是冷凝速度的差别,冷凝速度快时,其金属的体积收缩不能集中产生,因而形成弥散性的疏松。在铸锭过程中,往往疏松伴随着缩孔同时存在,经锻造的车轴,疏松情况会有所改善,但严重的疏松仍不能消除。

(3) 夹杂物 金属的夹杂物可分为两类,即内在夹杂物和外来夹杂物。

1) 内在夹杂物。这种夹杂物是车轴钢在冶炼、浇注和冷凝过程中,由于内部各成分间,或金属与气体、容器等接触所引起的化学反应而形成的产物。这类夹杂物颗粒非常细小,而且弥散。但有时这类夹杂物在铸锭时,由于它的熔点和比重不同,易集中于钢锭的中心部位,这种现象称为偏析。密集在锻件中心部位的叫作中心性偏析;一种是不在锻件中心部位,而呈方形的,所以称方形偏析。

2) 外来夹杂物。一般是从炼钢炉、钢包或其他设备上掉下来的耐火材料,这种夹杂物体较大,在锻造时被粉碎成较小的颗粒或压成片状,夹在车轴内部,这种缺陷也可称为夹灰。

(4) 裂纹 新轴中的裂纹是轴钢在浇注、锻造和热处理等加工过程中,由于加工温度不当或不均匀,以及施加压力不适当或不均匀,都将引起金属的局部断裂,形成裂纹。裂纹的种类比较多,在一般工件内部或表面以及近表面都可能产生裂纹,在新制车轴中常见的有三种。

1) 中心锻造裂纹。这类裂纹的产生可归纳为三个方面的原因:第一,锻造前工件加热不均匀和温度不足,即没有烧透;第二,停止锻造温度过低,工件外部冷却快,而中心部位冷却慢,温差过大;第三,由于高熔点金属或高熔点的夹杂物在晶界上密集析出。上述三种情况,使金属在承受压力加工时,由于各种塑性变形不同,在其交界面上将产生滑移甚至撕裂。

2) 残余缩孔性裂纹。如果车轴毛坯所用钢锭有缩孔没被切除,或钢锭内部存在二次缩孔,将在车轴中形成残余缩孔裂纹,这种缺陷易存在于车轴内部,对车轴的危害也极大。

3) 夹杂性裂纹。用夹杂物比较集中和比较严重的钢锭锻造车轴时,将会使车轴破裂而形成中心有夹心的夹杂性裂纹。这种夹杂性裂纹在车轴出现的部位不固定,如:存在于车轴近表面,其危害性很大。

4) 疲劳裂纹。在役检修车轴内部缺陷,除与新制车轴相同外,在运行过程中还会产生疲劳裂纹。疲劳裂纹在车轴上出现的位置不固定,但常见于车轴表面,其危害非常大。

（5）白点 在金属断口上，有时会发现圆形和椭圆形、表面光滑呈银白色的斑点，直径大小不等，这种缺陷称为白点。

金属断口如存在白点，它将严重的影响材料的伸长率，收缩性及韧性。白点的形成是在冶炼和浇注过程中金属存在氢气造成的，在以后加热过程中，如果缓慢冷却，原子氢有从金属内部向外扩散的趋向，如果冷却过快，原子氢在金属内部聚集，并逐渐合成氢分子，氢分子很难从金属中向外扩散，在聚集的地方将造成巨大的局部压力，使金属破裂。白点在形成过程中，由于有扩散现象，因此就在轴内形成局部缺陷，白点一般存在于轴的中央部。

（6）晶粒粗大 轴中晶粒粗大有两种情况：一种是在钢的冶炼中只用锰铁或锰铁和硅铁脱氧时，就会形成粗晶粒钢；另一种是在热加工过程中，加热温度不当，也会使车轴晶粒粗大。铁路用车轴的晶粒粗大属第二种。

晶粒粗大性缺陷会大大降低车轴的韧性、抗拉强度，车轴在使用中易于发生脆性断裂，因此也是一种危害性较大的缺陷。

7.1.2 车轴超声波检测技术要求

车轴超声波检测主要采用0°直探头纵波检测法。

纵波检测法是使用纵波直探头从车轴端面进行扫查，能够对车轴全长进行检测。纵波检测法具有探测范围广、扫查速度快、检测灵敏度高等特点，是超声波检测中十分重要的一种方法，也是车轴检测最早使用的检测方法。

车轴超声波检测可分四步进行：

第一，对原材料进行粗检测，以检查铸造性缺陷，使有严重缺陷的材料报废，这样可以省去锻打等工序。

第二，对锻打、热处理后的毛坯轴（机加工前）实行超声波检测，使热加工后有缺陷的毛坯轴不被使用或重新热加工，这样可以省去机加工工序。

第三，组装轮对前的检测。

第四，运行一定周期的车轴，在役状态检测。

车轴经上述四步超声波检测的层层把关，就能减少或杜绝因原材料有伤或运行产生疲劳缺陷而发生的断轴事故。

1. 探测条件的选择

（1）使用仪器 用于车轴超声波检测的仪器分为模拟仪器和数字仪器。

1）模拟超声波检测仪应具有以下性能指标：①具有足够的显示亮度。②水平线性误差≤2%。垂直线性误差≤6%。③频带宽1～5MHz。④灵敏度余量≥46dB。⑤探测深度≥3m。⑥衰减器总量≥80dB。⑦分辨力（纵波纵向）≥26dB。

2）数字式超声波检测仪应具有以下性能指标：具备自检功能，检测图形存储功能，闸门报警功能，距离补偿功能，峰值搜索功能，距离—波幅曲线制作功能，零点自动校准或测距自动校准功能，检测图形局部放大功能，检测工艺参数存储功能，检测数据处理和检测报告打印功能。

仪器主要技术指标应满足超声波检测仪的主要技术要求。其采样频率应≥100MHz。

（2）探测频率　选用2.5~5MHz。

（3）探测方式　以纵波单探头脉冲反射法为主，斜探头横波反射法为辅。

（4）探头的选用　采用14~20mm的直探头和弧面斜探头，如：2.5P20Z直探头。

（5）试块　试块材质应满足TB/T 1618—2001标准及其他技术规范的规定，并经过超声波检测选择无内部缺陷的材料制造。

1）试块的用途。①测试或校验仪器和探头的性能。②确定探测灵敏度和缺陷大小。③调整探测距离和确定缺陷的位置。④测定材料的某些声学特性。

2）试块类别。车轴超声波检测所用的试块：CSK-I型标准试块、TZS-R型标准试块、CS-1-5型标准试块、TS-1（W）试块和半轴实物试块等。

2. 性能校验

超声波检测仪器设备性能校验分为日常性能校验和季度性能检查。

日常性能校验主要检查检测系统技术状态，使用标准试块校准零点和标定测距，正确调整或输入检测参数，确定检测灵敏度，并在实物试块上进行当量对比检测。校验完毕应填写"超声波检测仪日常性能校验记录"。

季度性能检查主要检查超声波检测仪的状态，测试超探仪主要性能指标，并按日常性能校验的内容进行检查。检查完毕应填写"超声波检测仪季度检查记录"。

7.1.3　检测工艺方法

1. 纵波直探头贯通检测法

（1）检测目的　检测车轴的综合透声性能，发现内部危害性缺陷。

（2）测距标定　由于检测车轴不同，使用的试块不同，所以可以使用多种方法标定仪器的水平扫描速度。常用的方法有CSK-IA试块法和对比试块法。

使用TS-1（或TS-1W）试块调整仪器的方法：将2.5P20Z探头放置在TS-1（或TS-1W）标准试块B面上，调整仪器，使试块第1、第10次底面回波前沿分别对准荧光屏水平刻度的第1、第10大格，此时水平刻度的每一大格代表车轴实际长度240mm，如图7-1所示。

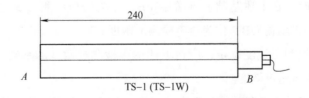

图7-1　使用TS-1（或TS-1W）试块标定测距

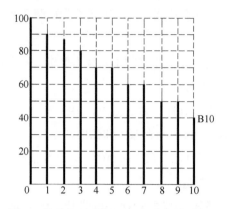

图7-1 使用TS-1（或TS-1W）试块标定测距（续）

新制车轴超声波检测时，还应绘制轴向检测距离-波幅曲线，如图7-2所示。

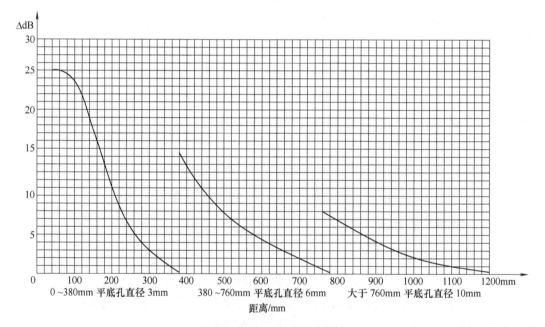

图7-2 轴向检测距离-波幅曲线

（3）检测灵敏度 车轴无顶针孔时，将探头置于TS-1试块（50号钢车轴用TS-1W）的B面上，调整仪器，使其第10次底波高度为垂直刻度满幅的90%，如图7-3所示，再增益6dB，耦合差另加4~6dB。

车轴有顶针孔时，在上述基础上再增益3dB，作为透声检测灵敏度。如果车轴有螺栓孔时，在上述基础上再增益6dB，作为透声检测灵敏度。

轴向内部缺陷检测灵敏度确定，应在上述透声检测灵敏度的基础上再增益3dB，即为车轴轴向内部缺陷的定量灵敏度。

透声扫查时，不得改变调节后的透声灵敏度。如发现底面回波与始波间有可疑回波出现,应进行危害性分析,即大裂纹扫查。

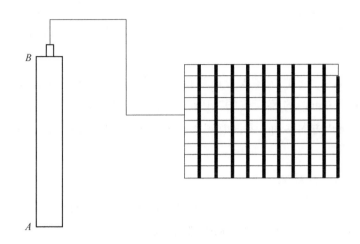

图7-3 轴向透声检测灵敏度

关于大裂纹检测灵敏度的说明:对于大裂纹检测,一般可发现的裂纹深度≥4mm,常用的检测车轴大裂纹试块轴的人工裂纹深度为7mm。

(4) 探测面的选择和处理　车轴穿透检查必须在车轴两端面分别进行。

为保证良好的声耦合,在检测前必须对两轴端探测面进行擦拭,除去油污,遇有不平整的钢印毛刺要用平锉或砂布打磨干净,并涂耦合剂。

(5) 探头扫查　用直探头在车轴两端面作轴向探测,探头围绕顶针孔作锯齿形移动,如图7-4所示。移动速度一般≤30mm/s。探头移动应有10%的覆盖区,探头扫查范围应遍及轴端面的可移动区域,同时观察回波的变化。

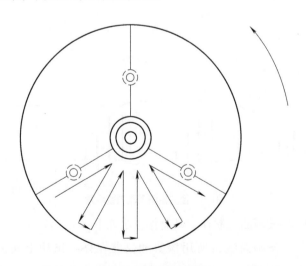

图7-4 直探头扫查轨迹

每端面均需探测两周,当发现缺陷时,可用斜探头在缺陷出现的相应表面校验。

工艺要求每班开工前,对每一个需要使用的0°直探头,均应进行检测灵敏度的校验或确认。另外,需要注意的是,确定检测灵敏度后,在实际探测轮轴、轮对和车轴时,只允许调节增益或衰减量,其他按键及参数均不得调整。并应分别在车轴两端面进行,转轮器应停止转动。

实际检测扫查时,检测灵敏度可适当提高,具体以不出现干扰杂波为准。探头均匀受力2~5N,以20~50mm/s的速度按图7-4所示方式进行移动,即一面沿轴端面径向前后移动探头,一面沿圆周方向移动,并同时观察回波的变化。探头扫查范围应遍及轴端面的可移动区域。

2. 纵波直探头径向检测

对于新制车轴,除应进行纵波轴向检测外,还应采用纵波直探头进行径向检测。

(1)检测目的　新制车轴发现车轴内部轴向缺陷。

(2)测距标定　在TS-2试块上,将距探测面ϕ/5mm(D/5、d/5)和4ϕ/5mm(4D/5、4d/5)的平底孔回波高度调至垂直刻度满幅的50%时,其回波前沿分别对准第1大格和第4大格。径向检测测距调整示意,如图7-5所示。

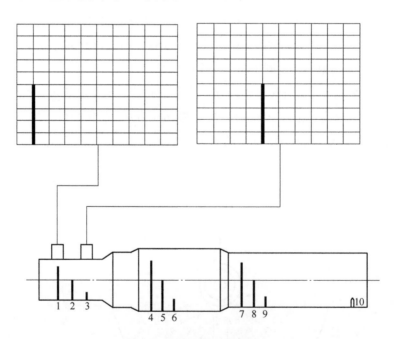

图7-5　径向检测测距调整示意

(3)径向检测距离-波幅曲线制作　其制作方法如下:

1)径向检测距离-波幅曲线按所用探头和仪器在TS-2试块上实测的数据绘制而成,制作时分别以TS-2试块上轴颈、轮座及轴身不同声程平底孔的测试分贝值,绘制相应的距离-波幅曲线。

2)将轴颈、轮座及轴身不同深度平底孔回波高度调至垂直刻度满幅的50%,然后记录分贝值,以探测距离为横坐标,以分贝值为纵坐标,在坐标纸上绘制距离-波幅曲线。

3)轴颈、轮座、轴身部位距离-波幅曲线应以现场实物试块测试结果分别绘制。

(4)径向检测灵敏度 轴颈部位里面的校准时,将直探头置于TS-2试块轴颈上,调整仪器,将3号平底孔回波高度调为垂直刻度满幅度的50%,补偿试块与实物车轴之间的耦合差(以试块的底波和实物的底波高度分贝差计),再增益4dB,即为轴颈部位径向检测灵敏度,如图7-6所示。

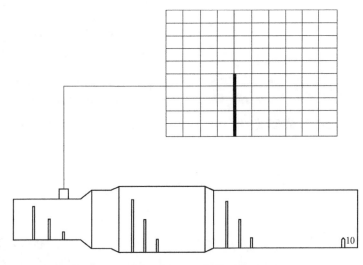

图7-6 轴颈部位径向检测灵敏度调整示意

轮座部位灵敏度校准时,将直探头置于TS-2试块轮座上,调整仪器,将6号平底孔回波高度调为垂直刻度满幅度的50%,补偿试块与实物车轴之间的耦合差(以试块的底波和实物的底波高度分贝差计),再增益4dB,即为轮座部位径向检测灵敏度。

轴身部位校准时,将直探头置于TS-2试块轴身上,调整仪器,将9号平底孔回波高度调为垂直刻度满幅度的50%,补偿试块与实物车轴之间的耦合差(以试块的底波和实物的底波高度分贝差计),再增益4dB,即为轴身部位径向检测灵敏度。

采用底面回波衰减法时,将直探头置于TS-2试块轴身上,使10号锥孔处轴身底面回波高度为垂直刻度满幅度的50%,补偿试块与实物车轴之间的耦合差,即为底面回波衰减法检测灵敏度。

(5)探测面 采用2.5P20Z直探头或双晶探头,从全部车轴外圆面检测。

(6)检测要点 由于检测范围较大,所以径向检测通常使用超声波自动检测机进行,采用水浸或局部水浸,纵波直探头或纵波双晶探头进行检测。

7.1.4 缺陷波形特征及分析

车轴超声波检测缺陷如前所述,主要有缩孔、疏松、非金属夹杂物、裂纹、白点及晶粒粗大等，其波形特征分析如下，供实际检测参考。

1. 缩孔

因缩孔内部气体对超声波的反射很强，反射波在扫描线上游距离较长，当轴中存在严重缩孔时，从轴端探测底波衰减很严重，甚至没有底波出现。超声波检测波形及实物解剖后如图7-7～图7-11所示。

图7-7　轴颈缩管实物

图7-8　轮座缩管实物

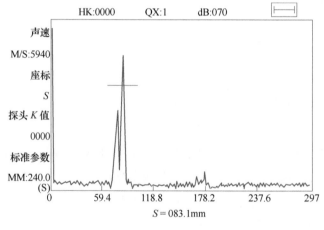

图7-9　轮座缩管波形

图7-10　轴身缩管实物

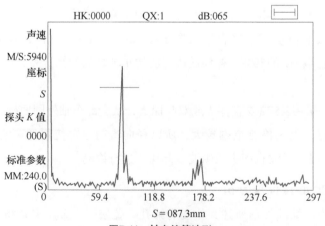

图7-11　轴身缩管波形

2. 疏松

在超声波检测中，由于疏松对声波的吸收很严重，因此不论探头在哪个方向探测，底波都会有明显的下降甚至消失的现象，在疏松密集处有时可出现丛状的反射波。

3. 聚集性

由于这种缺陷在轴内的分布无规律，检测时缺陷反射波出现的位置也不固定，又因其聚集的特点，出现的缺陷反射波亦不是一个而是多个，因此其反射波形不规则。

4. 裂纹

中心锻造裂纹反射波。当探头在轴端面作圆周向移动时，缺陷反射波变化很大，波形在扫描线上游动性很强，轴内有中心锻造裂纹存在时，往往没有底波出现。

残余缩孔性裂纹反射波。残余缩孔性裂纹波很强，一般都出现在轴的中间部分，在轴表面探测时，缺陷反射波连续不断，缺陷严重时无底波出现。

5. 白点

检测时白点反射波一般多出现在丛状反射波，当探头移动时，反射波有此起彼落的特点。

6. 晶粒粗大

在用2.5MHz检测时，晶粒粗大将引起超声波较大的衰减。在正常检测灵敏度下，无缺陷波及底波出现，当增大探测灵敏度时，会出现很多杂乱反射波形。

车轴透声情况的判断是根据车轴端面回波的高度，使用的是一种底面回波高度法。影响底面回波高度，或者说影响端面回波高度的因素很多，不仅仅是材质晶粒和内部缺陷，还包括端面平整度、钢印、顶针孔及螺孔等，因而透声检测是一种综合检测。目前国内现行的车轴透声质量标准，是针对热处理以后、精加工以前的毛坯车轴而言的，车轴还没有加工台阶和螺栓孔，端面反射情况会与成品轴有较大差别，与轮对车轴的差别可能会更大些，端面回波高度有时要差3~6dB。因而，在对轮对车轴进行穿透检测时，若发现端面回波与新轴标准有差异时，应注意区分端面钢印、顶针孔、螺栓孔、台阶以及轮饼等对回波幅度的影响。实际上，对在役轮对车轴而言，穿透检测的目的已不再是检查车轴的透声性，而应是发现大裂纹。

在进行超声波贯通检测，发现大裂纹时，必须注意轮轴固有回波（车轴假的超声指示）和大裂纹的区分，如图7-12所示。如果将大裂纹误判为车轴的固有回波，则会造成大裂纹的漏探；如果将车轴的固有回波当作大裂纹处理，则会造成误判。

7. 迟到回波

对于不同尺寸的车轴，在轮座前肩产生的三角形迟到回波有两种情况，一是没有发生波形转换的，即：只是纵波声程增长而产生的迟到回波；二是发生波形转换的，即在轮座前肩圆弧区由纵波变为横波,横波沿轴直径方向传播,到达另一侧的圆弧区反射后,再次转换成纵波反射回探头。0

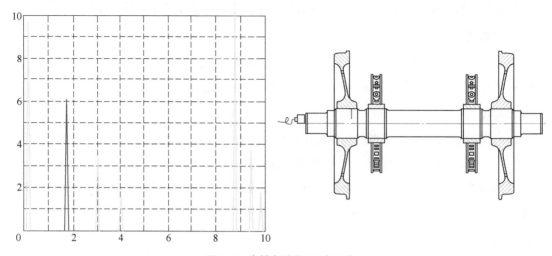

图7-12 车轴大裂纹和固有回波

纵波直探头贯通检测中,车轴轮座前肩迟到波,以RC32A型车轴为例,发生波形转换的迟到波,如图7-13a所示。

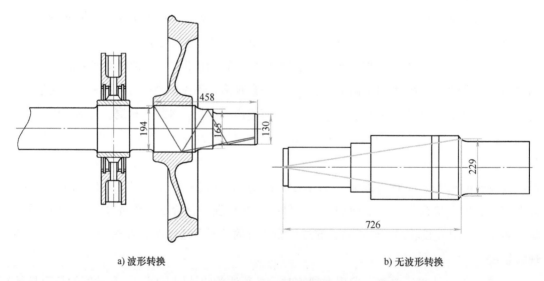

a) 波形转换　　　　　　　　　　　　b) 无波形转换

图7-13 车轴的迟到回波

轮座后肩距离轴端的距离为458mm。

迟到波通过路径中,纵波运行距离为340mm和124mm;横波运行距离为230mm、214mm、175mm。

迟到波简单折算纵波:一次迟到波为 $458 + 1.52 \times 165 = 708$ mm;二次迟到波为 $458 + 1.52 \times 165 \times 2 = 960$ mm。

如果扫描线按照纵波240mm/格调节，则理论上卸荷槽裂纹的位置为1.9格，实际上迟到波的位置为：一次波在2.95格，二次迟到波在4.00格。

纵波直探头贯通检测中，车轴轮座后肩迟到波。以DF4内燃机车车轴为例，没有发生波形转换的迟到回波，如图7-13b所示。

卸荷槽中部距轴端为726mm，纵波通过直径增加229mm。

迟到波折算纵波路程为：726 + 229/2 = 840mm。

如果扫描线按照纵波240mm/格调节，则理论上轮座后肩固有波的位置为3.0格，实际上迟到波的位置为3.5格。

8. 固有波和裂纹波的区分方法

探头在轴端面或圆周面旋转一周时，固有波的位置和高度会一直有比较稳定的指示，但裂纹波则会发生较大的变化。

对于圆弧部位的反射波，当更换探头频率时，由于声束扩散角的变化，往往不可能适当地射至车轴的相应部位。如果是裂纹波，则反射波位置、高度不会发生变化，而假显示则会消失或发生位置的变化。

车轴常见缺陷的反射波形特点见表7-1。

表7-1 车轴常见缺陷的反射波形特点

缺陷种类	缺陷分布位置	反射波形状、规律	高度	对底波影响
缩孔	轴中央	在扫描线移动距离较长	高	严重甚至消失
疏松	轴中央	密集疏松几乎无反射	低	严重甚至消失
聚集性非金属夹杂物	无规律（轴以两轴端居多）	密集群状、杂乱、反射迟钝	中	较小
中心锻造裂纹	中央部	在扫描线上游动性很强	高	往往无底波
残余缩孔性裂纹	中央部	反射波连续	高	往往无底波
白点	无规律	丛状波峰清晰尖锐有力、此起彼伏	高	较大、严重时无底波
晶粒粗大	无规律	波杂乱	高	严重时无底波

7.1.5 质量控制

1. 轴向贯通检测

验收区域：指车轴端面中心至1/2半径范围以内区域，区域边界以探头中心为准。

车轴底面回波高度等于或高于荧光屏垂直刻度满幅的40%，判定为透声合格。

荧光屏上0～15%的水平刻度范围内的林状波高度超过荧光屏垂直刻度满幅的25%，判定为局部透声不良。

2. 径向检测

以车轴中心线为准，在0.25D范围（D为成品车轴轴颈尺寸）内发现缺陷时，用底面回波衰减法进行复探。若第一次底面回波低于示波屏垂直刻度满幅度的50%，车轴不合格，否则合格。

在0.25D范围外，缺陷反射波高不应大于同距离处ϕ3mm的平底孔反射波高。

在0.25D范围外，缺陷反射波高小于同距离处ϕ3mm的平底孔反射波高时，用底面回波衰减去进行复探。若第一次底面回波低于示波屏垂直刻度满幅度的50%，车轴不合格；否则合格。

7.2 轮对压装部位疲劳裂纹超声波检测

7.2.1 疲劳裂纹的产生和危害

车辆运行过程中，车轴不但承受负荷造成的交变弯曲应力，而且承受由扭矩而产生的扭转应力。同时，在压装部位还会有压配合时所导致和残留的拉应力以及车轮和钢轨的冲击力等。在这些应力的长期作用下，轮心和轴在压装部位边缘的压配合会遭到破坏，而逐渐出现非接触区；这样不仅造成了压装部位的应力局部集中，而且还可以使轮心和轴身在运行过程中发生相对微小滑动，并由此而导致擦伤，再受到水气等的侵蚀，而出现许多坑穴，这实际上便提供了裂纹源。在一定的外力作用下，细小的腐蚀坑穴逐步扩大并连成一体，而最后发展成为危害性的疲劳裂纹。另外，由于车轴材质不好和热处理不当等原因，车轴本身还会存在许多固有缺陷，这更为疲劳裂纹的产生和发展提供了条件，因此车轴压装部位的裂纹是不断产生和普遍存在着的。另外，车轴轴径卸荷槽部位和轴身部位也会产生疲劳。

疲劳裂纹在车轴上的存在，如不及时发现、消除或更换新轴，就有发生断轴事故的危险。

1. 裂纹出现的区域

在压装部位边缘的应力集中区域最容易产生横向疲劳裂纹。据统计，压装部位的裂纹大部分都出现在离外缘10~35mm处，离内缘5~30mm的两条带区内，如图7-14所示。

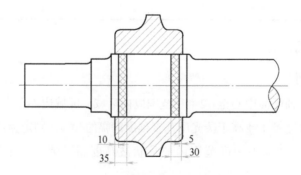

图7-14 压装部位疲劳裂纹区域

轮对裂纹除出现在压部位外，亦出现在轴身上，用力学观点分析，这种裂纹大多是纵向裂纹，但也不排除横向裂纹的出现。特别是当轴身内部存在缺陷时，轴身裂纹也同样会导致车轴的断裂事故。不过由于这种裂纹露在车轴表面，所以用电磁检测法即可解决。

2. 裂纹的走向

根据断裂力学的理论分析，裂纹是沿着与应力垂直的方向发展的，在压装部位，车轴除受弯曲应力外，还要受扭转应力，其主应力方向不与车轴轴线严格平行，因此，裂纹平面也不与轴侧面严格垂直。试验表明，轮对压装部位裂纹平面多与轴侧面法线成10°～25°的夹角，且极有规律地外侧裂纹向内倾斜，内侧裂纹向外倾斜，如图7-15所示。这一规律符合断裂力学中论述的裂纹总是优先向着体积应变变化大的方向发展，轴身部位的横向裂纹走向亦遵守这一规律。

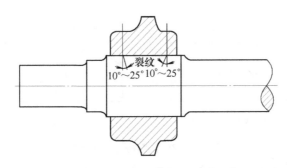

图7-15　压装部位疲劳裂纹走向

除了压装部容易出现疲劳裂纹外，车轴卸荷槽和轴身部位有时也会产生疲劳裂纹。车轴冷切主要发生在卸荷槽部位。另外，由于车轴自身缺陷的影响和扭转应力的作用，在轴身会产生一定数量的纵向裂纹，特别是旧型号车轴，裂纹长度有时会长达1m。

7.2.2　检测方法

我国车轴超声波检测最早开始于1951年，至今已有60多年的发展历史。在长期的发展过程中，车轴超声波检测逐步形成了如下三种方法。

1）0°探头纵波检测法　主要对车轴的透声性能和内部大缺陷进行检测。

2）小角度纵波检测法　从轴端对轴颈和轮座镶入部外侧进行检测。

3）横波检测法　主要从轴身对轮座镶入部进行检测。

上述3种检测方法各有所长，使用中相互配合，完成对轮对车轴各不同部位的全面扫查。

0°直探头纵波检测法在7.1中已进行了详细介绍，在此不再赘述。

7.2.3　检测工艺技术

1. 横波斜探头检测

（1）探测的目的　发现轮座内外侧、制动盘座内外侧横向疲劳裂纹。

（2）探测面、探头和试块 轴颈、防尘板座、轴身、轮座与制动盘座之间。

根据车轴型式和尺寸在K0.7～K1.6之间选择，探头频率2.5MHz。

对于特定位置的缺陷，选择好探头的角度非常重要。在实际工作中，如果有新轴型需要检测时，应主要对探头角度进行核算和验证，不能简单地套用或照搬原来的工艺和方法。

试块：主要有TZS-R试块和实物轴（半轴）人工缺陷试块。实物轴（或半轴）人工缺陷通常使用定长等深弧形或弓形等弦高两种，弧深、弦高通常有0.5mm、1mm、2mm、3mm等几种。

（3）测距的标定 使用不同试块，标距方法略有不同，可参考相应的试块说明或相关的标准要求。下面以使用TZS-R试块进行测距标定的方法进行介绍，如图7-16所示。

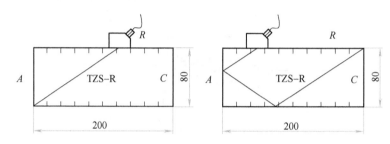

图7-16 TZS-R试块进行测距标定

将横波探头置于TZS-R试块R面上，调节仪器，使A面下棱角第1次最高反射波和上棱角第1次最高反射波的前沿分别对准荧光屏水平刻度线的第2和第4大格，此时，水平刻度每1大格代表深度40mm，代表水平距离$40 \times K$mm。根据K值来选择下列方式校准。

（4）调节灵敏度 调节仪器，使半轴试块上深度为1.0mm的人工缺陷最高反射波幅度达到荧光屏垂直刻度满幅的80%，增益耦合差，再补偿半轴实物试块与TZS-R标准试块相对应的人工缺陷的差值，以此作为横波检测灵敏度。

（5）扫查 扫查时探头移动区域必须保证探头扫查区域之和大于轮座（盘座）全长，即必须保证探头主声束覆盖轮座（盘座）全长。横波探头扫查时探头指向镶入部，沿轴向前后移动，同时沿车轴圆周方向转动，探头均匀受力，探头移动速度为20～50mm/s。

2. 纵波小角度斜探头法

（1）探测的目的 发现轮座内外侧、制动盘座内外侧、轴颈根部（卸荷槽）横向疲劳裂纹。

（2）探头和探测面 小角度纵波探头入射角α值与折射角β值的对应关系见表7-2。

表7-2 小角度纵波探头入射角α值与折射角β值的对应关系

入射角α（°）	6	7	8	9	10	10.5	11	12
折射角β（°）	13.2	15.4	17.7	19.7	22.2	23.4	24.6	27

（3）探测面 轴端面。

（4）探头角度的选择　探头入射点置于轴端面1/4直径处，如图7-17所示。

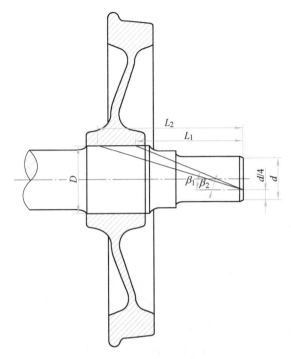

图7-17　小角度探头角度计算示意

轮座内侧裂纹区探头的最佳折射角：

$$\beta_1 = \operatorname{arctg} \frac{d/4 + D/2}{L_1}$$

轮座外侧裂纹区探头的最佳折射角：

$$\beta_2 = \operatorname{arctg} \frac{d/4 + D/2}{L_2}$$

提示：有些工艺文件或工艺规程，并没有严格核算探头的角度，有些地方对探头角度允许的误差范围也没有测算，部分规定的角度值并不能够很好地发现最易出现裂纹部位的缺陷。

（5）测距标定　将小角度纵波探头放置在TZS-R试块B面上，调整仪器，使下棱角和上棱角最高反射波的前沿分别对准荧光屏水平刻度的第2和第4大格，则每一大格代表轴的水平距离40mm，如图7-18所示。

（6）调节灵敏度　将小角度纵波探头放置在半轴试块端面上，调节仪器，使卸荷槽处深度为1.0mm的人工缺陷最高反射波幅度达到荧光屏垂直刻度满幅的80%，增益耦合差，再补偿半轴实物试块与TZS-R标准试块相对应的人工缺陷的差值，以此作为卸荷槽处小角度纵波探头检测灵敏度。

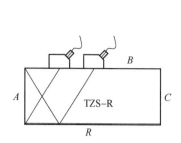 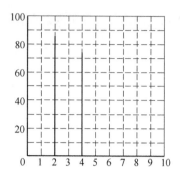

图7-18 小角度纵波探头的测距标定

（7）扫查 使探头均匀受力，以20～50mm/s的速度在轴端面（探头指向中心孔）作往复运动，并同时偏转3°～5°形成锯齿形移动轨迹。

7.2.4 常见波形分析

车轴轮座镶入部的轮座与轮毂孔接触面间经长时期摩擦腐蚀、透油透锈以及配轴时加工刀花粗糙和轮毂内表面缺陷等的存在，都会造成不同强度的反射波。由于这些缺陷在较轻微时可不做缺陷处理，这无疑给在诸多的反射波中分辨危害较大缺陷——疲劳裂纹的反射波带来困难。而这些反射波在其他工件的检测中是没有的，一般称其为车轴轮座镶入部检测的杂波。正确识别这些杂波是整个检测过程中的关键，每个检测工作者都必须认真对待。

车轴斜探头检测中常出现的杂波大致可分为以下几种。

1. 透油透锈反射波

由于轮对压装部位接触松动形成间隙，所以空气、污水和油污均会侵入，轮对经过长期运行之后，有时会发生透油透锈，久而久之在应力集中区形成腐蚀坑。实际上是一种夹杂物，它使检测时产生较强的反射波。这种波的前后沿不规则，比裂纹波宽，且有很多杂波伴随，不尖锐、波幅较高，当探头移动时，反射波有起伏变化，但没有水平方向游动现象。透油透锈反射波就是从这些腐蚀坑或间隙上产生的反射波。

从轴身或轴颈使用横波斜探头检测，透油波形粗且短，根部宽，比裂纹波宽，且有很多杂波伴随，不尖锐、波幅较高，当探头移动时，反射波有起伏变化，但没有水平方向游动现象，透油透锈波在荧光屏上的位置基本不变。实际检测波形如图7-19所示。

从轴端采用小角度纵波斜探头检测时，透油波形肥大，波幅较低，无轮心波（穿透波）或其波幅较低。移动探头，游动距离不明显，有时发生突变；上下移动探头波形下降很快，甚至消失，如图7-20所示。

透锈是车轮在运行中，车轴和轮心间隙存在酸雨、空气等，使得轮座镶入部表面与轮毂孔表面被氧化腐蚀，最终锈蚀连成一个整体。反射波位置与疲劳裂纹反射波相近，波形非常相似，有时无轮心波或轮心波较低。检测时，需要认真观察动态波形，在该部位可能产生裂纹。退轮后从轴镶入部表面及轮毂孔表面能观察到明显的锈蚀带或锈蚀坑，如图7-21所示实物,对应检测波形如图7-22所示。

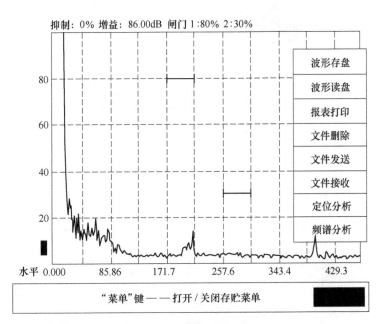

图7-19 横波斜探头检测透油波

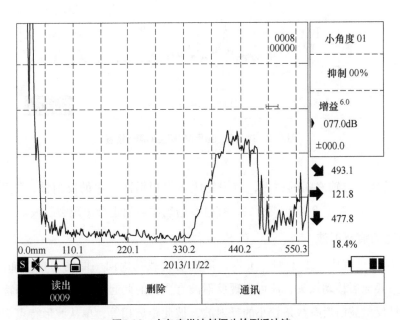

图7-20 小角度纵波斜探头检测透油波

值得注意的是:透油和透锈波还有一些差别,其中透油波是轮与轴之间有一层油污而产生的反射波,波宽、波峰呈凹状,严重透油时,轮心波幅度会降低,在透油波后面有时会出现裂纹波。

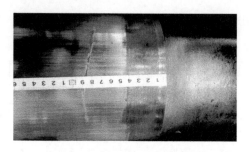

图7-21 轴号03006车轴透锈实物

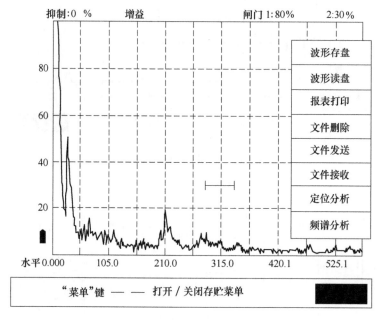

图7-22 轴号03006用45°探头检测透锈波

透锈波是从轮与轴之间的锈垢，或因轮座表面粗糙而产生的反射波，波形宽呈齿状，透锈严重时，轮心波幅度会降低或消失，有时在透锈波后面也会出现裂纹波。

2. 轮毂孔刀痕反射波

轮毂孔加工过程中，由于加工不当，形成沿轮毂孔周向一圈的刀痕，如图7-23所示。刀痕反射波只要前后移动探头，即可出现反射波有严重的此起彼落现象。静态特征时不仅波幅较高，而且反射波前后有数条较小的反射波，彼此距离相等，单从波形特点观察，每个都如小裂纹反射波的形状，当移动探头时，每个反射波都是前后顺序由低到高，再由高到低的跳动，并沿一周都这一现象，如图7-24所示。

图7-23 轮毂孔刀痕

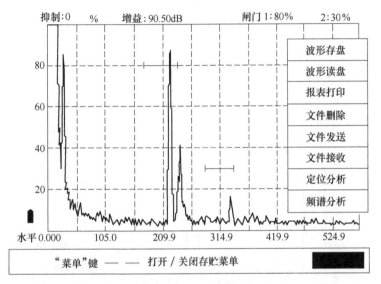

图7-24 轮毂孔刀痕波形

3. 腐蚀沟的反射波

腐蚀沟是多个腐蚀坑连成的,多出现在使用年限较长的车轴上,分布在出现裂纹的区域内(见图7-25),有时与裂纹重合,长度亦相等,横波检测时有明显的反射。其反射特点是脉冲比较宽,波峰尖锐,短而粗,如图7-26所示。探头绕圆周扫查时,几乎一周都出现,探头摆动时波幅变化大,降低灵敏度,腐蚀沟波下降速度比轮心波快。

图7-25 腐蚀沟实物

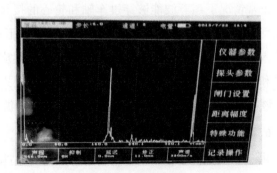

图7-26 腐蚀沟波形

由于腐蚀沟在裂纹区内,其反射波往往与裂纹波重合,所以分辨较困难。当探头移动时,腐蚀沟反射波有游动现象,但游动距离比裂纹波小得多,前后移动探头时,腐蚀沟波波幅变化小,而裂纹波的变化幅度则较明显。

4. 轮毂孔内表面缺陷的反射波

由于轮毂制造加工等原因,所以在轮毂内可能存在缺陷。这些缺陷反射波有时很强,出现的位置可能与裂纹波一致,但当探头移动时,这种波形很快消失。如在检测RD2轴,轴号为211033新造轮对镶入部位时,在水平距离213.9mm处出现双峰回波,且底部较宽,基本覆盖整圈,波形如图7-27所示。经退轮检查,发现是轮饼侧内孔20mm处出现"倒锥"现象。

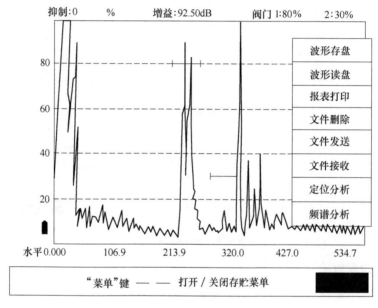

图7-27 轮毂孔内表面缺陷波形

5. 压装应力波

车轮和车轴为过盈配合,以一定的压力压装而成,接触面紧密,正常情况下超声波能够穿过车轴和轮心的接触面辐射到轮心形成反射波。但有时也会因种种原因在压装部位形成压装应力带,声波入射到该部位时,会引起反射波,俗称压装应力波。该波形几乎和疲劳裂纹相似,有时位置也相同,很难区别。探头移动一周,该类波形一般整周几乎都有。RD2轴压装应力波如图7-28所示。

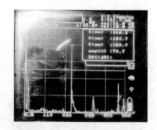

图7-28 压装应力反射波

6. 局部透声不良反射波

由于车轴热加工或热轴后都可能引起车轴晶粒粗大。晶粒粗大对超声波的散射严重,造成声能衰减,使之扫描线上始波后出现与衰减振荡相似的波形,这就是所谓的"声穿透性差"或"透声不良"（局部透声不良）。采用52°探头检测RD2轴时，发现存在局部透声不良波形，其探头放置位置及检测结果分别如图7-29和图7-30所示。

 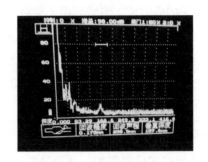

图7-29　52°探头放置位置　　　　图7-30　局部透声不良波形

7. 轮心波（穿透波）

超声波检测时，由于超声波穿过轴和轮心的压装面，到达轮心后肩部的反射波，称轮心波（穿透波），如图7-31所示。良好轮对在检测时，荧光屏上只出现始波和轮心波（穿透波）；若有裂纹存在，将会在轮心波前一定位置出现裂纹。裂纹的强弱将会影响轮心波的变化，通过观察轮心波（穿透波）高度的变化，可判断裂纹大小程度。

轮对超声波检测时，有时也会无轮心波出现，原因有：一是车轴或铸钢轮晶粒粗大不透声；二是轮座压装部严重透油透锈，声波在车轴中多次反向而消失；三是车轴轮座接触不良。

8. 界面波（压装波）

在实际检测中，由于车轮、车轴材质不同，所以在车轮与车轴的界面存在一个反射波，称为界面波（压装波），如图7-31所示。

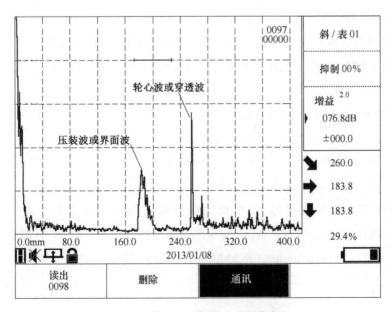

图7-31　轮心波（穿透波）及压装波形

值得注意的是：由于车轮与车轴组装过程中，存在相当大的压装压力，造成车轮、车轴界面存在较大内应力，该应力对倾斜入射的横波速度有影响，因而造成声波的折射与反射，即通常所说的应力波。另外，由于轮对压装部位接触松动，形成间隙，所以空气、污水和油污均会侵入，久而久之在应力集中区形成腐蚀穴，该处也会形成一个透油透锈反射波，透油透锈波是轮与轴之间产生的反射波，波形宽呈齿状，严重时轮心波幅度会降低或消失。但是在仪器上，界面反射波、应力波、透油透锈反射波和疲劳裂纹波，基本在同一位置，通常难以区分。

9. 疲劳裂纹反射波

疲劳裂纹反射波反射强烈，波形清晰，波峰笔直、尖锐，单一出现，根部清楚。波根后面一段距离无杂波，位置在车轴压装部内外压痕线附近。因裂纹有一定深度，当探头前后移动时，裂纹波不马上消失，其幅度会由高到低或由低到高变化，波峰在屏幕上画出一个钟形线；因裂纹有一定长度，当探头在作轴向移动时，裂纹有幅度变化，而没有左右游动现象。当探头作周向移动时，回波位置基本不变，而幅度有高高低低的变化，在周向一般延续一定的距离或呈断续状。

不过，当裂纹特别大时，上述波形特点和游动规律会发生一些变化，如前后移动探头时，回波游动范围和幅度变化可能特别大，甚至会出现断续情况。

波形动态特点是当小角度探头在车轴端面探测时，以顶针孔为中心周向移动，波形一周均有，位置不变，波形高度变化不大。但有时因为裂纹周向长度较短，在中间有一峰值，探头向两边移动，波形会逐渐降低，甚至消失。当探头以顶针孔为中心上下移动时，由于波形由高变低，再由低变高，并与波形中心线和裂纹面形成正交，所以反射波增高，向边缘移动时由于声束偏离裂纹面，裂纹反射波逐渐降低。

采用横波探头从轴颈或轴身检测时，受所用横波探头折射角度影响大，一般折射角度越小，疲劳裂纹反射波越高，且越容易同其他反射波区分开，但扫查范围会受到限制，对于轮座中部可能扫查不到。

采用45°探头检测轴号为22858RD2轮对镶入部时，发现位于车轴右端内侧距轴端440mm处存在疲劳裂纹，检测波形如图7-32所示。

退轮后，经磁粉检测发现一条长度为70mm圆周方向裂纹，距轴颈端面441mm，裂纹深度1.9mm，磁痕显示如图7-33所示。

采用45°探头从轴身检测轴号1820RD2轮对镶入部时，发现车轴左端内侧距端面441mm和438mm处发现裂纹波形显示，如图7-34所示。退轮后，经磁粉检测，发现四条并列裂纹，最长裂纹为46mm，距轴端面441mm；最短裂纹也有5mm，磁痕显示如图7-35所示。

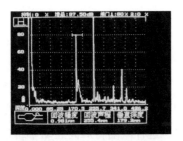

图7-32 45°（K1）探头检测波形

图7-33 磁粉检测磁痕

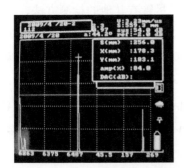

图7-34 45°探头从轴身检测波形

图7-35 退轮后磁粉检测磁痕显示

在役车轴（轮对）压装部位检测时，根据反射波的宽度和出现的位置不同，可以将疲劳裂纹与界面波、应力波及其他波形区分开来。

1）界面波占宽大，而裂纹波比较狭窄、单一。界面波高度通常比较稳定，裂纹波高度不确定。

2）当出现裂纹波时，轮心波通常降低较多，界面波与正常情况相比，也会有相当幅度的下降，通过探头在周外圆面做旋转对比，或变换探测位置对比，可以予以推断。

3）裂纹波在仪器水平位置上相对于界面波，总是处于前面的位置，或者处于应力波轮廓线的前部。

4）裂纹总是有一定长度的，探头在周外圆面做旋转对比，可以判断是否为裂纹波。当然，也存在裂纹已经开裂一周的情况，这时裂纹的深度往往很大，通过纵波直探头在轴端透声检查可以准确判定。

5）变换探头角度或频率后，对裂纹波的幅度基本没影响，而界面波的幅度往往变化较大或基本消失。

7.2.5 质量判定

镶入部裂纹的判定：只有在规定的检测灵敏度条件下，所发现的裂纹波高度达到或超过荧光屏垂直满幅的80%高度，判定该条轮对存在裂纹缺陷。

镶入部局部透声不良的判定：检测过程中，如果发现没有轮毂波（轮心波）出现，且始波后面有林状波及杂波出现（或提高灵敏度后有林状波及杂波出现），影响正常检测时，则判定该车轴局部透声不良。

7.3 空心轴超声波检测

近年来，高速动车组在我国得到普遍运用。为有利于减少轨道磨损（这种磨损在高速运行时尤为剧烈），国内外普遍采用空心车轴结构，以减轻簧下重量。由于车辆在高速下运行，在各种因素的影响下，车轴易产生疲劳裂纹缺陷，这种缺陷将对高速动车组运行的安全造成严重威胁。因此，空心轴疲劳裂纹检测是保证高速动车组运行安全的关键。

目前，国内外均采用超声波定期检测空心车轴。尽管有其他的检测方法，如：磁粉检测等，但它们需要直接接触被检测部件的表面。在轮对上，用这些方法难于探测如轮座、制动盘和齿轮箱下面的大量部位。因此，用超声波方法检测空心轴的疲劳裂纹是较为可行的检测方法。

本章7.2已经讲到，实心车轴的疲劳裂纹极大部分为横向，并且大都发生在镶入部位，且集中在距镶入部位外边缘10~35mm、距内边缘0~35mm的区域，裂纹平面多与轴侧面法线成10°~25°夹角，且具有规律外侧向内，内侧向外倾斜。

空心车轴的几何形状或受力情况基本与实心车轴相同，因此产生疲劳裂纹的位置和方向也同实心车轴一致。

7.3.1 空心车轴超声波检测方法

空心车轴超声波检测主要包括以下方法：

（1）横波斜探头轴向检测法　发现车轴外表面的横向疲劳裂纹。

（2）纵波直探头径向检测法　发现车轴内部轴向缺陷（一般只应用于新制车轴）。

（3）表面波检测法　检查空心轴内孔表面的横向裂纹（一般只应用于新制车轴）。

（4）双晶探头纵波径向检测法　发现车轴内部轴向缺陷（一般只应用于新制车轴）。

（5）横波斜探头周向检测法　发现车轴外表面纵向缺陷。

7.3.2 检测技术要求

1. 空心轴半自动、自动检测系统组成

空心轴半自动、自动检测系统通常由机械部分、电器部分和辅助装置组成。

机械部分主要包括：移动小车、驱动单元、用于探头臂的运动小车、探头臂、探头架及液压系统。

电气部分主要包括：保险机构、控制和报警系统、不间断电源（UPS），以及用于机械管理的电子部件PLC或计算机、超声波电子部件、超声波检测系统和与计算机的连接通信部分。

辅助装置：轴端适配器，用于将探头导入车轴内孔中。

2. 探测面、探头

空心车轴使用车轴空心孔内圆面作为探测面。

空心轴超声波检测探头是一个探头组件，主要包括：探头组件机械支撑、密封装置、导向装置、探头安装槽、探头固定装置、控制线管及输油线管（或进油管、回油机械装置）等组成。为便于探头进入空心孔，通常还需要使用轴端适配器。

检测时探头与车轴内圆面的接触方式目前主要有两种：直接接触式（见图7-36上半区探头）、非接触式（见图7-36下半区探头）。探头不同的接触方式各有优缺点，主要涉及探头的磨损、探头的更换、耦合效果，以及对内腔粗糙的包容程度、探头的移动效果、声波入射点的变化和缺陷的定位等，不能简单评判。

根据需要，每个探头组件可安装不同数量的探头。探头类型主要有：轴向横波探头（或横波聚焦探头，主要有：2MHz/38°、2MHz/45°、2MHz/50°、4MHz/70°），用于探测车轴外表面横向缺陷（疲劳裂纹）；周向横波探头（或横波聚焦探头）探测车轴外表面纵向缺陷；纵波探头（直探头、双晶探头和/或聚焦直探头）探测车轴材质的内部缺陷，表面波检测探测内孔表面的横向缺陷。

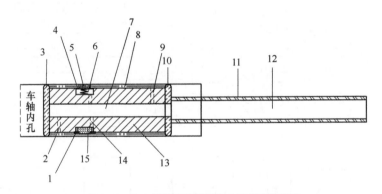

图7-36 空心轴超声波检测探头组件结构原理

1—探头固定装置 2—进油孔 3、10—橡胶密封圈 4—探头固定装置 5—探头 6—弹簧
7—探头组件内腔 8—耦合液腔 9—出油孔 11—探杆 12—探杆内腔（内置油管和信号线）
13—探头组件机械支撑主体 14—线孔 15—探头

根据需要，每个探头组件可安装不同数量的探头，通常最少安装2个，轴向正反方向横波探头，仅用于检修、检测车轴外表面裂纹。受车轴空心内径限制，最多可安装7个或9个探头，包括：两种角度轴向正反向横波探头4个、正反向周向横波探头2个、直探头2个、正反向表面波探头2个。基本工作方式如图7-37所示。

3. 空心轴检测设备的要求

不同轴段设置不同的检测灵敏度和深度补偿。

定位精度：轴向移动±2mm，周向旋转±1°。

扫描模式：螺旋向前扫描，扫描螺距为≤10mm可调，旋转速度≥20r/min可调。

显示方式：A型显示、B型显示和/或C型显示。

扫描二维码查看彩图

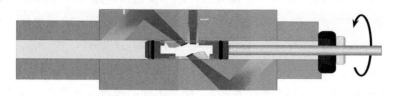

图7-37 空心轴超声波工作方式示意

4. 试块

通常根据需要，设计制作灵敏度对比试块，目前主要有：阶梯试块、实物样轴试块。阶梯试块通常适用于主机厂用于检测各型车轴用。实物样轴试块用于对特定车轴的检测，主要用于检修，如图7-38所示。

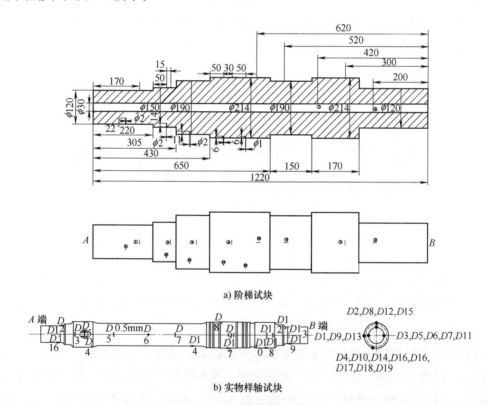

图7-38 空心轴对比试块形式

（1）阶梯试块 通常使用与车轴材质相同的材料制作，在不同直径位置制作同种人工缺陷，通过检测不同深度的人工缺陷，制作DAC曲线，可以实现对不同尺寸车轴的检测。

（2）实物样轴试块 动车组空心车轴检测用对比试样轴采用与实际空心车轴材质或声学特性（声速、衰减系数）相近的材料，按照空心车轴相同的制造工艺制作。

按不同的探测部位和探测要求,在车轴上用线切割或电火花方法加工人工缺陷,缺陷具体规格和灵敏度校验基准按照规定要求。

(3)技术要求 轴型必须与被测空心车轴的轴型相同、尺寸规格一致,内部无缺陷,外表面无损伤、轴孔内光滑无锈垢,轴孔起始处周围不得有飞边、毛刺。轴孔表面的粗糙度不得大于$Ra6.3\mu m$。

7.3.3 质量标准

1. 内部缺陷判定与处理

当发现空心车轴材料内部有达到或超过闸门阈值的疑似内部缺陷反射波时,需对其当量直径进行判定,达到或超过$\phi 2mm$平底孔当量时,车轴判废。

2. 横向疲劳裂纹判定与处理

当发现空心车轴有达到或超过闸门阈值的疑似横向疲劳裂纹反射波时,应采用不同的显示方式或其他探测手段进行最终判定,反射当量达到或超过1mm深度当量时,车轴判废。

7.4 车轴轮座接触不良的超声波检测

铁道车辆轮对在组装时,因轮座或轮毂孔加工精度不高、锥度不符合要求及压装吨位不足等原因,轮座与轮毂孔会产生接触变形而形成间隙,导致接触不良,使接触面间渗入油垢污水等杂物,从而引起轮座与轮毂孔间产生透油透锈现象。严重时还会形成腐蚀沟,并由此产生疲劳裂纹,危及铁路行车安全。

7.4.1 接触不良的危害

轮座与轮毂孔间接触不良程度越严重,对行车安全的危害越大。首先,这种接触不良降低了轮座与轮毂孔间的紧密程度,严重时可能造成车轮内移现象(以往由于接触不良和轮对压装吨位不够等原因,曾经出现过车轮内移现象),使运行中的列车颠覆。另外,由于轮座接触不良往往是由轮座外侧开始,逐渐向内侧发展,所以在轮对载荷作用下,轮座内外侧还会相继产生横向疲劳裂纹。按照铁道部规定,对接触不良程度超过轮座长度一半的轮对进行了分解,分解后发现,接触不良程度较为严重的轮座,其外侧或内侧横向疲劳裂纹深度多数都超过2~3mm。显然,如果这种情况不能及时发现,将会给铁路运输带来极大的威胁。

7.4.2 接触不良的超声波检测

1. 超声波检测接触不良的理论依据

车轴轮座与轮毂孔接触良好时(压力达到规定吨数)可视为一整体,由于其分界面上很少存在夹杂物,超声波通过轮座与轮毂孔交界处时无法产生很强的反射,可以透过界面继续传播,并在轮毂端面引起反射;反之,如果轮座与轮毂孔接触不良,分界面间隙内的大量夹杂物和空气,将使声波的反射波不能通过分界面,而是按反射定律在轴内传播,使荧光屏上无法见到轮毂端面回波，得到的只是沿着原来声波的途径返回的夹杂物的反射波。因此在用超声波对轮座进行检测时，可以通过观察声波在轮座与轮毂孔分界面的透过情况和分界面上夹杂物的反射情况，来发现接触不良部位。

2. 探测条件

（1）超声波仪器　能满足轮轴超声波检测的任何仪器。

（2）超声波探头　K值为1（即K1）工作频率2.5MHz的斜探头。

（3）探头移动范围　探头置于轴颈及轴身上靠轮毂内端的部位，如图7-39所示。

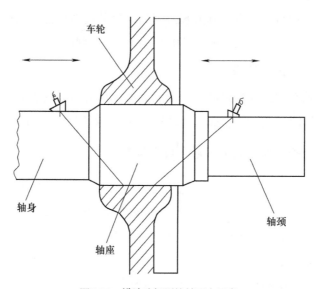

图7-39　横波法探测接触不良示意

（4）起始灵敏度的调整　按第2章轮座镶入部检测相关要求执行。

3. 探头放置位置

首先求出探测深度（即工件厚度），如：探测轮座外侧（RD2车轴为例），$h_{外}$ =(轮座直径＋轴颈直径)/2 = (194 + 130)/2 = 162mm；探测轮座内侧，$h_{内}$ =(轮座直径＋轮身直径)/ 2 = (194 + 160)/2 = 177mm。探头放置的水平距离分别为：$L_{外} = h_{外} \times K = 162 \times 1 = 162$mm；$L_{内} = h_{内} \times K = 177 \times 1 = 177$mm。根据求得的水平距离，即可确定探头在轴颈或轴身的起始位置。如图7-40所示，A点即为斜探头在轴颈的起始位置。

4. 接触不良长度的确定

根据分析及实际验证，车轴轮座探测接触不良可采用斜探头横波法进行探测。检测时探头做前后移动，根据荧光屏上声波在轮毂内端或外端所引起的反射波的有无及高低来判断。如：探头置于轴颈部位对轮座外侧接触情况进行探测时，无论探头移动至哪一位置上都不能看到轮毂端面反射波（或称穿透波），则认为轮座外侧与轮毂孔间接触不良。但必须指出的是，在同样接触条件下，车轮材料不同（有铸钢和辗钢之分），其穿透波也不尽相同。

一般来说，铸钢车轮与车轴的声阻抗相差较大，辗钢车轮与车轴声阻抗差值较小，因此在同样接触条件下辗钢车轮比铸钢车轮的轮毂端面反射波高，必须分别对待。

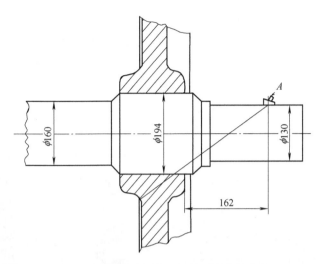

图7-40　探测外侧接触不良时探头的起始位置

如图7-41所示，如果探头置于A点荧光屏上只有始波没有穿透波或界面的反射波，那么从A点开始声束扫查到的轮座与轮孔间完全不接触，即存在间隙；当探头向前移动至B点，荧光屏上才出现很低的穿透波，则探头从A点移动至B点的距离为完全不接触长度，即间隙长度。而探头于B点时声波扫查到的轮孔部分开始进入半接触状态。

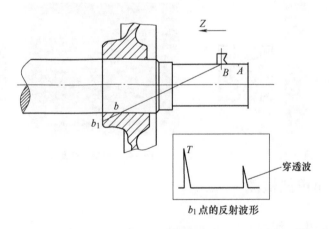

图7-41　穿透波形

当探头继续向前移动，荧光屏上出现较高的穿透波形，即表明轮座与轮毂孔接触良好，记下此时探头位置与A点间的距离L，则为接触不良区域的轴向长度，如图7-42所示。如果b点至外侧镶入部距离小于二分之一轮座轴向长度，则该轮对允许继续使用；反之，应进行退轮处理。将探头置于轮座内侧探测时其方法与上述相同，只是工件厚度$h_{内}=177\mathrm{mm}>162\mathrm{mm}$，探头起始位置稍往后移而已。

7.4.3 接触不良反射波形分析

接触不良是车轴与车轮组装过程中,由于未同心组装或者车轴压装部及轮毂孔加工成椭圆形,组装部位出现间隙造成的。接触不良有两种情况:一种是沿纵向的局部接触不良,同样在使用过程中,在接触不良部位会出现锈蚀氧化,从轴端面、轴颈或者轴身检测,只有在一定部位才能发现,如图7-43所示。另一种是沿圆周方向的接触不良,这种轮对在使用过程中在接触不良部位会出现锈蚀氧化,如图7-44所示,容易在该部位形成腐蚀裂纹,不论是从轴端面,还是轴颈或者轴身检测,一整周都会出现。横波斜探头检测时,反射能量少,波高低,甚至看不见反射波,如图7-45所示。

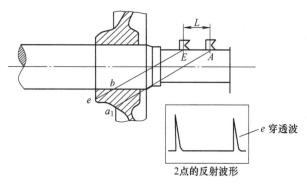

图7-42 接触不良轴向长度探测

图7-43 纵向接触不良

图7-44 周向接触不良

图7-45 接触不良波形

7.5 车轮超声波检测

7.5.1 车轮的生产流程

车轮生产流程:切割→加热→轧制→等温→粗加工→热处理→检测→精加工→检测→包装。

7.5.2 车轮加工和主要缺陷

(1)车轮辗扩加工工作方式 如图7-46所示。

(2)车轮的主要缺陷 表面夹杂、偏析、白点、缩孔残余、分层、中心疏松、折叠、裂纹及结疤等。

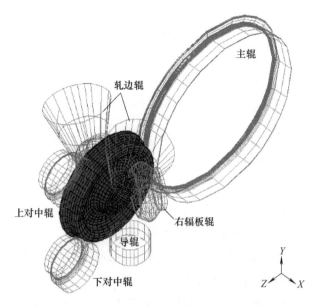

图7-46 车轮辗扩加工

7.5.3 检测方法概述

车轮检测分新造和在役两种情况。新造检测主要是检测材质缺陷和制造缺陷；在役检测则主要探测疲劳裂纹。

车轮检测原来主要是针对轮辋缺陷检测位置，根据机车车辆技术发展和运用需求，自20世纪初期开始，国内外检测标准中陆续增加了辐板和轮毂的检测要求。

车轮检测目前主要采用从踏面、内侧面扫查方式，对于轮箍有时也采用从内径面检测的方式，检测车轮轮缘、轮辋和辐板部位的缺陷。主要的检测方法有：

纵波法：探头频率2～5MHz，适于探测材质内部缺陷和周向疲劳裂纹。对径向疲劳裂纹的检测灵敏度很低。

横波法：一般为45°～60°横波探头，有时选用25°～55°横波探头；主要探测各种斜裂纹和径向裂纹。特定情况下，使用60°以上横波探头，主要用于在不动车情况下车轮轮辋或轮箍疲劳裂纹的探测。

双晶纵波探头法：通常使用焦距20～30mm，频率5MHz。适用于检测近表面（主要用于踏面检测）周向或材质缺陷。

相控阵超声：主要用于自动检测设备，提高检测效率，提高检测精度。

7.5.4 检测装置

由于车轮检测工作量大，所以自动化检测设备的应用较为广泛，手工检测逐渐减少。

检测设备按照用途可分为：车轮检测（单轮状态或生产流水线）、轮对检测（轮对落车）和在线检测（车轮在运用状态下，通常采用机车车辆通过式）。

根据需要，不同的检测设备可检测的区域有所不同。通常可检测的区域如下：

（1）轮辋区域　这是车轮检测的主要部位。包括：轮缘缺陷、轮辋内部缺陷、周向和径向缺陷。

（2）轮辋与轮辐过渡区域　周向裂纹、径向裂纹。

（3）轮辐区域　周向裂纹、径向裂纹、斜向裂纹。

7.5.5　检测系统组成

（1）运送系统　包括车轮、轮对上下料。

（2）旋转机构　包括车轮、轮对的驱动装置、限位模块。

（3）检测单元　包括踏面探头系统、轮缘内侧探头系统、超声电子单元、耦合系统（局部水浸或水耦合）、位置传感器系统、气动及控制系统及探头系统支架等。

（4）系统控制及处理单元　包括运动部件PLC控制单元和系统控制主机、数据分析主机、配电系统、UPS、操作终端和打印机等。

（5）辅助装置　包括车辆（车轮）编号识别系统、水处理系统、标识系统、网络数据传输和辅助分析系统等。

7.5.6　试块

用于制作车轮实物试块的车轮应完好无损，轮缘和踏面无明显伤痕，车轮的表面粗糙度$Ra \leq 25\mu m$。实物试块需满足轴向和径向检测。

由于目前试块类型较多，在此仅介绍常见的人工缺陷形式。

平底孔：在不同部位的3个不同深度处，加工直径为3mm（或$\phi 2mm$、$\phi 3.2mm$）的平底孔，用于使用双晶探头或直探头检测，该方法应用得最广。

踏面部位：车轮踏面滚动圆下加工$\phi 3mm$（或$\phi 5mm$）横孔，用于自动检测或手工自踏面横波检测。

轮缘部位：在轮缘加工深2mm（3mm）、10mm长的刻槽或人工锯口。用于轮缘疲劳裂纹的检测。

辐板部位：在辐板部位加工长15mm、深3mm刻槽。

7.5.7　质量标准

1. 国外标准要求

（1）轮辋　轮辋不得有反射波幅度大于等于同一深度处平底孔的反射波幅，见表7-3。

表7-3　平底孔直径

级别/级	1	2	
平底孔直径/mm	1	2	3

在轴向检测时,回波衰减不应高于4dB。

(2)辐板　辐板不应有:①10个以上幅度≥ϕ3mm标准平底孔反射波幅的缺陷存在。②幅度≥ϕ5mm标准平底孔缺陷反射波幅的缺陷存在。

两个允许存在的缺陷之间的距离至少应为50mm。

(3)轮毂　轮毂不应有:①3个以上幅度≥ϕ3mm标准平底孔反射波幅的缺陷存在。②幅度≥ϕ5mm标准平底孔缺陷反射波幅的缺陷存在。

两个允许存在的缺陷之间的距离至少应为50mm。

在周向检测时,回波衰减不得≥6dB。

2. 国内动车组、机车、客车车轮质量标准

国内车轮标准一般按照机车车辆运行等级划分为不同的质量等级,动车组,和谐号机车通常直接采用国外标准的质量等级,其他机车车辆车轮一般规定不得有幅度≥ϕ2mm、ϕ3mm、ϕ3.2mm标准平底孔反射波幅的缺陷存在。

7.6　球墨铸铁曲轴超声波检测

7.6.1　球墨铸铁曲轴缺陷的种类及其产生的原因

1. 缺陷的种类

新制球墨铸铁曲轴的制造主要包括熔炼、浇注、机械加工、热处理等工序。每道加工工序都有可能产生相应的缺陷,种类主要包括:球化不良或球化衰退、缩孔和缩松、皮下气孔、应力变形和裂纹、夹渣、石墨漂浮、碎块状石墨及反白口等。由于采用无损检测手段并不能全部检出球墨铸铁件中的各种缺陷,所以球铁件在采用无损检测手段进行检测的同时,还应加强炉前、炉后化学成分分析及金相试验。

2. 缺陷产生的原因

(1)球化不良或球化衰退　球化不良主要因原铁液含硫高,严重氧化的炉料中含有过量反球化元素,处理后铁液残留镁和稀土量过低。铁液中溶解氧量偏高是球化不良的重要原因。

球化衰退主要因高硫低温氧化严重的铁液经球化处理后形成的硫化物、氧化物夹渣未充分上浮,扒渣不充分,铁液覆盖不好,空气中的氧通过渣层或直接进入铁液使有效的球化元素氧化,并使活性氧增加是使球化衰退的重要原因。渣中的硫也可重新进入铁液消耗其中的球化元素,铁液在运输、搅拌、倒包过程中镁聚集上浮逸出被氧化,因此使有效残留球化元素减少造成球化衰退。此外,孕育衰退也使石墨球数减少而导致石墨形态恶化。

(2)缩孔和缩松　缩孔产生于铁液温度下降发生一次收缩阶段。如:大气压把表面凝固层压陷,则呈现表面凹陷及局部热节凹陷,否则铁液中气体析出至顶部壳中聚集成含气孔的内壁光滑的暗缩孔,也有时与外界相通形成明缩孔,则内表面虽也光滑,但已被氧化。

球墨铸铁共晶凝固时间比灰铸铁长，呈粥状凝固，凝固外壳较薄弱，在二次膨胀时在石墨化力作用下使外壳膨胀，松弛了内部压力。因此在第二次收缩过程中，最后凝固的热节部位内部压力低于大气压，被树枝晶分隔的小溶池处成为真空区，完全凝固后成为孔壁粗糙、排满树枝晶的疏松孔，即缩松缺陷。肉眼可见的称为宏观缩松，它产生于热节区残余铁液开始大量凝固的早期，包括了残余铁液的一次收缩和二次收缩，因而尺寸略大且内壁排满枝晶呈灰暗疏松孔或蝇脚痕状黑点。显微镜下可见的称为微观缩松，它产生于二次收缩末期，共晶团或其晶团间的铁液在负压下得不到补缩凝固收缩而成，长见于厚断面处。

（3）皮下气孔　皮下气孔因含镁铁液表面张力大，易形成氧化膜，阻碍析出气体排出，滞留于皮下而形成。形膜温度随残留镁量增加而提高，加剧其阻碍作用。薄壁（7～20mm）件冷却快、形膜早，易形成此缺陷，气体来源主要是降温过程中铁液析出的镁蒸气，在充型过程中铁液翻滚促其上浮。铁液中的镁与型砂水分反应，镁作为触媒，促进碳与型砂水分反应，镁使活性增大的铁与水分反应，水和镁、碳化物反应产生乙炔分解都可能产生氢气。此外潮湿锈蚀炉料、潮湿硅铁和中间合金、冲天炉高湿度鼓风都可带入氢气，微量Al（w_{Al} = 0.02%～0.03%）可显著增加皮下气孔，中锰球墨铸铁含氮较多，某些砂芯树脂黏结剂含氮较多，上述各因素可促进此缺陷形成。球墨铸铁糊状凝固特点使气体通道较早被堵塞，也促其缺陷形成。

（4）应力变形和裂纹　球铁件冷却过程中收缩应力、热应力、相变应力的叠加，即铸造应力超过该断面金属抗断裂能力，则形成裂纹。在高温下（1150～1000℃）形成热裂，呈暗褐色不平整断口。在600℃以下弹性范围内出现冷裂，呈浅褐色光滑平直断口。在600℃以上，铸造应力超过屈服极限时可产生塑性变形。当球墨铸铁成分正常时不易热裂。当增大白口倾向的因素，如碳硅含量低、碳化物形成元素增加、孕育不足、冷却过快等都可增加铸造应力和冷裂倾向。磷使冷裂倾向增加，w_P＞0.25%还能引起热裂。铸件壁厚差别大、形状复杂，易产生变形和裂纹。

（5）夹渣　夹渣是在球化处理时Mg、Re与铁液中O、S反应形成渣。当铁液温度低、稀渣剂效果不佳、渣上浮不充分或扒渣不净而残留于铁液中，此为一次渣。铁液在运输、倒包、浇注、充型翻滚时氧化膜破碎并被卷入铸型，在型内上浮吸附硫化物聚集于上表面或死角处，此为二次渣。一般以二次渣为主。

（6）石墨漂浮　球铁件冷却过程中的过共晶铁液首先析出石墨球，上浮聚集形成石墨漂浮，它分布于铸件最后凝固部位的上部，如：冒口、冒口颈边缘、厚壁处上部、芯子下面。宏观断口呈连续均匀分布、颜色均匀的一层黑色斑，显微镜低倍（20～40倍）下观察呈明显聚集石墨；100倍下观察，石墨球密集成串或连接，多呈开花状。该区域含碳量高、镁、稀土、含硫量也偏高，硬度、抗拉强度、冲击韧性降低，易剥落。

（7）碎块状石墨　大型厚断面球铁件凝固缓慢且共晶转变时间长，由于孕育衰退，使石墨核心减少,形成数量少、尺寸大的石墨球;Ce及其他活性元素易于富集在共晶团边界,促使该区域过饱和碳析出形成蠕虫状多分枝石墨,其断面形态为碎块状;共晶转变时,铁液中碳原子穿过包围石墨球的奥氏体壳向各向均匀扩散,使石墨向各向均匀生长。由于奥氏体壳晶界处易吸附低熔点元素使其形成液体通道,碳原子沿通道优先扩散,使石墨球沿通道生长成为连接的分枝,因此显微组织为少量大石墨球周围共晶团边界处均匀分布碎块状石墨和铁素体,石墨球也生长连接成分枝石墨,其宏观断面为界限分明的灰暗色斑点,主要产生于大断面铸件热节部位或冒口颈下。

(8) 反白口 球铁件最后凝固的热节中心偏析富集镁、稀土、锰、铬等白口化元素,石墨化元素硅因反偏析而贫乏,增大该区域残余铁液过冷度;同时由于孕育不足或孕育衰退不利于石墨形核;薄壁小件热节比大件冷却速度快,因此在偏析过冷和孕育不足的热节中心形成细针状渗碳体和缩松;铁液中含Cr、Te或稀土残留量过高易出现此缺陷。

7.6.2 球铁曲轴的超声波检测

球铁曲轴的超声波检测主要在粗加工后进行,探测部位为主轴颈、连杆颈、输出端和自由端。球铁件缺陷比较复杂,超声波检测难以区分所有缺陷的种类,主要靠缺陷反射波和底波来对缺陷进行判断,一般只作为一种数据供铸造工艺师参考,而金相和化学分析则对球化率及材料分析发挥着重要作用。球铁曲轴各加工部位靠近曲柄近10mm范围是重点控制区域,承受的应力较大,一般不允许缺陷存在,且对底波消失也要进行分析,任何的球化不良在此区域内都可能造成曲轴的断裂。

1. 探测条件的选择

(1) 仪器 超声波检测用仪器频率为1~5MHz,并有连续可调80dB以上的衰减器。

(2) 探头 探头频率一般选用2MHz。

(3) 探测方式 纵波单探头脉冲反射法。

(4) 试块 如图7-47所示。对比试块共4块,每块应经超声波检测确认不存在大于ϕ2mm的缺陷,且在探测时底面回波不应有明显的衰减;圆弧半径R应与所探曲轴基本接近,平底孔直径为4mm。试块圆弧探测面的粗糙度应与实物曲轴接近,其他尺寸公差在±0.1mm之内。各试块尺寸规格见表7-4。

表7-4 曲轴对比试块尺寸规格 (单位:mm)

类别	1号试块	2号试块	3号试块	4号试块
H	50	75	100	125
L	75	100	125	150

2. 检测技术要求

(1) 检测灵敏度的调整 根据所给对比试块制作DAC曲线,凡超过DAC曲线的缺陷都应测量面积,并进行记录。

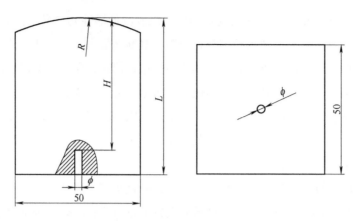

图7-47 球铁曲轴实物对比试块

（2）扫查 在检测时，探头在规定探测面的圆周面扫查。

7.6.3 波形特征

由本节前述可知，球铁曲轴中主要有球化不良或球化衰退、缩孔和缩松、皮下气孔、应力变形和裂纹、夹渣、石墨漂浮、碎块状石墨及反白口等缺陷，现就这些缺陷的反射波特点分析如下，以供判伤时参考。

1. 球化不良或球化衰退

这类缺陷没有明显的缺陷反射波，球化不良一般在整个铸件内部出现，球化衰退则可能分布于局部，主要引起底波降低或消失，并且使声波的声速明显降低，但声速的减小在检测过程中不容易测量到。

2. 缩孔和缩松

这类缺陷具体表现为缺陷反射波，缩孔反射具有明显的高波，而缩松主要表现为一束深度不同的密集反射波。

3. 皮下气孔

此类缺陷在球铁曲轴中极少形成，或形成后，加工面被加工去除，或产生于非加工面，在球铁曲轴检测过程中一般超探手段难以解决，在现场生产过程中发生过皮下气孔加工露头的现象，表现为加工面密集的孔洞，几乎不存在深度，用超声波检测没有任何反射。

4. 应力变形和裂纹

球铁曲轴的应力变形和裂纹更多依靠磁粉检测手段探测，其在截面变化处，如各加工面与曲柄连接处10mm范围内，超声缺陷反射波应重点关注。

5. 夹渣

夹渣与曲轴浇注时曲轴的放置有关，一般集中于朝上的表面，一次渣有明显反射波，可以根据制作的DAC曲线进行判别；二次渣主要集中于近表面，超声波检测时反射不明显,但会引起底波降低,磁粉检测时有粗而不浓密的磁痕显示,一般只要不在加工面经加工后出现,因危害性不大,一般不作处理。

6. 石墨漂浮

此类缺陷主要集中在冒口及厚壁上部,没有明显的声波反射,但会严重影响曲轴的使用性能,一般靠金相分析等手段控制。

7. 碎块状石墨

采用超声波检测手段时,此类缺陷与缩松类缺陷几乎没有区别,当密集反射严重程度较低时,碎块状石墨比缩松类缺陷更容易引起底波消失。

8. 反白口

采用超声波检测手段时,此类缺陷判别与缩松类缺陷相同。

7.7 制动盘超声波检测

制动盘是轨道交通装备中制动系统的关键零件,其质量优劣直接影响到行车安全,我国轨道车辆(高速、动车、高铁)多采用盘型制动。如图7-48所示,为客车车辆用蠕墨铸铁制动盘。

7.7.1 制动盘制造工艺及常见缺陷

制动盘制造工艺流程:制芯→造型→合箱→浇注→打箱清砂→热处理→喷丸→加工成形。从图7-48可以看出,该型制动盘结构较为复杂,实际生产中难免产生铸造缺陷,常见的铸造缺陷有缩孔、缩松、气孔、夹杂和蠕化不良等。

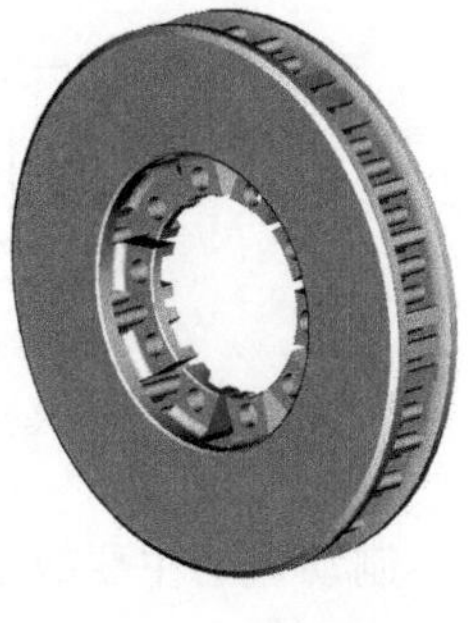

图7-48 客车车辆用蠕墨铸铁制动盘

7.7.2 制动盘失效机理

正常情况下制动盘在达到磨耗极限时更换,但实际运营中发现制动盘摩擦面由于制动摩擦引起热疲劳而更换的情况较多。经过大量的失效分析表明,制动盘的失效主要为摩擦滑动表面热裂纹损伤引起。

7.7.3 制动盘超声波检测要点

1. 探头的选择

(1)探头类型的选择 制动盘失效分析表明:缺陷距离摩擦面的深度位置对产生制动盘裂纹的影响特别大。制动盘摩擦面的厚度为25mm,重点检查区域为距摩擦面10mm范围内,普通直探头盲区大,无法满足准确测定制动盘缺陷位置的需要,制动盘超声检测宜选用双晶直探头,双晶探头的焦距一般为10mm左右。

(2)探头频率的选择 铸铁件超声检测频率选择时要考虑石墨的形态、石墨片的尺寸、工件的厚度。

制动盘的材质为蠕墨铸铁,其可超声检测性介于球铁和灰铁之间,具有良好的可超声检测性,且制动盘盘面只有25mm,较薄,因此在保证超声波检测系统有足够信噪比的前提下,应选用较高的频率,这样既不会引起较大的衰减,又有利于发现小缺陷。选择的频率一般为2~5MHz。

2. 检测时机

制动盘盘面机加工后进行,且盘面粗糙度$Ra \leqslant 6.3\mu m$。

3. 检测灵敏度

采用多次底波法调整检测灵敏度。将探头置于盘面完好部位,调节增益,使第4次底面回波B_4为基准波高,作为制动盘检测灵敏度。

4. 常见波形及缺陷分析

通常将超声波由盘面底面的反射回波定义为底波,用符号B表示;将超声波经散热筋由下盘面的反射回波定义为穿透波,用符号T表示;缺陷回波用F表示,如图7-49所示。

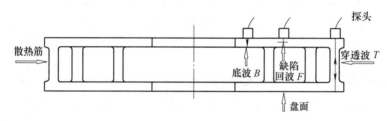

图7-49 声波传播路径示意

制动盘的主要缺陷为裂纹、缩孔、缩松、气孔、夹杂及蠕化不良等,超声波检测以发现缺陷并测量缺陷面积和深度为主,而铸造缺陷的形状、方位是不规则的,仅根据缺陷回波评价工件是不全面的,应综合判断底波B、穿透波T、缺陷回波F的情况,来评价制动盘的内部质量。

制动盘超声波检测缺陷判定:

1)B_4达到基准波高及以上或虽无底波B,但穿透波T高于满屏20%,定义为完好区域。

2)缺陷回波F高于基准波高,且底波B大幅下降时,以探头中心为准划定缺陷边界,并计算缺陷面积,同时以最高缺陷反射波确定缺陷位置。

3)在规定的灵敏度下局部区域出现较高的林状回波,伴有底波B大幅下降(底波次数减少),划定缩松边界。

4)特殊情况:规定灵敏度下整个盘面无底波B,定义为盘面不透声。主要是由于制动盘铸造过程中蠕化不良,石墨形态由蠕虫状变为片状引起。

5. 质量验收

不同速度等级的制动盘质量验收等级不一样,速度越高,质量要求越严格。

7.8 螺栓的超声波检测

7.8.1 螺栓的基本知识

1. 螺栓

螺栓连接是常用的一种机械连接方式，螺栓在栓接中主要是起将两物体间的连接、紧固、定位及密封等作用。

钢结构连接用螺栓性能等级分3.6、4.6、4.8、5.6、6.8、8.8、9.8、10.9、12.9等10余个等级，其中8.8级及以上螺栓材质为低碳合金钢或中碳钢并经热处理（淬火、回火），通称为高强度螺栓，其余通称为普通螺栓。

高强度螺栓的材质通常为调质处理的中碳钢、中碳合金钢、非调质钢及硼钢等。由于螺栓生产中大都需要墩头，也为了适应大批量制造的需要，螺栓头部成形通常采用冷墩工艺。

2. 连接方式

按照螺栓受力情况可将连接方式分为：①传递垂直于螺栓轴方向剪力的摩擦连接和承压连接。②传递沿螺栓轴方向拉力的受拉连接。

按照受力后两连接物体的位移情况可将连接方式分为：刚性连接、半柔性连接和柔性连接。

3. 螺栓裂纹的特点

由于螺栓种类较多，使用方式不同，裂纹产生的部位也不尽相同，但也有一定的普遍规律。

通常刚性连接或半柔性连接的高强度螺栓，断裂部位发生在螺栓紧固安装的根部或旋进螺纹的2、3齿部位。

轨道交通装备中，超声波检测主要应用于刚性连接或半柔性连接的高强度螺栓。采用超声波检测时，需充分了解螺栓的受力情况和断裂特点，有针对性、有重点地实施检测。

7.8.2 检测方法概述

M48以上的螺栓通常以小角度纵波斜探头和横波斜探头为主，直探头为辅；M48以下的螺栓通常采用纵波直探头。

1. 仪器

采用A型脉冲反射式超声波检测仪。

2. 探头

（1）直探头　探头频率5MHz，直探头直径一般≤ϕ10mm，直探头盲区应≤5mm。

由于螺栓端部存在机加工造成的翻边，所以对在端部检测的直探头、小角度纵波斜探头的耦合会造成影响。为提高耦合效果，可采用有磁性外套或有磁性吸附装置的专用螺栓探头。

（2）横波斜探头选择　K值一般取1.5～1.7，频率为5MHz，晶片尺寸为8mm×12mm或9mm×13mm。

3. 试块

采用CSK-IA及螺栓专用对比试块。螺栓专用对比试块应采用和检测工件材料相同、尺寸相近的材料制成。该材料用直探头检测时，不得有大于ϕ2mm平底孔当量直径的缺陷。

专用试块一般采用实物人工缺陷试块，在重点检测部位使用线切割加工人工锯口，锯口采用弦形，锯口深度一般为1mm、2mm，如图7-50所示。

图7-50　螺栓超声波检测示意

在图7-50中位置1为旋进螺纹的2、3齿部位，位置2为螺栓紧固安装的根部。

不同深度的人工缺陷可在不同的试块上加工，也可在同一试块的不同方位加工。不论如何加工均需确保校准灵敏度时能够将不同深度的缺陷明确区分。

CSK-IA试块主要用于校正仪器、探头和系统性能；调节仪器扫描比例。

螺栓专用试块用于对检测仪、探头性能及组合性能的测定，并根据螺栓规格在试块上调整扫描速度和校准检测灵敏度。

4. 探前准备

检测前应了解被探螺栓的名称、规格、材质、热处理工艺及螺栓结构形式等。

原则上可拆下螺栓进行磁粉检测。对不可拆下的螺栓，应对探测面进行打磨，减少由于断面的中心孔、端部螺纹加工翻边对探头耦合的影响，端面须平整且与轴线垂直。

5. 耦合剂

耦合剂应具有良好的透声性能和浸润能力，且不损伤工件表面。可选择甘油、全损耗系统用油（机油）或化学浆糊等作为耦合剂。

6. 检测部位

（1）直探头、纵波小角度探头　检测区域为螺栓外露部分的端面。检测面应清除油污、锈蚀及其他外来杂质，检测表面应平整光滑，便于探头的自由扫查，其表面粗糙度不应超过$Ra=6.3\mu m$。对于因刻打钢印、机械加工造成的端面不平滑应进行适当的打磨。

由于可检测位置的限制，通常可将检测部位分为对侧检测（见图7-50中的探头位置a）和本侧检测（见图7-50中的探头位置b）。选择检测位置需满足裂纹位置位于近场区外。

（2）横波斜探头　检测区域为螺栓外圆面，如图7-51中的位置c。

7. 扫描线的调整

使用CSK-IA试块调整仪器的扫描线。对于螺栓检测来说，由于螺栓一般较长，且检测的重点部位较明确，所以为了将缺陷波与螺纹反射波进行区分，通常需要对重点检测部位在水平线上进行局部放大。此时，当确定缺陷深度时应注意修正。

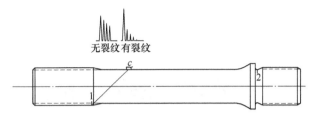

图7-51　横波斜探头超声波检测示意

例题：

在图7-50中的探头位置a对螺纹进行对侧检测，如：检测范围为350~510mm，此方法重点检测区域的水平线，简述将仪器水平线的范围调整至深度300~600mm的方法。如果检测时在6.6大格处发现一缺陷，缺陷深度为多少？

解：

调整方法：

1）将直探头置于CSK-IA试块的100mm平面上，找出试块100mm的6次底波，使用衰减器将6次底波调节到屏幕满幅高度的50%。

2）使用水平旋钮将第3次底波前沿调整到水平刻度"0"位置上。

3）使用深度旋钮将第6次底波调整前沿的水平刻度的"10"位。

4）重复2、3步骤直至两次底波均满足要求。仪器的扫描线就调整好了。此时，仪器水平刻度表示深度比例为30mm/大格。

缺陷深度：

$$h = (300 + n \times 30)\text{mm} = (300 + 6.6 \times 30) = 498\text{mm}$$

8. 灵敏度的调整

根据探测的需要，选择不同深度的人工缺陷专用对比试块调整仪器的探伤灵敏度。

将直探头置于螺栓端面，使探头和工件表面接触良好，调节衰减器找出人工缺陷反射波的最高点，使用衰减器将人工缺陷调整到满幅波高的50%。

9. 波形分析

以规定的检测灵敏度进行检查，在仪器水平线上发现波高超过规定的检测灵敏度的反射波时需进行评定（底波除外）。

检测中，要注意识别螺栓螺纹根部的反射波与裂纹波。当超声波遇到裂纹时，其后面的螺纹根部反射波会降低或消失。用直探头检测图7-50中的探头位置b时，出现了裂纹波的图形。横波斜探头检测如图7-51所示。

必要时，可以使用1mm、2mm的人工缺陷进行裂纹深度的评定。

第8章 超声波检测工艺及质量控制

8.1 工艺文件的管理

在工业企业对于工艺文件,按照其用途、适用范围、颁布机构等不同实施分级管理。一般包括三个层级:标准和规范、工艺规程、工艺卡(作业指导书)

无损检测工艺文件和记录通常包括:

委托书或任务书;

无损检测标准或规范;

无损检测工艺规程;

无损检测工艺卡;

无损检测记录;

无损检测报告;

无损检测人员资格证书;

其他与无损检测有关的文件。

8.1.1 标准和规范

1. 标准和规范

标准和规范就是国家主管部门、行业主管部门或上级机关或其他权威机构颁布的,工作中需遵守执行的有关技术文件,不管其称谓如何,均为外来文件,在现场通常不能直接使用。标准和规范是国内习惯的叫法,实际上有一个标准化的叫法是标准文件。

2. 标准文件

标准文件是"为活动或其结果提供规则,导则或特性值的文件"。标准文件是一个通用术语,它包括标准,技术规范,操作规程和法规等文件。

其中:

标准的定义是:为了在一定范围内获得最佳秩序,经协商一致制定并由公认机构批准,共同使用和重复使用的一种规范性文件。

注：标准宜以科学、技术的综合成果为基础，以促进最佳的共同效益为目的。

技术规范：是规定产品，过程或服务应满足技术要求的文件。它可以是一项标准（即技术标准）、一项标准的一个部分或一项标准的独立部分。在我国，对设计、施工、制造、检验等技术事项所作的统一规定称为规范，规范是标准文件的一种形式。

操作规程：又称作业规程，它是"为设备、构件或产品的设计、制造、安装、维修或使用介绍规程或程序的文件。"，它也可以是一项标准，一项标准的一部分或一项标准中的独立部分。在我国，对工艺、操作、安装等具体技术要求和实施程序所作的统一规定称规程。这些规程也是标准文件的一种形式。

法规：是由权力机构制定的具有法律效力的文件。提出技术要求的法规是技术法规，它可以直接是一个标准、规范或规程，也可以引用或包含一项标准，规范是规程的内容。实际上，技术规范可以简述为符合法规要求所采取技术措施的导则，如安全防护、环境保护、健康卫生等方面技术规定。依据我国《标准化法》规定，强制性标准就是技术法规。

8.1.2　工艺规程、工艺卡（单）

1. 定义

无损检测工艺规程：为对产品实施无损检测而按标准、法规或规范的要求来编写的含有全部基本参数和注意事项的书面说明书。

无损检测工艺卡（单）：依据所指定的标准、法规、规范或无损检测工艺规程编写的含有检测时精确步骤的书面说明书。

2. 工艺规程的分类

1）专用工艺规程：针对每一个产品和零件所设计的工艺规程。

2）通用工艺规程：

典型工艺规程：为一组结构相似的零、部件所设计的通用工艺规程。

成组工艺规程：按成组技术原理将零件分类成组，针对每一组零件所设计的通用工艺规程。

3）标准工艺规程：已纳入标准的工艺规程。

8.1.3　无损检测工艺文件

GB/T 5616—2014《无损检测　应用导则》对无损检测工艺规程、作业指导书的编制提出了明确要求。

1. 工艺规程编制的要求

应由3级人员编制无损检测工艺规程。无损检测工艺规程应依据无损检测委托书或无损检测任务书的内容和要求，以及相应的无损检测标准的内容和要求进行编制，其内容应至少包括：

——无损检测工艺规程的名称和编号；

——编制无损检测工艺规程所依据的相关文件的名称和编号；

——无损检测工艺规程所适用的被检材料或工件的范围；

——验收准则、验收等级或等效的技术要求；

——实施本工艺规程的无损检测人员资格要求；

——实施本工艺规程所需要的无损检测设备和器材的名称、型号和制造商；

——实施本工艺规程所需要的无损检测设备（或仪器）校准方法（或系统性能验证方法）及所需的编写依据和要求；

——被检部位，以及采用的无损检测方法和技术、检测等级和检测时机、检测前的表面准备要求、检测后的处理要求；

——操作步骤及检测参考数据；

——无损检测显示的观察条件、观察和解释的要求；

——无损检测标记和无损检测记录要求；

——无损检测结果报告的格式；

——记录和报告的保存方式和保存期限的要求；

——无损检测工艺规程编制者（3级人员）的签名；

——无损检测工艺规程审核者（3级人员）的签名；

——无损检测工艺规程批准者的签名。

必要时，可增加雇主或责任单位负责人的签名和（或）委托单位负责人的签名，也可增加第三方监督或监理单位负责人的签名。

如果一个项目仅采用一种常用的无损检测技术，且被检材料或工件和检测目的相对于无损检测来说是简单的，通过合同双方在合同中明确约定，无损检测工艺规程可不编制。

无损检测工艺规程的检测能力和可操作性应予以确认和验证。

考虑到我国国情和现状，有较多的企业没有3级人员，或者无力聘用3级人员，因此标准允许"如果一个项目仅采用一种常用的无损检测技术，……，工艺规程可不编制"的情况存在。这种情况属于特殊照顾的情况，仅适用于：所用的无损检测技术和被检对象已收录于一般的培训案例，即培训案例中的无损检测工艺规程大致上已可用于本项目。

超声波通用工艺规程一般以文字说明为主，检测对象一般为某类工件，它应具有一定的覆盖性和通用性，关于文件编号、编、审、批等管理方面的内容，各单位按照ISO 9001体系的要求执行即可，下面介绍一下有关工艺规程技术方面的编写要求。

工艺规程至少应包括以下内容：

（1）适用范围 说明本规程有什么内容（如技术方法、质量等级等）；另一部分是本规程是干什么用的（用于哪类产品的什么部位的检测），只有在特殊情况下，才说明"不能干什么用"的内容。

（2）引用标准、法规　说明工艺规程引用的标准、法规、安全规范等。

可以被引用的文件（或标准）包括：公开发布并可获得的文件、技术规范、报告、指令、指南等；国内具有广泛可接受性和权威性，并且可公开获得的文件。对有标识编号的文件应提及文件号或发布年号。

不宜被引用的文件包括：法律、法规、规章和其他政策性的文件；宜在合同中引用的管理、制造和过程类的文件；含有专利或限制竞争的文件和设计方案或只属于某个企业所有，其他企业不宜获得的文件。

（3）检测人员资质　对检测人员的资格要求。

对于有特定人群限制的内容必须充分写清楚，如某些特定工作场合，某些人员不适合从事的；或某些场合对人员有特定技能需求的。

（4）检测设备、器材和材料　超声检测用的仪器、探头、试块和耦合剂等。主要性能指标有：检测设备规格型号、探头类型、晶片尺寸和频率；标准试块及对比试块型号名称；耦合剂型号名称。

对于特定场合有特殊要求的，必须写清楚，如在某些危险场合，禁止使用某些耦合剂或设备等。

（5）检测表面的要求　对被检工件表面的准备方法及要求等。特殊要求必须写明，如受力部位使用砂轮打磨时，对砂轮打磨方向的要求。

（6）检测时机　不同材料的被检工件超声波检测的时间、工序安排等。特殊要求必须写明，如对于有延迟裂纹倾向的材料，需包括对在焊接或热处理后放置时间的规定。

（7）检测工艺和检测技术　进行超声波检测时可选择的检测技术等级、检测方法、扫查方式、扫查速度、检测部位和范围、仪器时基线比例和灵敏度调整、测定缺陷位置、当量和指示长度的方法等。

该部分是工艺规程的核心部分，编写者务必注意：凡是涉及安全管理的要求，务必清楚明白地予以描述。

（8）检测结果的评定和质量等级分类　检测结果评定依据的验收标准或技术标准或图样，以及验收的合格等级等。

对于出现特殊情况的处理方式，也应予以明确规定，如焊缝返工的次数，轮轴报废的办理手续等。

（9）检测记录、报告和资料存档　规定检测原始记录、报告内容及格式要求，资料、档案管理要求等。

（10）编制人员（级别）、审核人员（级别）和批准人、制定日期

按照各单位标准工艺规程格式执行即可。

2. 对无损检测作业指导书编制的要求

应由2级或3级人员编制无损检测工艺卡。无损检测工艺卡应依据无损检测工艺规程（或相关文件）的内容和要求进行编制，其内容应至少包括：

——无损检测操作指导书的名称和编号；

——编制无损检测操作指导书所依据的无损检测工艺规程（或相关文件）的名称和编号；

——（一个或多个相同的）被检材料或工件的名称、产品号、被检部位以及无损检测前的表面准备；

——无损检测人员的要求及其持证的无损检测方法和等级；

——指定的无损检测设备和器材的名称、规格、型号、编号，以及仪器校准或系统性能验证方法和要求（如检测灵敏度）；

——操作步骤及检测参数；

——对无损检测显示的观察（包括观察条件）和记录的规定和注意事项；

——无损检测工艺卡编制者（2级或3级人员）的签名；

——无损检测工艺卡批准者的签名。

无损检测工艺卡原来称为无损检测作业指导书，各单位也往往使用作业指导书的名称，不管其名称如何变化，其发挥的作用没有变。

一般而言，无损检测工艺卡宜简洁明了（最好只有单页），以便于使用。因此宜以某一具有相同检测目的的被检部位或某一指定的无损检测系统（譬如某一台设备及其辅助工具与指定型号的检测材料的组合，或某一型号的渗透检测产品族），来编制成一份无损检测工艺卡。如果被检对象较复杂或被检部位多处不同，最好编制成多份无损检测工艺卡。无损检测工艺卡的格式虽然未作规定，但最好是表格式的。

无损检测工艺卡就是指导工人操作的工艺要点，按工艺卡操作的结果一定能满足现行规程及标准要求的目的。如果工艺卡使用者已经熟知了工艺规程的内容，工艺规程中的参数和操作可以简略。

无损检测工艺卡的示例见表8-1。

表8-1 无损检测工艺卡

单位名称	超声波检测工艺卡 第 页 共 页	工艺编号：****
项目	技术要求	引用标准规范
适用范围和要求		
人员要求		
检测范围		

（续）

单位名称	超声波检测工艺卡 第 页 共 页		工艺编号：****	
项目	技术要求		引用标准规范	
检测条件和准备				
设备、器材及工具				
检测过程				
检测评定				
检测记录				
编制：	审核：	批准：		实施日期：

8.1.4 记录与报告

1. 数据记录

检测过程中应记录原始观察、导出资料的充分信息。

每项检测的记录应包含充分的信息，以便在需要时查找分析原因，确保该检测在可能的情况下复现。

观察结果、数据和计算应及时予以记录，当记录中出现错误时，每一错误应划改，不可擦涂掉，以免字迹模糊或消失，并将正确值填写在其旁边。对记录的所有改动，应有改动人的签名或签名缩写。

记录可包括表格、核查表、工作笔记、文件和反馈。各个单位、不同的工件、不同的检测方法，需要记录的信息不同，可根据具体要求编制。记录最好采用标准格式，记录需在工艺规程中予以明确规定。

2. 检测报告

在实际检测工作中，由于被检工件的几何形状，检测评定方法等均有很大区别，没有一种报告模式，能够同时较好地包括所有实际检测问题。因此，不同的企业应由专业人员制定与各自要求相适应的报告格式。报告通常应包括：

标题；

检测单位名称和地址，检测的地点；

检测报告的唯一性标识（如系列号）和每一页上的标识；

委托单位的名称和地址；

所用方法的识别；

检测工件的描述、状态和标识，必要时，应给出工件简图或示意图；

环境条件；

检测标准、质量验收标准；

所有仪器、设备的校准日期；

检测结果；

检测报告批准人的姓名、职务、资格证书编号、等级。

8.1.5 工艺试验

工艺试验是针对检测目的的试验，通过试验结果正确选择检测技术、检测参数，或者通过试验确定工艺文件的可靠性、准确性。工艺试验报告见表8-2。

表8-2 工艺试验报告

单位名称		工艺试验报告		编号			
				共 页 第 页			
试验项目名称		工艺文件名称		工艺验证分类		□一般试验	
产品图号		工艺文件编号				□重要试验	
试验组成员							
试验目的							
试验条件							
试验步骤							
试验结论							
重要试验	试验成员	工艺部门	车间	质量部门			

8.1.6 工艺验证

1. 无损检测工艺验证的范围

对于新制订的无损检测工艺，或针对新产品制定的无损检测工艺，在正式实施前，应通过小批量产品试检测进行工艺验证。

2. 无损检测工艺验证的基本任务

通过小批量产品试检测考核无损检测工艺设计的合理性、适应性，以保证在正式检测时无损检测工艺稳定，对产品质量检测效果无不良影响。

3. 主要验证内容

1）无损检测工艺路线和工艺要求是否合理、可行。

2）所选用的无损检测设备、器具、材料、消耗品等是否能满足工艺要求。

3）需要计量检定或校准的无损检测设备、器具，是否满足计量的要求。

4）需要检测的无损检测材料，是否满足检测的要求。

5）无损检测过程是否符合劳动安全、绿色检测等要求。

对于超声波检测，应验证超声波检测可探性、检测极限（能够检出的当量缺陷）、检测覆盖性、手工检测、自动/半自动检测扫查速度、检测效率等。

4. 工艺验证的程序

（1）制订验证实施计划 验证实施计划的内容应包括主要验证项目、验证的技术、组织措施、时间安排及费用预算等。

（2）验证前的准备 验证前各有关部门应验证实施计划，做好以下各项准备工作。

1）下达验证计划。

2）准备验证所需的工艺文件和相关资料。

3）提供所需的全部工艺装备。

4）准备验证所需全部材料。

5）做好检测准备。

6）做好试生产准备。

（3）实施验证

1）验证时必须严格按工艺文件要求进行试生产。

2）验证过程中，有关工艺和工装设计人员必须经常到生产现场进行跟踪考察，发现问题及时进行解决，并要详细记录问题发生的原因和解决的措施。

3）验证过程中，工艺人员应认真听取生产操作者的合理化建议，对有助于改进工艺、工装的建议要积极采纳。

（4）验证总结与鉴定

1）验证总结。小批试制结束后，工艺部门应写出工艺验证总结，其内容包括以下几个方面。

① 产品代号和名称。

② 验证前生产工艺准备工作情况。

③ 试生产数量及时间。

④ 验证情况分析,包括与国内外同类产品工艺水平对比分析。

⑤ 验证结论。

⑥ 对批量生产的意见和建议。

2)验证鉴定。一般产品由企业主要技术负责人主持召开、由各有关部门参加的工艺验证会,根据工艺验证总结和各有关方面的意见,确定该产品工艺验证是否合格,能否马上进行批量生产。参加鉴定会的各有关方面负责人应在《工艺验证书》的会签栏内签字。对纳入上级主管部门验证计划的重要产品,在通过企业鉴定后,还需报上级主管部门,由下达验证的主管部门组织验收。工艺验证书模板见表8-3。

表8-3 工艺验证书模板

单位名称		工艺验证书			编号	
					共 页 第 页	
产品名称		工艺文件名称			工艺验证分类	□一般验证
产品图号		工艺文件编号				□重要验证
验证范围		□新产品新工艺		□工艺方案、路线、条件重大改进		
		□产品工艺重要更改		□生产线歇工后恢复生产		□其他
验证组员						
验证记录						
改进意见						
结论						
车间工艺主管意见						
工艺部门审核						
重要验证	鉴定成员	工艺部门		车间	质量部门	
	公司工艺主管批准					
意见处置						

8.2 质量控制

超声波检测的目的就是发现工件中影响其使用性能或影响其安全性的缺陷，对其应用于特定目的的适用性进行评价。

因此，检测结果是否准确、可靠就显得非常重要。为确保检测结果准确性与可靠性就要对检测过程实施质量控制。同任何生产过程一样，超声波检测过程也存在一系列影响检测结果的因素，归纳起来无外乎人、机、料、法、环、测等几个方面。通过对这些因素进行有效的规范与控制，可以最大限度地保证检测结果准确可靠，从而对检测工件做出正确的评价，为铁路运输安全，产品制造工艺的改进，提高经济效益提供保障。

8.2.1 人员的控制

所有的检测过程，包括检测方法的选择，仪器、探头、试块、耦合剂、工卡量具的选用，仪器的调整，灵敏度的核查，扫查、结果评定，复验等都需要检测人员来完成。因此检测人员的素质和技术水平对检测工作的质量影响极大。

超声波检测人员除按照GB/T 9445—2015《无损检测　人员资格鉴定与认证》的规定，考取相应的技术资格证书外，还应做以下方面工作。

1）保证检测的人员按时参加各级人员的培训、资格考试及换证考试，保证检测人员的资格证书在有效期内。

2）由于无损检测专业技术性较强，所以从事检测的人员应按GB/T 9445—2015规定的工业门类上岗作业。鉴于目前国内培训、发证考试范围较大，与本单位的具体情况不一定一致，推荐在各单位内部进行细化管理，指定本单位3级人员对已取证人员进行针对特定产品的专门培训，并根据其检测特定产品，实施门类卡（或上岗证）制度。GB/T 9445—2015规定的工业门类有：铸件（铁和非铁材料）；锻件（所有类型的锻件，铁和非铁材料）；焊件（所有类型的焊件，包括钎焊，铁和非铁材料）；管子和管道（无缝、焊接，铁和非铁材料）；除锻件以外的型材（板材、棒材、条材）。

3）应当做好检测人员的相关培训和资格、技能、经历、定期体检的记录。了解相关检测人员的资格证书、执业注册情况、工作经历、技术经历以及发表的论文、文章等。

4）加强检测人员职业操守教育。

5）检测人员应不断学习新知识，在工作中积累经验，增长能力，提高水平。

8.2.2 无损检测设备与器材的管理

检测设备与器材（包括超声波检测仪、探头、电缆线、试块、耦合剂、机械扫查装置、信号采集装置及用于扫描控制与信号采集处理的计算机软件等）的可靠性是影响检测工作质量最重要的因素之一。为了保证检测结果正确可靠，必须对检测设备与器材加以严格控制。

1）新购置的设备应制定完善的采购技术条件，并按照规定进行检测验收。

2）使用中的设备、探头和试块应定期进行性能检定/校准，并应有检定/校准标识，保证在有效期内使用。

3）在设备出现故障经修理或更换部件之后，应重新进行性能测试，证明其满足要求。

4）应建立检测仪器设备档案。

8.2.3 工艺文件的管理

工艺文件的管理在本章第一节已经详细讲过，在此不再赘述，但需要注意以下几个方面的问题：

1）应定期对标准的有效性进行审核，应定期对工艺文件的适用性进行评审。

2）应当建立检测报告及其原始记录的档案，并对其储存条件、保存时间和借阅做出规定，防止损坏、丢失、更改和不恰当的处置。

8.2.4 检测环境的控制

1）为验证检测工作仪的正常，应根据情况，对检测现场的环境进行控制，防止因强高频电脉冲、强磁、高温、潮湿、灰尘、振动、腐蚀性气体等对检测结果的影响。如果在室外作业，应考虑强光对观察显示的影响。

2）检测现场的安全性。包括对检测人员的影响、对检测工件的影响、对环境污染的影响等。

8.2.5 检测参数的控制

检测过程中，影响检测结果的参数均要进行记录，测试仪器应满足相应要求。

通常检测仪、探头及系统性能，均应按照相关标准的规定方法进行测试。

检测仪的水平线性和垂直线性，一般要求在设备首次使用及每隔3个月应检查一次。

斜探头的前沿距离、折射角或 K 值、偏离角在开始使用及每隔5个工作日检查一次。

探头及仪器的组合系统性能（灵敏度余量、分辨力）开始使用、修补后及每隔1个月检查一次。

检测灵敏度和测距标定在开工前及连续工作4h核查。

仪器、探头及试块，应按照相关文件的要求进行校准或检定。

第9章 超声波检测实验

9.1 仪器与直探头的综合性能测定

1. 实验目的

1）通过实验初步掌握对超声波检测仪器的使用。

2）掌握水平线性（时基线性）、垂直线性（增益线性）、动态范围、灵敏度余量、分辨力的测试方法。

2. 实验器材

1）仪器：超声波检测仪。

2）探头：2.5P20Z直探头。

3）试块：CSK-IA、CS-1-5、DB-H1试块。

4）耦合剂：全损耗系统用油（机油）。

5）其他：压块、钢直尺、油刷。

3. 实验步骤

（1）水平线性（时基线性）

1）超声波检测仪的抑制置于"0"或"断"，其他调整取适当值。

2）将直探头置于CSK-IA试块的侧面上，对准25mm厚度，中间加适当的耦合剂，以保持稳定的声耦合，如图9-1所示。

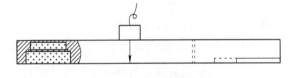

图9-1 水平线性测试示意

3）调节超声波检测仪的增益和扫描控制器，使显示屏上显示出第6次底波。

4）当底波B_1和B_6的幅度分别为满屏高度（FSH）的50%时，将它们的前沿分别对准显示屏上的刻度0和100（设水平全刻度为100格）。B_1和B_6的前沿位置在调整中如相互影响，则应反复进行调整。

5）再依次分别将底波B_2、B_3、B_4、B_5调到满屏高度（FSH）的50%，并分别读出底波B_2、B_3、B_4、B_5的前沿与水平刻度20、40、60、80的偏差a_2、a_3、a_4、a_5（以格数计），

然后取其中最大的偏差值 $a_{\max}$。图9-2所示中的 $B_1 \sim B_6$ 是分别调到同一幅度，而不是同时达到此幅度。水平线性误差 ΔL（以百分值计）由下式给出，即

$$\Delta L = |a_{\max}| \times 100\%$$

（2）垂直线性

1）超声波检测仪的抑制置于"0"或"断"，其他调整取适当值。

2）将直探头压在CS-1-5试块上，中间加适当的耦合剂，以保持稳定的声耦合。对准200mm处 ϕ 2mm平底孔（见图9-3），并将来自平底孔的回波调至显示屏上时基线的适当位置。

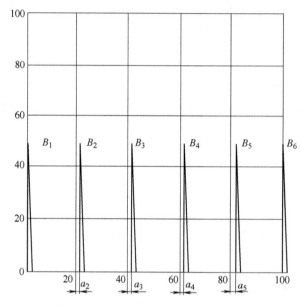

图9-2　校准时基线性（水平线性）的底波显示　　图9-3　垂直线性测试

3）调节衰减器或探头位置，使孔的回波高度恰为满屏高度（FSH）的100%，此时衰减器至少应有30dB的衰减余量。

4）以每次2dB的增量调节衰减器，每次调节后用满屏高度（FSH）的百分值记下回波幅度，一直持续到衰减量为26dB，测量准确度为0.1%。将测试值列入表9-1。

表9-1　垂直线性测试记录

衰减量/dB	0	2	4	6	8	10	12	14	16	18	20	22	24	26
波高理论值（%）	100	79.4	63.1	50.1	39.8	31.6	25.1	20.0	15.8	12.5	10.0	7.9	6.3	5.0
波高实测值（%）														
偏差值（%）														

5）测试值与回波幅度理论值之差为偏差值，从表中取最大正偏差 $d(+)$ 和最大负偏差 $d(-)$ 的绝对值之和为垂直线性误差 Δd（以百分值计），它由下式给出，即

$$\Delta d = |d(+)| + |d(-)|$$

(3) 动态范围

1) 仪器的调节方式同"垂直线性测试"步骤1→2→3。

2) 调整衰减器,读取孔波幅度自垂直刻度100%下降至刚能辨认之最小值时"衰减器"的调节量,定为检测仪在该探头所给定的工作频率下的动态范围。

(4) 灵敏度余量

1) 将抑制旋钮调至"0"或"关",将发射强度旋钮调至"强",其他调整取适当值,最好选取在随后检测工作中将使用的调整值。

2) 连接探头,并使探头悬空,将仪器的增益调至最大,但当电噪声较大时,应降低增益(调节增益控制器或衰减器),使电噪声电平≤10%满屏高度,记下此时的衰减器的读数为S_0。

3) 将直探头压在图9-3所示的试块上,中间加适当的耦合剂,以保持稳定的声耦合,移动探头,使200mm声程处的ϕ2mm平底孔回波最大,调节衰减器使ϕ2mm平底孔回波高度降至满屏高度的50%,记下此时的仪器仪器衰减器读数S_i。则仪器与直探头的灵敏度余量为ΔS为

$$\Delta S = S_i - S_0$$

(5) 分辨力的测试

1) 将直探头放置在CSK-IA试块上如图9-4所示的位置,中间加适当的耦合剂,以保持稳定的声耦合。

2) 调整仪器的增益并左右移动探头,使来自A、B两个面的回波幅度相等,并约为满屏高度的20%～30%,如图9-4所示中的h_1。

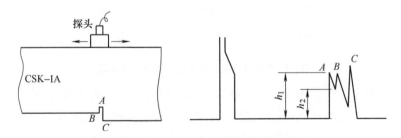

图9-4 直探头的分辨力测试和回波显示

3) 调节仪器的增益,使A、B两波峰间的波谷上升到原来波峰高度,此时衰减器所释放的dB数(等于用衰减器的缺口深度h_1/h_2之值)即为以dB值表示的超声波检测系统的分辨力X。

9.2 仪器与斜探头的综合性能测定

1. 实验目的

1) 通过实验对仪器初步掌握使用。

2）掌握现场测试斜探头性能参数的基本方法，包括入射点（前沿）、折射角（K值）、声轴偏斜角、灵敏度余量及分辨力。

2. 实验器材

1）仪器：超声波检测仪。

2）探头：2.5P13×13K2。

3）试块：CSK-IA、3mm横孔试块。

4）耦合剂：机油。

5）其他：钢直尺、油刷、量角器。

3. 实验步骤

（1）入射点

1）将斜探头放在CSK-IA型试块上，如图9-5所示的 A 位置，探测 R100mm圆弧面。

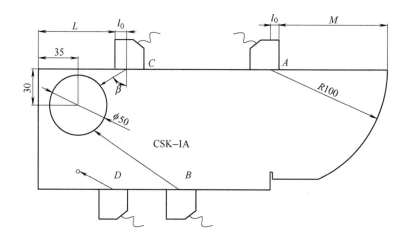

图9-5 斜探头入射点与折射角（K值）的测定

2）在检测面中心位置移动探头（探头声束轴线与试块两侧平行），使 R100mm圆弧面底面回波达到最高，此时 R100mm圆弧的圆心所对应探头上的点就是该探头的入射点。

3）测出探头前端至试块圆弧边缘的距离 M，则该探头的前沿距离为

$$l_0 = 100 - M$$

（2）折射角（K 值）

方法1：使用 ϕ3mm横孔试块，如图9-6所示。

1）将斜探头置于图9-7a所示横孔试块上，探测其中的 ϕ3mm横孔。

2）移动探头，依次至少测量3个孔，使来自每个孔的反射回波达到最大，分别测量孔中心投影至探头前沿的距离 a'。

3）以测出的距离 a' 为横坐标，孔深 t 为纵坐标，绘出相应的标记点，再绘出通过这些点的直线，直线与纵坐标的夹角即探头折射角，如图9-7b所示。

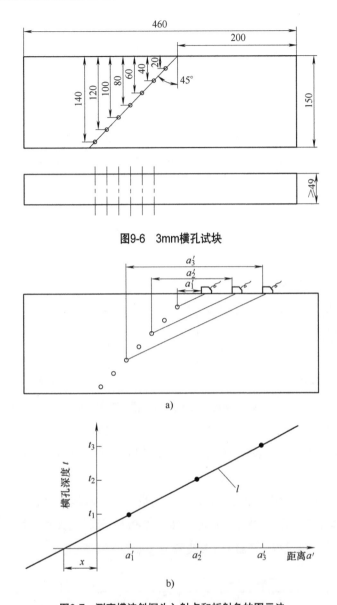

图9-6　3mm横孔试块

图9-7　测定横波斜探头入射点和折射角的图示法

方法2：用CSK-IA试块上的ϕ50mm和ϕ1.5mm横孔来测定。

不同的折射角，测试时探头所置的位置也不同，当β为35°～60°(K = 0.7～1.73)时，探头置于图9-5所示B位置；当β为60°～75°(K = 1.73～3.73)时，探头置于图9-5所示C位置；当β为75°～80°(K = 3.73～5.67)时，探头置于图9-5所示D位置。

下面以C位置为例说明折射角（K值）的测试方法。

1）将探头置于图9-5所示CSK-IA试块C位置上，对准试块上直径为50mm的横孔。

2）前后移动探头，并保持与试块侧面平行，在显示屏上找出ϕ50mm（有机玻璃）的最高反射波后，并测出探头前沿至试块端面的距离L，则有

$$\beta = \arctan\frac{L+l_0-35}{30}$$

$$K = \tan\beta\frac{L+l_0-35}{30}$$

（3）声轴偏斜角

1）调整探头在适当参考试块（如3mm横孔试块）的大平面上的位置，使直接来自试块端角的回波达到最大，如图9-8所示，该端角反射体应处于探头的远场。

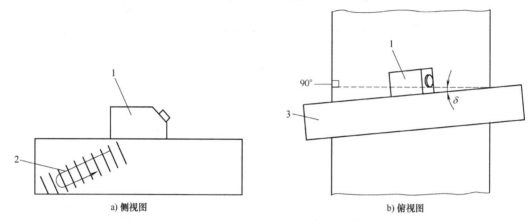

图9-8　利用校验试块端角测量声轴偏斜角

1—探头　2—声速　3—直尺

2）利用直角边和量角器测量探头参考测面相对垂直角面的方向，此角度δ即声轴偏斜角。

3）如果第一次测出的偏斜角超过1°，则需测量三次，取其平均值。

说明：当$K>1$时，用一次波测定，如图9-9a所示。当$K\leqslant 1$时，一次波声程短，往往在近场区内，测试误差大，需用二次波测定，如图9-9b所示。

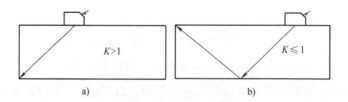

图9-9　声轴偏斜角的测定

（4）灵敏度余量

1）连接探头并将仪器灵敏度置最大，即发射置强，抑制置"0"或"关"，增益置最大。若此时仪器和探头的噪声电平（不含始脉冲处的多次声反射）高于满屏高度的10%，则调节衰减或增益，使噪声电平降至满屏高度的10%，记下此时衰减器的读数S_0。

2）将探头并置于CSK-IA试块上A位置探测R100mm圆弧面（见图9-5），耦合良好并保持声束方向与试块侧面平行,前后移动探头,使$R100mm$圆弧面的一次回波幅度最高,将其衰减至满屏高度的50%,此时衰减器的读数为S_1。

3)斜探头的灵敏度余量S为

$$S = S_1 - S_0$$

(5)分辨力

1)根据斜探头的折射角或K值,将探头置于CSK-IA试块的K值测量位置(见图9-5),中间加适当的耦合剂以保持耦合良好。

2)移动探头位置使来自$\phi 50mm$和$\phi 44mm$两孔的回波A、B高度相等,并约为满屏高度的20%~30%,如图9-10所示中h_1。

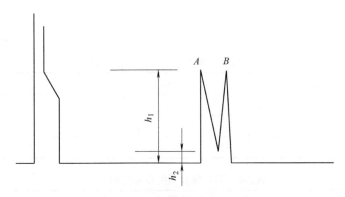

图9-10 斜探头分辨力测试的回波显示

3)调节衰减器和增益,使A、B两波峰间的波谷上升到原来的波峰高度,此时衰减器所释放的dB数(等于用衰减器读出的缺口深度h_1/h_2之值),即为以dB值表示的超声检测系统(斜探头)分辨力Z。

9.3 直探头(SPK)的应用(一)

1. 实验目的

1)了解仪器各旋钮的作用。

2)掌握直探头扫描线的调节。

3)比较反射体(距离、孔径)与波高的关系。

4)使用不同耦合剂的对比。

2. 实验器材

1)仪器:超声波检测仪。

2)探头:2.5P20Z。

3)试块:CSK-IA、CS-1系列试块等。

4)耦合剂:机油、水、浆糊、钢直尺。

3. 实验步骤

1）运用CSK-IA试块对仪器扫描线进行调节，用CS-1系列试块校验。

2）在CS-1系列试块上对反射体（距离、孔径）与波高进行比较。

3）用调节好的仪器对所选试块（钢）进行测量。

4）进行不同耦合剂在同种材料的波高对比。

4. 检测结果

记录相关检测结果，见表9-2～表9-4。

表9-2 直探头扫描位置调节、校正表（CSK-IA试块25mm、100mm段）

声程/mm	反射位置/skt	反射波数/次	校正反射体

表9-3 比较反射体与波高变化的关系

序号	试块名称	声程/孔径/mm	波高（%）	增益差/dB

表9-4 不同耦合剂的测试结果

耦合剂	表面光洁试块波高（%）	表面粗糙试件波高（%）	铸钢试件波高（%）
水			
浆糊			
机油			

9.4 传输修正的测定

1. 实验目的

1）掌握直探头检测时传输修正测定方法。

2）掌握斜探头检测时传输修正测定方法。

2. 实验器材

1）仪器：超声波检测仪。

2）探头：直探头及两个参数相同的斜探头。

3）试块：待检试件一块；与待检试块声波衰减系数相似，但厚度不同的对比试块一块。

4）耦合剂：机油、钢直尺。

3. 实验步骤

（1）直探头检测时传播修正的测定

1）将对比试块第一次底面回波调节到示波屏满屏高度的80%，并且记下仪器增益V_{T1}及声程S_1。

2）将待检工件的第一次底面回波同样调节到示波屏满屏高度的80%，并且记下V_{T2}及声程S_2。

3）传输修正值ΔV_T等于V_{T2}减去V_{T1}。如果对比试块与试件厚度不同，必须还要考虑与距离相关的增益差ΔV_S（可从相应的AVG曲线中获得，见图9-11）。

$$\Delta V_T = V_{T2} - V_{T1} - \Delta V_S，其中 \Delta V_S = V_{S2} - V_{S1}(dB)$$

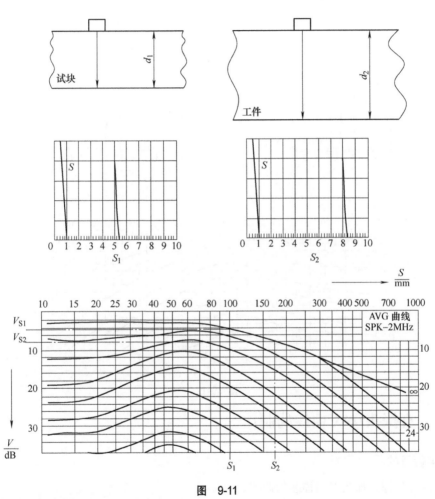

图 9-11

（2）斜探头检测时传输修正的确定

1）采用两个相同斜探头，在试件及对比块上分别作一发一收的V形穿透测定。

2）回波高度可任意确定，例如，40%示波屏高度BSH，记录下相应的增益值V_{T2}及V_{T1}和对应的声程S_1和S_2。当声程不同时，从相应AVG曲线图（见图9-12）中测出ΔV_S，即

$$\Delta V_T = V_{T2} - V_{T1} - \Delta V_S，其中 \Delta V_S = V_{S2} - V_{S1}$$

4. 检测结果

1）直探头（SPK）测得传输修正值$\Delta V_T =$

2）斜探头（WPK）测得传输修正值$\Delta V_T =$

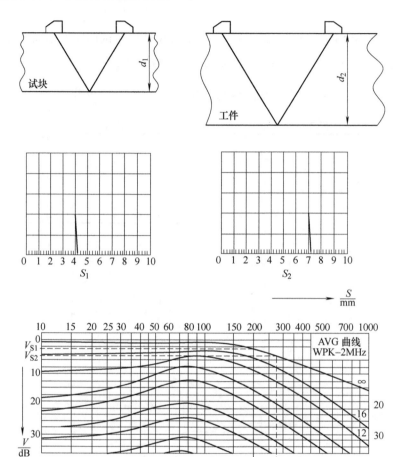

图 9-12

9.5 直探头DAC曲线的制作

1. 实验目的

1）熟练掌握直探头对扫描线的调节。

2）掌握直探头DAC曲线制作方法。

2. 实验器材

1）仪器：超声波检测仪。

2）探头：直探头。

3）试块：CSK-IA、CS-1系列试块。

4）耦合剂：机油；

5）其他：压块、钢直尺、油刷。

3. 实验步骤

（1）用CSK-IA试块对仪器扫描线进行调节

（2）制作直探头DAC曲线　其步骤如下：

1）将直探头放置在CS-1系列试块的1号试块上，探测试块上的ϕ2mm平底孔。

2）移动探头使平底孔回波幅度最高，用压块保持探头压力一致。调节增益使平底孔回波幅度为显示屏的80%，记下此时增益读数和相应平底孔的深度h_1。

3）按照步骤2分别探测2号、3号、4号、5号试块上ϕ2mm平底孔（其他按键不动，仅调节增益使平底孔回波幅度都达到80%高），并记下相应的dB值。将平底孔深度h_2、h_3、h_4、h_5和对应的dB值填入表9-5中。

4）用同样的方法探测6号、7号……15号试块中的平底孔和距离不同的大平底，把相应的dB值和距离填入表9-5中。

表9-5　DAC曲线制作测试记录表

ϕ/mm	L/mm				
	200	150	100	75	50
	增益/dB				
2					
3					
4					
∞（大平底）					

5）以横坐标表示平底孔距离，纵坐标表示增益读数dB值，并将同一平底孔孔径的坐标点光滑连接成曲线，即得DAC曲线。

6）在所测得的DAC曲线上注明所用的仪器和探头型号。

9.6　直探头（SPK）的应用（二）

1. 实验目的

1）掌握锻件检测。

2）掌握点状缺陷的定量方法。

3）掌握有长度缺陷的测长方法。

2. 实验器材

1）仪器：超声波检测仪。

2）探头：5P14Z直探头。

3）试块：CSK-IA、CS-1系列试块等。

4）耦合剂：机油。

5）其他：钢直尺、油刷、带缺陷的锻件试样等。

3. 实验步骤

1）先对仪器扫描线进行调节。

2）制作直探头DAC曲线并设置灵敏度。

3）用调节好的仪器对锻件试样实施检测，对点状缺陷进行定量，对长条形缺陷采用6dB法或端点6dB法测定其指示长度。

4）编制检测报告。

9.7 双晶探头（SEPK）的应用

1. 实验目的

1）了解双晶探头的调节。

2）掌握双晶探头DAC曲线制作过程及确定焦距，了解双晶直探头与直探头DAC曲线的差异。

2. 实验器材

1）仪器：超声波检测仪。

2）探头：双晶探头。

3）试块：铸钢对比试块。

4）耦合剂：机油。

5）其他：钢直尺、任一带自然或人工缺陷的铸件试样（$T=30$mm）。

3. 实验步骤

（1）运用铸钢对比试块对仪器扫描线进行调节

（2）运用铸钢对比试块绘制双晶探头DAC曲线　其步骤如下：

1）将直探头放置在铸钢对比试块上，探测试块上的1号平底孔。

2）移动探头使平底孔回波幅度最高，用压块保持探头压力一致。调节增益使平底孔回波幅度为显示屏的80%，记下此时增益读数和相应平底孔的深度h_1。

3）按照步骤2分别探测2～9号平底孔，并记下相应的dB值和对应的平底孔深度h_2、h_3、…、h_9。

4）以横坐标表示平底孔声程，纵坐标表示增益读数dB值，并将同一平底孔孔径的坐标点光滑连接成曲线，即得双晶探头ϕ3mm平底孔DAC曲线。

5）根据所绘制的DAC曲线，确定该探头的焦距。

6）在所测得的DAC曲线上注明所用的仪器和探头型号。

(3)实施检测及编制报告 用调节好的仪器设置合适的灵敏度后对铸件试样实施检测并编制检测报告。

9.8 焊接接头的超声波检测

1. 实验目的

1)熟练掌握对比曲线制作方法。
2)能够对焊缝进行检测并对缺陷进行定位。
3)掌握焊接接头超声波检测的方法、程序要求等基本操作技能。

2. 实验器材

1)仪器:超声波检测仪。
2)探头:2.5P 8×12K2斜探头。
3)试块:CSK-IA、RB系列试块。
4)耦合剂:机油。
5)其他:钢直尺、油刷、带缺陷的对接焊缝试样,$T=20mm$或$T=30mm$。

3. 实验步骤

设对接焊接接头试样$T=30mm$,采用RB-2试块。

(1)连接好探头、探头线和超声波检测仪,打开设备电源

(2)测定探头入射点和折射角(K值) 见本章9.2内容。

(3)调整时基线 将斜探头置于RB-2试块上,中间加适当的耦合剂,以保持稳定的声耦合。前后移动探头,将深度为20mm的φ3mm横通孔反射波调至检测仪屏幕第4大格,再将深度为40mm的φ3mm横通孔反射波调至检测仪屏幕第8大格。即完成按深度2:1调节的时基线。

(4)制作距离-波幅曲线(DAC) 具体步骤如下:

1)将斜探头置于RB-2试块上,衰减48dB(假定),调增益,使深度为10mm的φ3mm横通孔的最高反射波(应出现在屏幕第二大格位置)达到满屏高度的80%,记下此时的衰减器读数和孔深。

2)分别测试不同深度的φ3mm横通孔,保持增益不动,用衰减器将各孔的最高回波高度调至满屏高度的80%,记下相应的dB值和孔深,填入表9-6中。

表9-6 部分孔深与波幅的对应数值

孔深/mm	10	20	30	40	50	60	70
dB值							

3)利用表9-6中的数据,以孔深为横坐标,以dB值为纵坐标,将各坐标点平滑的连成曲线,即得φ3mm横通孔DAC曲线。

4）在所测得的DAC曲线上注明所用的仪器和探头型号。

5）用深度不同的两孔校验距离-波幅曲线，若不相符，则应重新制作。

6）若考虑传输修正ΔdB，可将曲线往下平移ΔdB。

（5）焊缝检测　具体步骤如下：

1）清理检测面以满足6.2.2节探头移动区域要求。

2）测探头的入射点和K值（测曲线后立即检测，此项可省）。

3）按深度2∶1调节扫描速度（测曲线后立即检测，此项可省）。

4）校正距离-波幅曲线，不少于两点。

5）测传输修正（详见本章9.4节）。

6）调节检测灵敏度：以ISO 11666：2018验收等级2级为例，评定等级：H_0-14dB。

7）扫查检测：将探头分别置于焊缝的两侧作锯齿形扫查，保持探头与焊缝中心垂直的同时作10°～15°的摆动。为了发现横向显示，可使探头与焊缝成10°～45°作斜平行扫查。为了确定缺陷的位置、方向、形状，还可采用前后、左右、转角和环绕等方式进行扫查。

8）显示定位：在扫查过程中发现缺陷显示后，要根据扫描速度和显示回波所对的水平刻度值来确定缺陷显示在焊缝中的位置，详见第6章。

9）显示评定：在测定显示位置的同时，还要对显示进行定量评定，具体评定方法见第6章。

10）记录并编制检测报告。

9.9　实验用试块示意图

实验用试块如图9-13～图9-18所示。

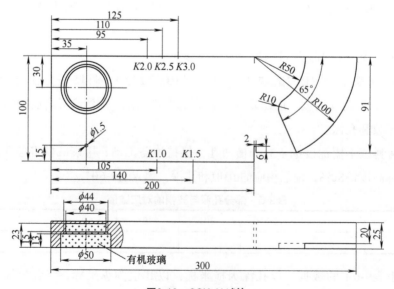

图9-13　CSK-IA试块

第9章 超声波检测实验

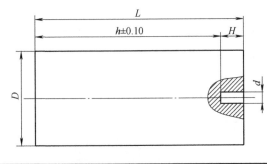

试块编号	1	2	3	4	5	6	7	8	9	10	11	12	13	14	15
全长(L)	75	100	125	175	225	75	100	125	175	225	75	100	125	175	225
直径(D)	40	45	50	60	70	40	45	50	60	70	40	45	50	60	70
平底孔离探测面距离(h)	50	75	100	150	200	50	75	100	150	200	50	75	100	150	200
孔深(H)	25					25					25				
孔径(d)	2					3					4				

图9-14 CS-1试块

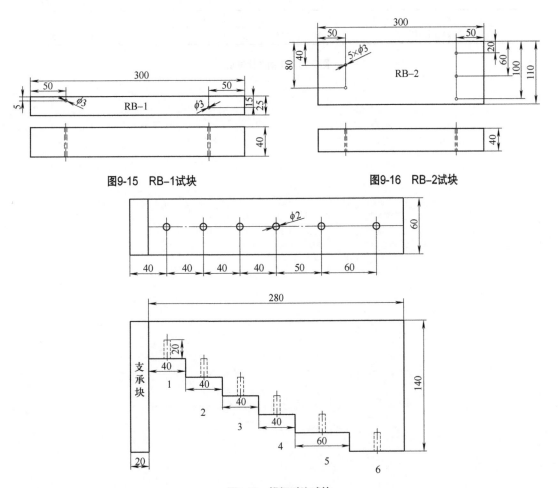

图9-15 RB-1试块　　　　图9-16 RB-2试块

图9-17 锻钢对比试块

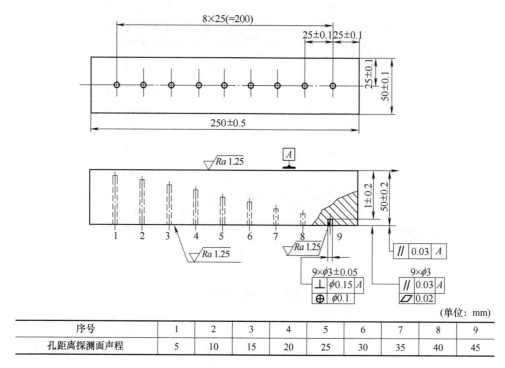

图9-18 铸钢对比试块

附录　国内外常用超声波检测标准目录

GB/T 20000.1—2014《标准化工作指南　第1部分：标准化和相关活动的通用术语》中对标准的定义是：为在一定范围内获得最佳秩序，经协商一致制定并由公认机构批准，共同使用的和重复使用的一种规范性文件。它以科学、技术和实践经验的综合成果为基础，以促进最佳社会效益为目的。

国际标准化组织（ISO）的国家标准化管理委员会（STACO）以"指南"的形式给"标准"的定义作出统一规定：标准是由一个公认的机构制定和批准的文件。它对活动或活动的结果规定了规则、导则或特殊值，供共同和反复使用，以实现在预定领域内最佳秩序的效果。

标准的制定和类型按使用范围划分有国际标准、区域标准、国家标准、专业标准、地方标准、企业标准；按内容划分有基础标准（一般包括名词术语、符号、代号、机械制图、公差与配合等）、产品标准、辅助产品标准（工具、模具、量具、夹具等）、原材料标准、方法标准（包括工艺要求、过程、要素、工艺说明等）；按成熟程度划分有法定标准、推荐标准、试行标准、标准草案。

下文列出了常用的超声波检测相关国家标准、机械行业标准、铁道行业标准、船舶行业标准、能源行业标准、国际标准、欧洲标准和美国标准。

1　国家标准

1.1　通用性标准

GB/T 9445—2015　　　无损检测　人员资格鉴定与认证

GB/T 12604.1—2020　　无损检测　术语　超声检测

GB/T 11343—2008　　　无损检测　接触式超声斜射检测方法

GB/T 23908—2009　　　无损检测　接触式超声脉冲回波直射检测方法

GB/T 23912—2009　　　无损检测　液浸式超声纵波脉冲反射检测方法

GB/T 32563—2016　　　无损检测　超声检测　相控阵超声检测方法

1.2 门类、产品检测标准

GB/T 1786—2008	锻制圆饼超声波检验方法
GB/T 3310—2023	铜及铜合金棒材超声波探伤方法
GB/T 4162—2022	锻轧钢棒超声检测方法
GB/T 5777—2019	无缝和焊接（埋弧焊除外）钢管纵向和/或横向缺欠的全圆周自动超声检测
GB/T 6402—2008	钢锻件超声检测方法
GB/T 6519—2024	变形铝、镁合金产品超声波检验方法
GB/T 7233.1—2023	铸钢件　超声检测　第1部分：一般用途铸钢件
GB/T 7233.2—2023	铸钢件　超声检测　第2部分：高承压铸钢件
GB/T 7734—2015	复合钢板超声检测方法
GB/T 8651—2015	金属板材超声板波探伤方法
GB/T 11345—2023	焊缝无损检测　超声检测　技术、检测等级和评定
GB/T 29711—2023	焊缝无损检测　超声检测　焊缝内部不连续的特征
GB/T 29712—2023	焊缝无损检测　超声检测　验收等级
GB/T 12969.1—2007	钛及钛合金管材超声波探伤方法
GB/T 15830—2008	无损检测　钢制管道环向焊缝对接接头超声检测方法
GB/T 20490—2023	钢管无损检测无缝和焊接钢管分层缺欠的自动超声检测
GB/T 22131—2022	筒形锻件内表面超声波检测方法
GB/T 28297—2012	厚钢板超声自动检测方法
GB/T 31213.1—2014	无损检测　铸铁构件检测　第1部分：超声检测方法
GB/T 31213.2—2014	无损检测　铸铁构件检测　第2部分：超声检测方法
GB/T 18329.1—2023	滑动轴承　多层金属滑动轴承　第1部分：合金厚度≥0.5mm结合质量超声无损检验

1.3 仪器、设备、试块标准

GB/T 11259—2015	无损检测　超声检测用钢参考试块的制作和控制方法
GB/T 18694—2002	无损检测　超声检验　探头及其声场的表征
GB/T 18852—2020	无损检测　超声检验　测量接触探头声束特性的参考试块和方法
GB/T 19799.1—2015	无损检测　超声检测　1号校准试块
GB/T 19799.2—2012	无损检测　超声检测　2号校准试块
GB/T 23905—2009	无损检测　超声检测用试块
GB/T 27664.1—2011	无损检测　超声检测设备的性能与检验　第1部分：仪器
GB/T 27664.2—2011	无损检测　超声检测设备的性能与检验　第2部分：探头

GB/T 27664.3—2012　无损检测　超声检测设备的性能与检验　第3部分：组合设备
GB/T 28426—2021　铁路大型养路机械　钢轨探伤车

1.4　超声测厚、声速测量标准

GB/T 2970—2016　　厚钢板超声波检验方法
GB/T 7736—2008　　钢的低倍缺陷超声波检验法
GB/T 20935.2—2018　金属材料电磁超声检验方法　第2部分：利用电磁超声换能器技术进行超声检测的方法
GB/T 23900—2009　　无损检测　材料超声速度测量方法

2　机械行业标准

2.1　通用性标准

JB/T 4008—2020　　无损检测　液浸式超声纵波脉冲回波检测和评定不连续方法
JB/T 4009—2020　　无损检测　接触式超声纵波脉冲回波检测和评定不连续方法
JB/T 10814—2007　　无损检测　超声表面波检测

2.2　门类、产品检测标准

JB/T 1581—2014　　汽轮机、汽轮发电机转子和主轴锻件超声检测方法
JB/T 1582—2014　　汽轮机叶轮锻件超声检测方法
JB/T 4010—2018　　汽轮发电机钢质护环超声检测
JB/T 5439—2017　　容积式压缩机球墨铸铁零件的超声检测
JB/T 5440—2017　　容积式压缩机锻钢零件的超声检测
JB/T 5441—2017　　容积式压缩机铸钢零件的超声检测
JB/T 6903—2008　　阀门锻钢件超声波检测
JB/T 8467—2014　　锻钢件超声检测
JB/T 9212—2010　　无损检测　常压钢质储罐焊缝超声检测方法
JB/T 9630.2—1999　汽轮机铸钢件　超声波探伤及质量分级方法
JB/T 9674—1999　　超声波探测瓷件内部缺陷
JB/T 10411—2014　　离心机、分离机不锈钢锻件超声检测及质量评级
JB/T 10554.1—2015　无损检测　轴类球墨铸铁超声检测　第1部分：总则
JB/T 10554.2—2015　无损检测　轴类球墨铸铁超声检测　第2部分：球墨铸铁曲轴的检测
JB/T 10555—2013　　无损检测　气门超声检测
JB/T 10659—2015　　无损检测　锻钢材料超声检测　连杆的检测
JB/T 10660—2015　　无损检测　锻钢材料超声检测　连杆螺栓的检测
JB/T 10661—2015　　无损检测　锻钢材料超声检测　万向节的检测

| JB/T 10662—2013 | 无损检测　聚乙烯管道焊缝超声检测 |
| JB/T 11762—2013 | 圆柱螺旋压缩弹簧　超声波检测方法 |

2.3　仪器、设备、试块标准

JB/T 8428—2015	无损检测　超声试块通用规范
JB/T 9214—2010	无损检测　A型脉冲反射式超声检测系统工作性能测试方法
JB/T 10061—1999	A型脉冲反射式超声探伤仪通用技术条件
JB/T 10062—1999	超声探伤用探头性能测试方法
JB/T 11276—2012	无损检测仪器　超声波探头型号命名方法
JB/T 12466—2015	无损检测　超声探头通用规范

2.4　超声测厚、声性能测量标准

JB/T 7522—2004　　材料超声速度测量方法

3　铁道行业标准

3.1　门类、产品检测标准

TB/T 1558.2—2018	机车车辆焊缝无损检测　第2部分：超声检测
TB/T 1618—2001	机车车辆车轴超声波检验
TB/T 1659—1985	内燃机车柴油机钢背铝基合金双金属轴瓦超声波探伤
TB/T 2452.1—1993	整体薄壁球铁活塞无损探伤　球铁活塞超声波探伤
TB/T 2494.1—1994	轨道车辆车轴探伤方法　第1部分　新制车轴超声波探伤
TB/T 2494.2—2010	轨道车车轴探伤方法　第2部分：在役车轴超声波探伤
TB/T 2658.21—2007	工务作业　第21部分：钢轨焊缝超声波探伤作业
TB/T 2959—1999	滑动轴承　金属多层滑动轴承粘结层的超声波无损检验
TB/T 1400.2—2018	机车用有箍车轮　第2部分：轮箍
TB/T 3104.3—2017	机车车辆闸瓦　第3部分：铸铁闸瓦
TB/T 3105.2—2009	铁道货车铸钢摇枕、侧架无损检测　第2部分：超声波检验
TB/T 3256.2—2011	机车在役零部件无损检测　第2部分：轮箍、整体辗钢车轮轮辋超声波检测

3.2　仪器、设备、试块标准

TB/T 2340—2012　　钢轨超声波探伤仪

4　部分其他行业标准

| CB 1134—1985 | BFe30-1-1管材的超声波探伤方法 |
| CB 1416—2008 | 舰船用铜合金锻件超声波检测 |

CB/T 3177—1994　　　船舶钢焊缝射线照相和超声波　检查规则
CB/T 3559—2011　　　船舶钢焊缝超声波检测工艺和质量分级
CB/T 3907—1999　　　船用锻钢件超声波探伤
CB/T 4257—2013　　　船用金属复合材料超声波检测方法
NB/T 20328.2—2015　核电厂核岛机械设备无损检测另一规范　第2部分：超声检测
NB/T 47013.3—2015　承压设备无损检测　第3部分：超声检测
NB/T 47013.10—2015 承压设备无损检测　第10部分：衍射时差法超声检测

5　国际标准

5.1　通用性标准

ISO 5577—2017　　　无损检验　超声波检测　术语
ISO 16810—2012　　　无损检测　超声波检测　一般原则
ISO 16811—2012　　　无损检测　超声波检测　灵敏度和范围设定
ISO 16823—2012　　　无损检测　超声波检测　传输技术
ISO 16826—2012　　　无损检测　超声波检测　垂直于表面不连续的超声波检测
ISO 16827—2012　　　无损检测　超声波检测　裂纹的描述与尺寸确定
ISO 17635—2016　　　焊缝的无损检测　金属材料的一般规则

5.2　门类、产品检测标准

ISO 4386.1—2012　　滑动轴承　金属多层滑动轴承　第1部分：厚度不小于0.5mm结合处的无损超声检测
ISO 4992.1—2020　　钢铸件　超声波检验　第1部分：通用钢铸件
ISO 4992.2—2020　　钢铸件　超声波检验　第2部分：高强度组分钢铸件
ISO 5948—2018　　　铁路车辆材料　超声波验收检验
ISO 10332—2010　　　钢管的无损测试　液压防漏验证用无缝和焊接（水下焊接除外）钢管的自动化超声波检测
ISO 10893.8—2011　　钢管的无损检测　第8部分：用于层状缺陷探测的无缝和焊接钢管的自动超声波检测
ISO 10893.10—2011　钢管的无损检测　第10部分：用于纵向和/或横向缺陷探测的无缝和焊接钢管（埋弧焊除外）自动全周边超声波检测
ISO 10893.11—2011　钢管的无损检测　第11部分：用于纵向和/或横向缺陷探测的焊接钢管的焊缝自动超声波检测
ISO 17577—2016　　　钢厚度大于或等于6mm的扁平钢制品的超声波探伤法
ISO 17640—2018　　　焊缝无损检测　超声波检测　检测技术 验收等级和结果评估

ISO 11666—2018　　焊接的无损检测　超声波检测　验收标准
ISO 23279—2017　　焊接的无损检测　超声波检测　焊缝中显示的特征
ISO 25902.2—2010　钛管　无损检测　第2部分：用于纵向缺陷探测的超声检测

5.3 仪器、设备、试块标准

ISO 2400—2012　　　无损检测　超声检测　1号校准试块规范
ISO 7963—2022　　　无损检测　超声波检验　2号校准试块块规范
ISO 16831—2012　　 无损检测　超声波检测　超声厚度测量仪的特性描述和验证
ISO 22232-1：2020　 无损检测—超声检验设备的表征和验证　第1部分　仪器
ISO 22232-2：2020　 无损检测—超声检验设备的表征和验证　第2部分　探头
ISO 22232-3：2020　 无损检验—超声检验设备的表征和验证　第3部分　组合设备

6 欧洲标准

6.1 通用性标准

EN 1330.4—2010　　无损检测　术语　超声波检测术语

6.2 门类、产品检测标准

EN 10160—1999　　　厚度等于或大于6mm的平钢板制品的超声波检验
BS EN 10307—2001　无损检测　厚度大于或等于6mm的奥氏体铁素体不锈钢体钢扁平轧材的超声波检验测试法
EN 10228.3—2016　　钢锻件的无损检测　第3部分：铁素体或马氏体钢锻件超声检测
EN 10228.4—2016　　钢锻件的无损检测　第4部分：奥氏体和奥氏体合金不锈钢锻件的超声检测

7 美国标准

7.1 通用性标准

ASTM E587—2020　　　用接触法作超声波斜角探伤试验的规程
ASTM E1002—2022　　超声波检测的试验方法
ASTM E1816—2022　　用电磁声换能器技术实施超声波检验的规程
ASTM E1962—2019　　用电磁声波换能器技术作超声波表面检查的试验方法
ASTM E2192—2022　　用超声波测定平面裂缝高度尺寸的指南

7.2 门类、产品检测标准

ASTM A388/A388M—2023　　钢锻件超声波检验规程
ASTM A418/A418M—2024　　涡轮机和发动机钢转子锻件超声波检验规程

ASTM A435/A435M—2023	中厚钢板直射束超声检测规程
ASTM A503/A503M—2020	锻造曲轴超声波检验规格
ASTM A531/A531M—2024	汽轮发电机钢挡圈的超声波检验规程
ASTM A577/A577M—2023	中厚钢板超声波斜射束检测规程
ASTM A578/A578M—2023	特殊用轧制钢中厚板直射束超声波检验规格
ASTM A609/A609M—2023	碳素低合金马氏体不锈钢铸件超声波检验规程
ASTM A745/A745M—2024	奥氏体钢锻件超声波检验规程
ASTM A898/A898M—2022	轧钢结构型材直射束超声波检验规格
ASTM A939/A939M—2015	圆柱形锻件镗孔表面超声波检验规程
ASTM B548—2017	压力容器用铝合金板的超声波检验方法
ASTM E588—2020	用超声波法检测轴承级钢中大夹杂物的规程
ASTM B594—2019	航空设备用铝合金锻制品的超声波检验方法
ASTM E164—2019	焊件接触式超声波检测规程
ASTM E213—2022	金属管超声波检查规程
ASTM E273—2020	焊管焊接区超声波检查规程
ASTM E2375—2022	锻制产品超声波检验规程

7.3 仪器、设备、试块标准

ASTM E127—2020　　铝合金超声波标准参考试块的制造与检验规程

7.4 超声测厚、声性能测量标准

ASTM E664/E664M—2020　　用浸渍法测量纵向超声波衰减的规程

8 标准的采用

我国标准在起草时，常将国际上先进的标准进行分析研究，将适合我国的部分纳入我国的国家标准中加以执行，称为采用国际标准。

采用国际标准为区域或国家标准，按照一致性程度可为三种：

（1）等同采用（identical），代号为：IDT　国家标准与相应国际标准的一致性程度是"等同"时，应符合下列两个条件之一。

1）国家标准与国际标准在技术内容和文本结构方面完全相同。

2）国家标准与国际标准在技术内容上相同，但可以包含小的编辑性修改。

（2）修改采用（modified），代号为：MOD　国家标准与相应国际标准的一致性程度是"修改"时，应符合下列条件。

1）国家标准与国际标准之间允许存在技术性差异，这些差异应清楚地标明并给出解释。

2）国家标准在结构上与国际标准对应。只有在不影响对国家标准和国际标准的内容及结构进行比较的情况下，才允许对文本结构进行修改。

一个国家标准应尽可能仅采用一个国际标准。个别情况下，在一个国家标准中采用几个国际标准可能是适宜的，但这只有在使用列表形式对所做的修改做出标识和解释并很容易与相应国际标准做比较时，才是可行的。"修改"还可包括"等同"条件下的编辑性修改。

（3）非等效采用（not equivalent），代号为：NEQ 国家标准与相应国际标准在技术内容和文本结构上不同，同时它们之间的差异也没有被清楚地指明。"非等效"还包括在国家标准中只保留了少量或不重要的国际标准条款的情况。可见，"非等效"与"修改"最重要的区分标志就是技术性差异或结构的变化是否被清楚地指明，即使国家标准与国际标准仅有一点技术性差异，但若不指明也只能属于"非等效"；当然如果国家标准与国际标准的技术性差异太大，以至国家标准仅保留了国际标准中少量或不重要的条款，那么无论技术性差异或结构的变化是否被清楚地指明，都只能属于"非等效"。

附表1是我国部分超声波检测国家标准采用国际标准的情况。

附表1 我国部分超声波检测国家标准采用国际标准情况

序号	国家标准	采用国际标准	采用程度
1	GB/T 9445—2015 无损检测 人员资格鉴定与认证	ISO 9712：2012	IDT
2	GB/T 12604.1—2020 无损检测 术语 超声检测	ISO 5577：2017	IDT
3	GB/T 11343—2008 无损检测 接触式超声斜射检测方法	ASTM E587—2000（2005）	MOD
4	GB/T 1786—2008 锻制圆饼超声波检验方法	AMS—STD—2154—05	NEQ
5	GB/T 4162—2022 锻轧钢棒超声检测方法	ASTM E2375—04	NEQ
6	GB/T 5777—2019 无缝和焊接（埋弧焊除外）钢管纵向和横向缺欠的全圆周自动超声检测	ISO 10893-10：2011	MOD
7	GB/T 7233.1—2023 铸钢件 超声检测 第1部分：一般用途铸钢件	ISO 4992.1：2020	MOD
8	GB/T 7233.2—2023 铸钢件 超声检测 第2部分：高承压铸钢件	ISO 4992.1：2020	MOD
9	GB/T 11345—2023 焊缝无损检测 超声检测 技术、检测等级和评定	ISO 17640：2018	MOD
10	GB/T 29711—2023 焊缝无损检测 超声检测 焊缝中的显示特征	ISO 23279：2017	IDT
11	GB/T 29712—2023 焊缝无损检测 超声检测 验收等级	ISO 11666：2018	MOD
12	GB/T 18329.1—2023 滑动轴承 多层金属滑动轴承结合强度的超声波无损检验	ISO 4386.1：2012	IDT
13	GB/T 27664.1—2011 无损检测 超声检测设备的性能与检验 第1部分：仪器	EN 12668-1：2000	MOD
14	GB/T 27664.2—2011 无损检测 超声检测设备的性能与检验 第2部分：探头	EN 12668-2：2000	MOD
15	GB/T 27664.3—2012 无损检测 超声检测设备的性能与检验 第3部分：组合设备	EN 12668-3：2000	MOD

9 部分欧洲标准的版本变化

近几年中,部分欧洲标准逐渐作废,其作用被国际标准所取代。但是在产品标准、规范等技术文件中仍引用欧洲标准,附表2列出了部分被国际标准取代的超声波检测欧洲标准。

附表2 部分被国际标准取代的超声波检测欧洲标准

序号	现行国际标准	原欧洲标准
1	ISO 9712—2021 无损检测 人员资格鉴定与认证	EN 473
2	ISO 16810—2012 无损检测 超声波检测 一般原则	EN 583.1
3	ISO 16811—2012 无损检测 超声波检测 灵敏度和范围设定	EN 583.2
4	ISO 16823—2012 无损检测 超声波检测 传输技术	EN 583.3
5	ISO 16826—2012 无损检测 超声波检测 垂直于表面不连续的超声波检测	EN 583.4
6	ISO 16827—2012 无损检测 超声波检测 不连续的特征和检测	EN 583.5
7	ISO 17640—2018 焊缝无损检测 超声波检测 检测技术 验收等级和结果评估	EN 1714
8	ISO 11666—2018 焊接的无损检测 超声波检测 验收标准	EN 1712
9	ISO 23279—2017 焊接的无损检测 超声波测试 焊缝中显示的特征	EN 1713

参考文献

[1] 郑晖，林树青. 超声检测[M]. 北京：中国劳动社会保障出版社，2008.

[2] 李衍. 超声相控阵技术[J]. 无损探伤，2007，31（4）：24-28.

[3] 夏纪真. 无损检测新技术：超声波相控阵检测技术简介[C]. 西南地区第十届NDT学术交流会论文集，2009.

[4] 金宇飞，许遵言，丁杰. 焊缝超声检测 GB/T 11345 标准应用指南[M]. 北京：中国标准出版社，2016.

[5] 中国机械工程学会无损检测分会. 超声波检测[M]. 2版. 北京：机械工业出版社，2016.

[6] 中航工业北京航空材料研究院. 无损检测手册[M]. 北京：机械工业出版社，2012.

[7] 万升云，张顺启，熊腊森. 车轴轮座接触不良的超声波检测[J]. 铁道车辆，2006（6）：38-40，46.

[8] 林吉忠，刘淑华. 金属材料的断裂与疲劳[M]. 北京：中国铁道出版社，1989.

[9] 邓文英，郭晓鹏. 金属工艺学（上册）[M]. 5版. 北京：高等教育出版社，2008.

[10] 马铭刚. 对新认证体系中"规程"和"指导书"的浅释[J]. 无损检测，2003，5（7）：382-384.

[11] 美国无损检测学会. 美国无损检测手册：超声卷[M]. 北京：世界图书出版公司，1994.

[12] 刘贵明. 无损检测技术[M]. 北京：国防工业出版社，2006.

[13] 胡天明. 超声检测[M]. 武汉：武汉测绘科技大学出版社，1994.